浙江省高职院校“十四五”重点立项建设教材

电气设备运行与检修

卢　艳　张国帅　主编

郑孝怡　齐　健　王　琳　副主编

電子工業出版社

Publishing House of Electronics Industry

北京 • BEIJING

内 容 简 介

本书以职业教育“五个对接”为导向，以电气作业真实项目为载体，根据职业岗位和技能证书的考核要求，从电气设备运行与检修的基本理论入手编写而成，介绍了电工作业的知识要求与专业技能，阐述了高、低压设备的结构原理及运维装调的理论和实操知识，注重逻辑性和理论与实际的结合。全书共 11 个工作任务，分别为电工仪表的安全使用、电工安全用具及其使用、电工安全标志的辨识、照明电路的安装及接线、电动机单向连续运转（带点动控制）电路的接线、电力变压器绝缘电阻的测量、10kV 高压成套配电装置的巡视检查、10kV 高压开关柜的停（送）电操作、10kV 线路挂设保护接地线、电力电缆绝缘测试、柱上变压器的停（送）电操作，满足立德树人和提高学生电气作业能力的实际需要。

本书可作为高职院校及应用型本科院校培养技术技能型人才的教学用书，也可作为从事电力行业设计、运行、安装、检修及管理人员的参考书，还可作为特种作业操作证（高、低压电工）考试的参考书。

图书在版编目（ＣＩＰ）数据

电气设备运行与检修 / 卢艳，张国帅主编. -- 北京：电子工业出版社，2024.6
ISBN 978-7-121-48020-1

Ⅰ. ①电… Ⅱ. ①卢… ②张… Ⅲ. ①电气设备－运行－高等学校－教材②电气设备－维修－高等学校－教材 Ⅳ. ①TM

中国国家版本馆 CIP 数据核字(2024)第 111905 号

责任编辑：郭乃明　　特约编辑：田学清
印　　刷：三河市良远印务有限公司
装　　订：三河市良远印务有限公司
出版发行：电子工业出版社
　　　　　北京市海淀区万寿路 173 信箱　邮编：100036
开　　本：787×1 092　1/16　印张：18.25　字数：468 千字
版　　次：2024 年 6 月第 1 版
印　　次：2024 年 6 月第 1 次印刷
定　　价：56.00 元

凡所购买电子工业出版社图书有缺损问题，请向购买书店调换。若书店售缺，请与本社发行部联系，联系及邮购电话：（010）88254888，88258888。

质量投诉请发邮件至 zlts@phei.com.cn，盗版侵权举报请发邮件至 dbqq@phei.com.cn。

本书咨询联系方式：（010）88254561，guonm@phei.com.cn。

前　　言

随着现代工业的快速发展，电气设备在各个领域中的应用越来越广泛，它已经成为支撑社会经济建设和发展的重要基石。因此，对具备电气设备运行与检修专业知识和技能人才的需求也日益增长，对于从事该领域的技术人员来说，他们不仅需要具备扎实的理论知识，还需要积累丰富的实践经验。为了满足这一需求，我们编写了《电气设备运行与检修》一书。

本书致力于帮助读者全面了解和掌握电气设备运行与检修的基本原理、方法和技能，书中内容力求全面贯彻落实党的二十大精神，加快推进党的二十大精神进教材、进课堂、进头脑。本书注重专业实践教学和职业素养培养，强化实践技能训练，包括电气设备的组成、工作原理、操作规程、检修流程、故障诊断与排除等方面的内容。本书围绕特种作业操作证（高、低压电工）和初级、中级、高级电工等国家职业等级证书的理论知识点和实操技能点，结合实际案例进行分析和讲解。全书共 11 个工作任务，包括电工仪表、电气安全用具的选择和使用，电动机、变压器、断路器、开关柜等高、低压设备的操作与运检，部分工作任务以视频形式展示实操过程，全书以习题形式进行重点和难点掌握情况的考核。

在本书的编写过程中，编者与应急管理部门、地方企业、安全技术培训机构等开展合作，根据职业岗位和技能证书的考核要求，进行教材资源开发，使本书成为学生及相关领域技术工人掌握职业技能、步入工作岗位的实用参考书籍。对于初次使用本书的读者，可结合当地实训设备，参考本书相关知识讲解和视频演示，按照低压和高压的学习需要有选择地学习理论知识、进行实践操作和案例分析，以加深对相关知识的理解和掌握。

本书由实践经验丰富、理论知识扎实的教师编写，工作任务 1 至工作任务 3 由郑孝怡编写，工作任务 4、工作任务 5 由张国帅编写，工作任务 6、工作任务 7 由齐健编写，工作任务 8、工作任务 9 由王琳编写，工作任务 10、工作任务 11 由卢艳编写，全书由卢艳统稿。

由于时间紧迫，书中难免有不足之处，恳请读者指正。

编　者

2023 年 12 月

目　　录

工作任务 1　电工仪表的安全使用

任务描述

口述钳形电流表、万用表、兆欧表、接地电阻测试仪、直流单臂电桥、直流双臂电桥等电工仪表的作用、检查要点、使用方法及注意事项（任选 3 个）。

任务分析

电工仪表的安全使用的评分标准如表 1.1 所示。

表 1.1　电工仪表的安全使用的评分标准

考试项目	考试内容	配分/分	评分标准
电工仪表安全使用	选用合适的电工仪表	20	口述各种电工仪表的作用，不正确扣 10 分。针对考评员布置的测量任务，正确选择合适的电工仪表（钳形电流表、万用表、兆欧表、接地电阻测试仪），电工仪表选择不正确扣 10 分
	电工仪表检查	20	正确检查电工仪表的外观，未检查外观扣 10 分，未检查电工仪表的完好性扣 10 分
	正确使用电工仪表	50	遵循安全操作要求，按照操作步骤正确使用电工仪表得 50 分。操作步骤违反安全规程得 0 分，操作步骤不完整视情况扣 5～50 分
	对测量结果进行判断	10	未能对测量的结果进行分析判断扣 10 分
	否定项说明	扣除该项分数	对于给定的测量任务，无法正确选择合适的电工仪表或违反安全操作要求导致人身危害或电工仪表损坏的，该项得 0 分，并终止该项目考试

根据工作任务及评分标准可以明确，电工仪表的安全使用应掌握如下内容。

（1）能够正确识别电工仪表。

（2）能够熟知电工仪表的作用。

（3）能够正确检查电工仪表的外观和性能。

（4）能够正确选择和使用电工仪表。

（5）能够对测量结果进行正确的分析、判断。

1.1　电工仪表的分类

在电工测量中，测量各种电学量、磁学量及电路参数的仪表统称为电工仪表。电工仪表的种类很多，有很多分类方法。

1. 按测量方法分类

按照测量方法不同，电工仪表可分为指示仪表、比较仪表、数字仪表和智能仪表四大类，如表 1.2 所示。

表 1.2　电工仪表按测量方法分类

类　型	原　理	范　例	特　点
指示仪表	将被测量转换为仪表可动部分的机械偏转角，并通过指示仪表直接指示出被测量的大小	ZC 型兆欧表 500 型万用表	结构简单、可靠性高、使用简单、维护方便
比较仪表	将被测量与同类标准量进行比较，根据比较结果确定被测量的大小	QJ-23 电桥 QJ-47 万用电桥	准确度高、使用较复杂
数字仪表	将模拟信号转换成数字信号直接显示被测量的大小	PZ8 数字电压表 DT9205 数字万用表	准确度高、使用简单
智能仪表	利用微处理器的控制和计算功能实现对被测量的数值显示及分析计算	GDS 数字示波器 GYB 智能液位计	操作自动化，具有自测、数据处理、可远程控制等功能

2. 按被测量的种类分类

按照被测量的种类不同，电工仪表可分为电流表、电压表、功率表、电能表等，几种常见电工仪表的名称及符号如表 1.3 所示。

表 1.3　电工仪表按被测量种类分类

被测量的种类	电工仪表的名称	符　号
电流	电流表	(A)
电压	电压表	(V)
电功率	功率表	(W)
电能	电能表	kWh
相位差	相位表	(φ)
频率	频率表	(Hz)
电阻值	欧姆表	(Ω)

3. 按工作原理分类

按照工作原理不同，电工仪表可分为磁电式、电磁式、电动式、整流式、感应式等。几种常见电工仪表的主要特性和应用如表 1.4 所示。

表 1.4　电工仪表按工作原理分类

工 作 原 理	符　号	基本测量量	适用电流种类	应　用
磁电式		电流	直流	直流携带型标准表及直流安装式仪表（电流表、电压表、欧姆表、检流计）

续表

工作原理	符　号	基本测量量	适用电流种类	应　用
电磁式		电流有效值	直流、交流（主要用于交流）	交流安装式仪表（电流表、电压表、相位表）
电动式		电流有效值、功率平均值	直流、交流	交流携带型标准表（电流表、电压表、功率表、相位表、频率表）
整流式		电流平均值	交流	交流携带型标准表（电流表、电压表、频率表）
感应式		电能	交流（工频）	交流安装式仪表（交流电能表）
电子式		电流	直流、交流	数字式仪表（电流表、电压表、功率表、电能表）

（1）磁电式仪表的结构如图 1.1 所示，当仪表工作时，线圈中通入电流，在磁场中受到磁场的转矩作用，线圈和指针会发生转动。在线圈和指针转动时，螺旋弹簧因被扭紧而产生阻转矩，当弹簧阻转矩与转动转矩达到平衡时，可转动部分便停止转动，此时指针所指示的就是通入的电流大小。磁电式仪表指针偏转的角度与流经线圈的电流成正比，因此仪表盘的刻度均匀。磁电式仪表的灵敏度和准确度较高、消耗电能少、受外界磁场影响小。但只能测量直流电流，且价格较高，不能承受较大过负荷。

（2）电磁式仪表的结构如图 1.2 所示，当仪表工作时，固定线圈中通入电流，产生磁场，固定铁片和可动铁片均被磁化，其同一端的极性是相同的，可动铁片因受斥力而带动指针转动，当仪表的转动转矩与弹簧的阻转矩相等时，可动部分停止转动，电磁式仪表指针偏转的角度与直流电流或交流电流有效值的平方成正比，因此仪表标度尺上的刻度是不均匀的。电磁式仪表构造简单、价格低廉，可用于交、直流电流的测量，并能测量较大的电流，允许较大的过负荷。但其刻度不均匀，且易受外界磁场及铁片中磁滞和涡流（测量交流时）的影响，因此准确度不高。

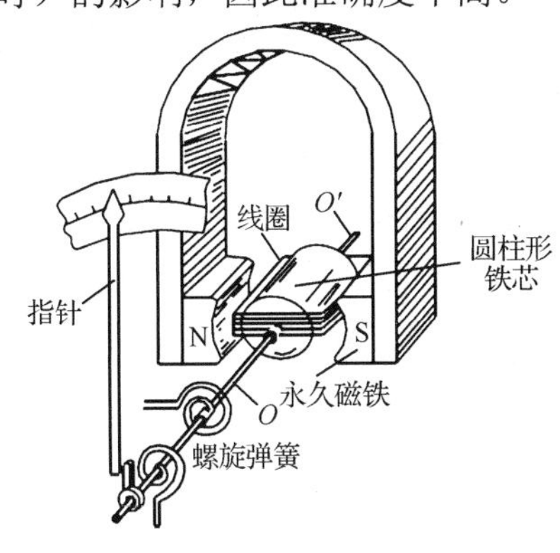

图 1.1　磁电式仪表的结构

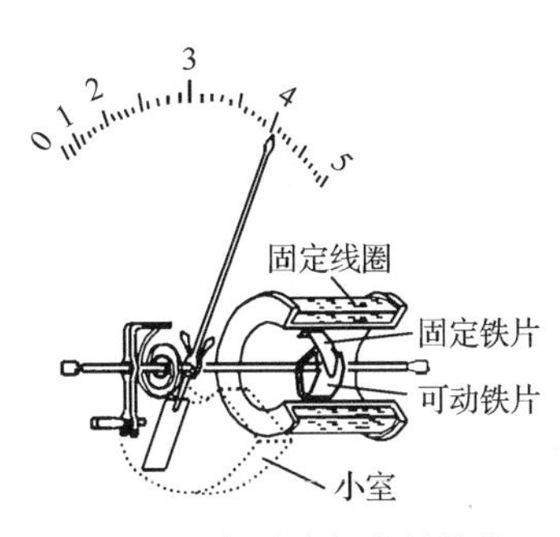

图 1.2　电磁式仪表的结构

（3）电动式仪表的结构如图 1.3 所示，当仪表工作时，固定线圈中通入电流，在其内部产生磁场，可动线圈中也通入电流，受到电磁力作用，从而使可动线圈和指针都发生转动。当仪表的转动转矩与弹簧的阻转矩达到平衡时，可动部分停止转动，此时指针指示值与两个线圈电流的乘积成正比，且与相位差有关，所以可制成相位表和功率因数表，也可以制成功率表。当把两个线圈串联或并联时，就可测量该电流的大小。电动式仪表可用于测量交、直流电流，准确度较高，但易受外界磁场影响，不能承受较大的过负荷。

（4）整流式仪表把交流电压或交流电流经整流后再通入磁电式仪表进行测量，图 1.4 所示为整流式电压表的原理图，首先将被测交流电流经二极管整流，变换为直流电流，然后用磁电式仪表测量并显示。这样，在交流电流的测量中，磁电式仪表高灵敏度的优点得到了利用。整流式仪表的指针指示的是电流变化的平均值，而一般情况下，交流电流、交流电压的大小用有效值来表示。因此，仪表的标尺刻度须进行必要的校准，变换成有效值。这样一来当被测交流波形为非正弦波时就会产生误差。

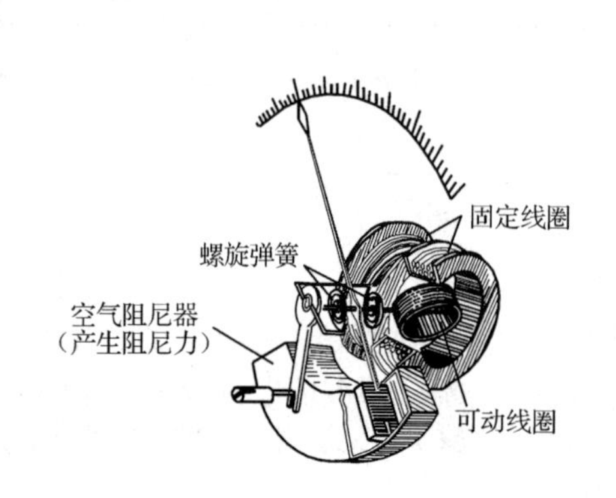

图 1.3　电动式仪表的结构

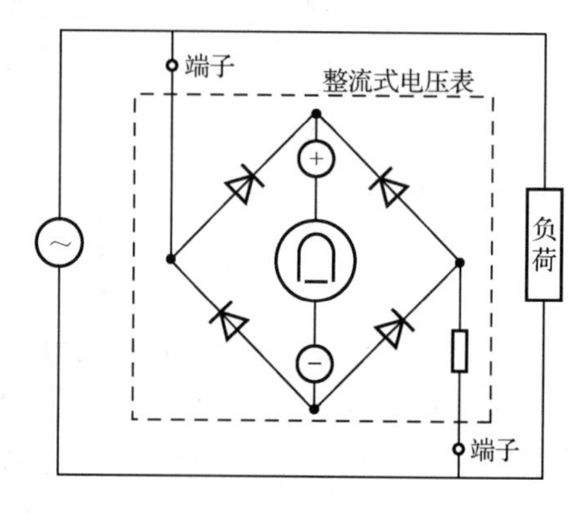

图 1.4　整流式电压表的原理图

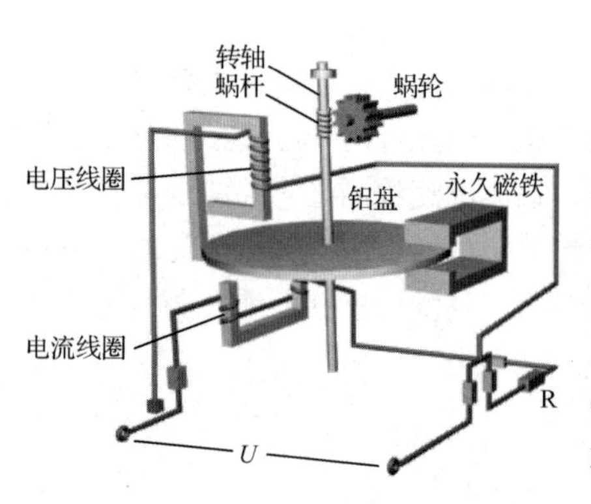

图 1.5　感应式仪表的结构

（5）感应式仪表的结构如图 1.5 所示，其主要用于电能测量，是利用活动部分的导体在交变磁场中产生的感应电流受到磁场作用力而形成转动力矩的测量机构。当仪表工作时，通过被测电路的交流电流，在电压线圈和电流线圈中分别产生交变磁通。铝盘在交变磁通的作用下，产生涡流。此涡流与交变磁通相互作用产生电磁力，使活动部分转动。当永久磁铁对铝盘的制动力矩与铝盘的转动力矩平衡时，铝盘停止转动，作用在铝盘的平均转矩与两电流的有效值及两电流相位差的余弦成正比。蜗轮、蜗杆等元件组成的积算元件用来记录铝盘的转数，从而实现对被测量的测量。感应式仪表结构简单、成本低、工作范围宽、承受过负荷能力强，但准确度较低，且只适用于交流电路的测量。

（6）电子式仪表是通过电子电路和数字显示技术实现测量和显示的仪表。其原理可以概括为以下几个部分。

① 信号采集：电子式仪表通过传感器和变送器等器件，将需要测量的电流、电压等物

理量转换为电信号，送到仪表的输入端。

② 信号处理：电子式仪表内部通常包含信号处理电路，可以将输入的电信号进行滤波、放大、转换等处理，以便进行后续的测量和计算。

③ 测量计算：电子式仪表内部通常包含测量电路和计算电路，可以对经过处理的电信号进行测量和计算，以得到被测物理量的数值。

④ 数字显示：电子式仪表通常采用数字显示技术，将测量得到的物理量数值以数字的形式显示出来。数字显示可以采用发光二极管（LED）、液晶显示器（LCD）、真空荧光显示（VFD）等多种形式，可以通过驱动电路控制数字显示的内容和格式。

⑤ 供电和辅助功能：电子式仪表通常需要外部电源供电，同时还需要一些辅助电路，如电源管理、保护电路、通信电路等，以保证仪表的稳定性和可靠性。

因此，电子式仪表的原理为通过信号采集、信号处理、测量计算、数字显示等多个环节的配合，实现对物理量的测量和显示功能。在实现这些功能的过程中，电子式仪表还需要依赖外部电源和各种辅助电路的支持。电工测量中常用的数字式万用表、数字式电能表等都属于电子式仪表。

4．其他分类

除了上述三种分类方法，电工仪表还有按准确度等级、使用环境、外壳防护性能、使用方式分类的方法。

（1）按准确度等级不同，可将电工仪表分为0.1、0.2、0.5、1.0、1.5、2.5、5.0共七级。

（2）按使用环境不同，可将电工仪表分为A、A1、B、B1、C共五组，各组电工仪表的具体使用条件可参考相关的国家标准。例如，A组电工仪表的使用条件是环境温度为0～40℃，在25℃时的相对湿度为95%；C组电工仪表使用时的环境条件最差。

（3）按外壳防护性能不同，可将电工仪表分为普通电工仪表、防尘电工仪表、防溅电工仪表、防水电工仪表、水密电工仪表、气密电工仪表、防爆电工仪表等。

（4）按电工仪表防御外界磁场或电场影响的性能不同，可将电工仪表分为Ⅰ、Ⅱ、Ⅲ、Ⅳ共四个等级。Ⅰ级电工仪表在外磁场或外电场的影响下，允许其指示值与实际值偏差不超过±0.5%；Ⅱ级电工仪表的允许偏差为±1.0%；Ⅲ级电工仪表的允许偏差为±2.5%；Ⅳ级电工仪表的允许偏差为±5.0%。

（5）按使用方式不同，可将电工仪表分为安装式电工仪表、携带型电工仪表等。

1.2　电工仪表的使用

01.电工仪表的安全使用

在进行电工测量时，要根据被测量的性质、数值及环境等选择合适的电工仪表，并且在测量过程中，采用正确的使用方法才能得到准确有效的测量数据。

1．正确选择电工仪表

（1）选择电工仪表的类型。

电工测量时应根据被测量是直流还是交流、正弦还是非正弦、工频还是高频等性质合理选择电工仪表。

（2）选择电工仪表的内阻。

电工测量时应根据测量线路及被测电路的阻抗选择电工仪表的内阻。例如，测量电压时，电压表的内阻越大越好；测量电流时，电流表的内阻越小越好。

（3）选择电工仪表的准确度。

电工测量时应根据实际工程的要求和经济性，合理选择电工仪表的准确度，一般而言，电工仪表的准确度等级越高，电工仪表的价格就越高，且维修也越困难。电工测量时常用的交流电压表、电流表、功率表的准确度等级一般为 1.5 级或 2.5 级，直流电流表、电压表的准确度等级一般为 1.5 级，测量用互感器的准确度等级至少为 1.0 级。

（4）选择电工仪表的量程。

电工测量时应根据被测量的大小选用合适的量程，选择的量程应使被测量大小为仪表测量上限的 1/2～2/3。如果不知道被测量的数值范围，则应先用电工仪表的最大量程挡进行点测，以判定被测量的大致范围，再选择合适的量程测量。

（5）选择电工仪表的工作条件。

电工测量时应根据被测量所处的环境选择合适的仪表，如测量温度为 0～40℃时选择 A 组电工仪表，测量温度为-20～+50℃时选择 B 组电工仪表，测量温度为-40～+60℃时选择 C 组电工仪表。

2．正确接线

用不同的电工仪表进行测量时，应注意不同的电工仪表的接线方式，不能乱接或接错。

（1）电流表、有电流线圈的电工仪表（如功率表、电能表）等的电流线圈应串联接入电路。

（2）电压表、有电压线圈的电工仪表（如功率表、电能表）等的电压线圈应并联接入电路。

（3）直流电工仪表要注意“+”“-”接线端子，“+”接电流流入端，“-”接电流流出端。

（4）电流互感器原边串联接入被测电路，副边串联电流表或电流线圈。

（5）电压互感器原边并联接入被测电路，副边并联电压表或电压线圈。

（6）互感器二次绕组有两种，应把电工仪表接在准确度较高的端子上，将继电保护接在准确度较低的端子上，避免保护继电器该动作。

（7）功率表或电能表的接线必须注意端子的极性，应严格按照正确的接线方式进行接线。

3．常见电工仪表的使用方法

1）电流表

（1）电流表的作用。电流表有直流电流表和交流电流表两种。直流电流表用于测量直流电流，交流电流表用于测量交流电流。

（2）电流表的使用。

① 使用前的检查。

a．使用前，应检查电流表上的标志、图形、文字应确保其正确、清晰、完整。

b．指针式电流表使用前，应检查指针是否对准零点，若有偏差，需用零点调节器将指针调到零位，调整时只需旋转表盖正面中间的零点调节旋钮即可。

c．使用前，应检查测试线有无破损、断线，连接端子是否完好。

② 量程选择。应根据被测电流大小选择合适量程的电流表。对于有两个量程的电流表，它有三个接线端，使用时要看清接线端的量程标志，将公共接线端和一个量程接线端串联接入被测电路。

③ 准确度选择。选择合适准确度的电流表以满足测量的需要。电流表具有内阻，内阻越小，测量的结果越接近实际值。为了提高测量的准确度，应采用内阻尽量小的电流表。

④ 接线。电流表要串联接入被测电路。测量直流电流时，直流电流表接线端的“+”“-”极性不可接错，否则可能损坏仪表，接线图如图 1.6（a）所示。磁电式电流表一般只用于测量直流电流。测量交流电流时，直接把交流电流表串联接入被测电路即可，接线时不用考虑极性，接线图如图 1.7（a）所示。

⑤ 分流器选用。由于直流电流表一般采用磁电式测量机构，磁电式测量机构可动线圈的导线很细，电流还要通过游丝，允许直接通过的电流很小，所以只能用于测量微安级或毫安级的电流。对于较大的直流电流，磁电式电流表要使用分流器，分流器与测量机构并联，如图 1.6（b）所示，因此分流器的作用是将大部分被测电流分流。分流器一般不标明电阻数值，而标明“额定电流”和“额定电压”，额定电压一般都统一规定为 75mV 或 45mV，当测量机构的电压量限等于分流器的额定电压时，电流量限就等于分流器的额定电流。例如，一个 100A 的直流电流表，若配用 200A、75mV 的分流器，它的量程就可扩大 2 倍，直流电流表的指示值乘以 2 才是所测得的实际电流。

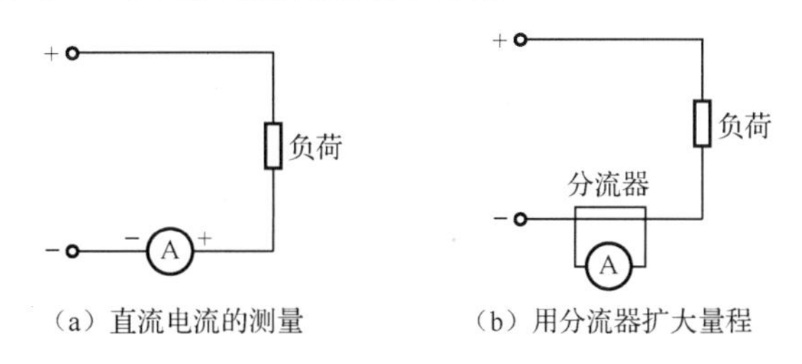

（a）直流电流的测量　　（b）用分流器扩大量程

图 1.6　直流电流表的接线图

⑥ 互感器选用。使用交流电流表测量较大的交流电流时（50A 以上），常借助电流互感器来扩大交流电流表的量程，如图 1.7（b）所示。为了测量方便，电流互感器二次绕组的额定电流一般设计为 5A，与其配套使用的交流电流表量程也应为 5A，所测得的实际电流应为仪表指示值乘以电流互感器的变流比。使用电流互感器时，二次绕组和铁芯应可靠接地，并且不得在二次绕组中加装熔断器，使用时严禁开路。

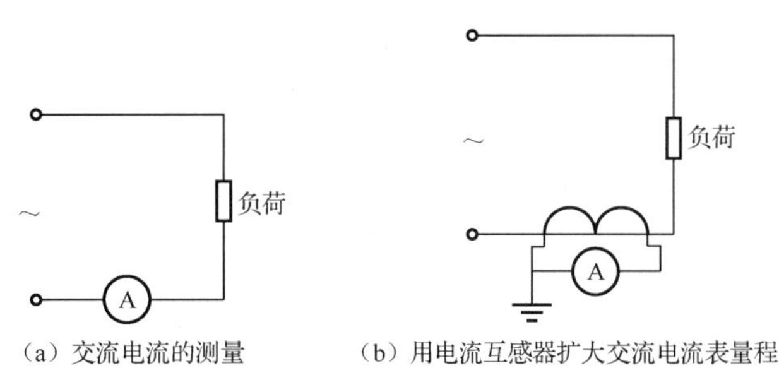

（a）交流电流的测量　　（b）用电流互感器扩大交流电流表量程

图 1.7　交流电流表的接线图

（3）电流表使用注意事项。

① 电流表要串联接入电路。

② 绝对不允许不经过用电器就把电流表直接连到电源的两端。

③ 被测电流不能超过电流表的量程。

④ 在操作过程中，注意不要将电流表暴露在潮湿、强光、振动或强电磁干扰的环境中。

⑤ 在测试高压电路时，应采取符合规定的绝缘防护措施，如戴绝缘手套、铺绝缘垫等。

2）电压表

（1）电压表的作用。电压表有直流电压表和交流电压表两种。直流电压表用于测量直流电压，交流电压表用于测量交流电压。

（2）电压表的使用。

① 使用前的检查。

a．使用前，检查电压表上的标志、图形、文字应确保其正确、清晰、完整。

b．指针式电压表使用前，应检查指针是否对准零点，若有偏差，需用零点调节器将指针调到零位，调整时只需旋转表盖正面中间的零点调节旋钮即可。

c．使用前，应检查测试线有无破损、断线，连接端子是否完好。

② 量程选择。应根据被测电压大小选择合适量程的电压表。

③ 准确度选择。选择合适准确度的电压表以满足测量的需要。电压表具有内阻，内阻越大，测量的结果越接近实际值。为了提高测量的准确度，应采用内阻尽量大的电压表。

④ 接线。测量时电压表要与被测负荷并联，一般采用磁电式或电动式结构。直流电压表在使用时应将被测电压的高电位端接电压表的“+”接线端，低电位端接“-”接线端，如图 1.8（a）所示。测量交流电流时，直接把交流电压表并联接入被测电路即可，接线时不用考虑极性，如图 1.9（a）所示。

⑤ 大电压测量。测量大的直流电压，可在表头串联由高阻值电阻制成的倍压器，如图 1.8（b）所示。当被测交流电压较大时（1kV 以上），则将交流电压表与电压互感器并联进行测量，如图 1.9（b）所示。为了测量方便，电压互感器二次绕组的额定电压一般设计为 100V，与其配套使用的交流电压表量程也应为 100V，所测实际电压应为仪表指示值乘以电压互感器的变压比。使用电压互感器时，二次绕组和铁芯应可靠接地，且不得在二次绕组中加装熔断器，使用时严禁短路。

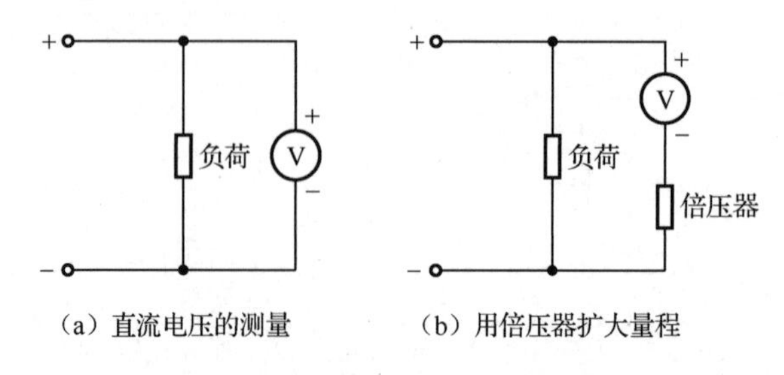

图 1.8　直流电压表的接线图

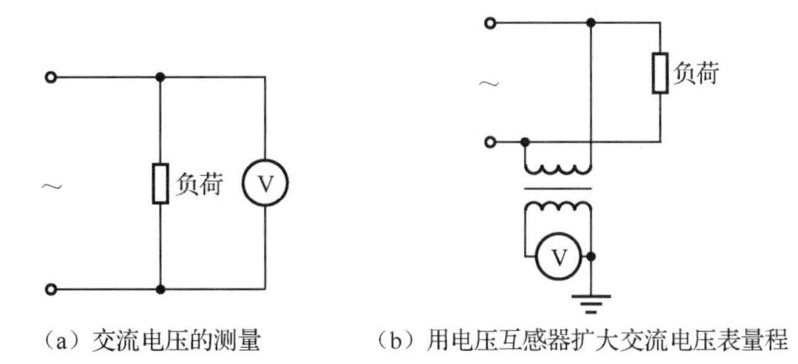

（a）交流电压的测量　　（b）用电压互感器扩大交流电压表量程

图 1.9　交流电压表的接线图

（3）电压表使用注意事项。

① 电压表要并联接入电路。

② 在使用电压表时，必须在测试前选择符合被测量的电压范围及挡位。

③ 在操作过程中，应注意不要将电压表暴露在潮湿、强光、振动或强电磁干扰的环境中。

④ 在测试高压电路时，应采取符合规定的绝缘防护措施，如戴绝缘手套、铺绝缘垫等。

3）钳形电流表

（1）钳形电流表的作用。钳形电流表可以在不断开电路的情况下测量电流，有指针式钳形电流表和数字式钳形电流表两种，如图 1.10 所示，数字式钳形电流表与指针式钳形电流表相比，其准确度、分辨率和测量速度等方面都有着极大的优越性。根据所测电流的性质不同，钳形电流表还可分为直流钳形电流表、交流钳形电流表、交直流两用钳形电流表三种。

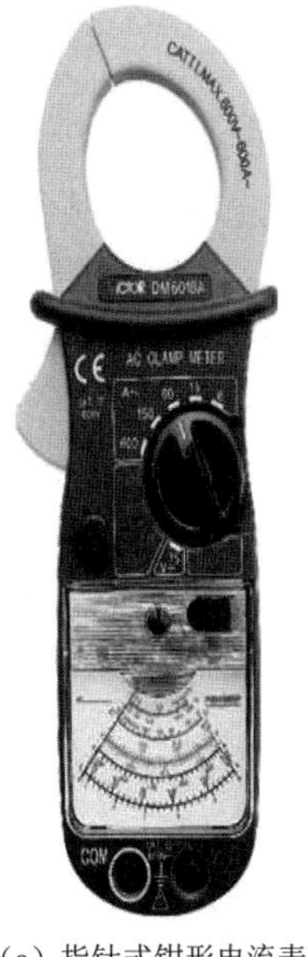

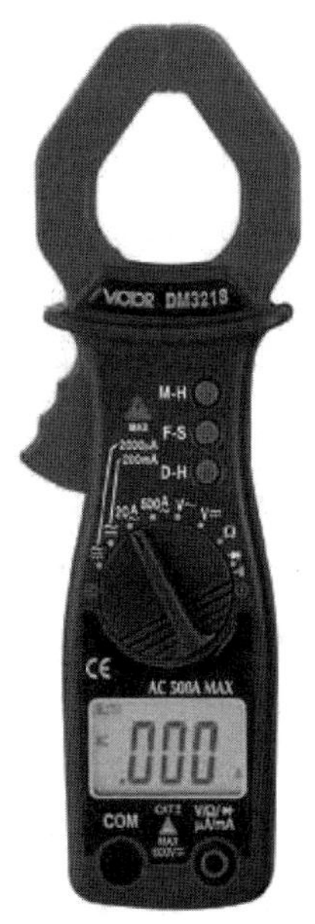

（a）指针式钳形电流表　　（b）数字式钳形电流表

图 1.10　钳形电流表

（2）钳形电流表的使用。

① 使用前的检查。

a．使用前要对钳形电流表进行外观检查，各部位应完好无损；钳把操作应灵活；钳口铁芯应无锈，闭合应严密；铁芯绝缘护套应完好；指针应能自由摆动；挡位变换应灵活，手感应明显。

b．使用前要对钳形电流表进行调零，将钳形电流表平放，指针应指在零位，否则调至零位。

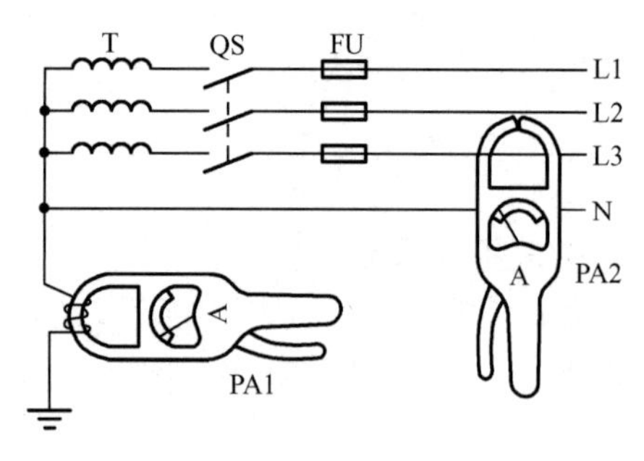

图 1.11　钳形电流表的使用方法

② 钳形电流表选择。使用时要根据被测电流的性质正确选择钳形电流表。钳形电流表一般是“穿心式”结构，被测电流通过的导线可以不必切断就可穿过钳口，如图 1.11 所示。

③ 量程选择。测量前应先估计被测电流的大小，再选择合适的量程。

④ 测量。测量时，使测量导线位于钳口中部，并使钳口紧密闭合。当被测电流小于 5A 时，为了得到较准确的读数，在条件允许的情况下，可将导线多绕几圈再放进钳口进行测量，所测数值为仪表读数除以放进钳口的导线圈数。

（3）钳形电流表使用注意事项。

① 使用钳形电流表时，要特别注意人体与带电部分保持足够的安全距离。

② 钳口相接处应保持清洁、平整、接触紧密，以保证测量的准确性。

③ 一般钳形电流表适用于低压电路的测量，被测电路的电压不能超过钳形电流表规定的使用电压。

④ 测量低压熔断器和水平排列低压母线的电流前，应将各相熔断器和母线用绝缘材料加以隔离，以免引起相间短路。

⑤ 不能在测量过程中转动选择开关换挡。在换挡前，应先将载流导线退出钳口。

⑥ 每次测量完毕后，应把选择开关拨到空挡或最大量程挡，避免下次使用时因量程选择不合理而造成仪表损坏。

4）万用表

（1）万用表的作用。万用表是一种多功能、多量程、便于携带的电子仪表，它可以用来测量电阻、直流电流和直流电压、交流电流和交流电压、三极管直流放大倍数等物理量。

（2）万用表使用前的检查。

① 万用表外观应完好无损，表针应无卡阻现象。

② 选择开关应切换灵活，指示挡位应准确。

③ 指针式万用表使用前应进行机械调零。

④ 测电阻值前指针式万用表应进行欧姆调零以检查电池电压是否合适，电压偏低时应更换万用表电池。

⑤ 表笔测试线绝缘应良好，黑表笔插入公用端 COM，红表笔插入相应的测量孔。

⑥ 用欧姆挡检查表笔测试线是否完好。

（3）指针式万用表的使用方法。

指针式万用表主要由表盘、选择开关、表笔和测量电路（内部）四部分组成，MF47 指针式万用表的外形如图 1.12 所示，万用表刻度盘有很多条标度尺，分别用于测量不同的物理量。不同的测量项目应在相应的标度尺上读数，不能混淆，还应注意量程指针的倍率。使用万用表测量时，绝对不允许带电换挡，更不可使用电流挡或欧姆挡测电压，否则会损坏万用表。在使用万用表的过程中，应水平放置，不能用手去接触表笔的金属部位，以保证测量准确和人身安全。使用完毕后，应将选择开关置于交流电压最大挡，长期不用时还应取出表内电池。

图 1.12　MF47 指针式万用表的外形

指针式万用表的测量方法如下。

① 仪表自检。

a．指针式万用表使用前应检查仪表外观，外观应完好无损，表针应无卡阻现象。

b．选择开关应切换灵活，指示挡位应准确。

c．万用表应进行机械调零。万用表水平放置时，表头指针应处于交直流挡标度尺的零刻度线上，否则读数会有较大的误差。若不在零位，应通过机械调零，即使用小螺丝刀调节表头下方机械调零旋钮，使指针回到零位。

d．万用表表笔测试线应无断线，绝缘应良好。

② 测量电阻值。

a．初步测试。先粗略估计所测电阻值，再选择合适量程，如果被测电阻不能估计其阻值，一般情况将选择开关打至“×100”挡或“×1K”挡进行初测，然后观察指针是否停在中线附近。如果是，说明挡位合适。

b．欧姆调零。量程选准后，在正式测量之前必须对万用表进行欧姆调零，否则测量值会有误差。将红、黑两表笔短接，观察指针是否指在零刻度位置。如果没有，调节欧姆调零旋钮，使其指在零刻度位置。

c．电阻值测量。将万用表两表笔并接在所测电阻两端进行测量，应注意不能带电测量电阻值。

d．正确读数。所测电阻的阻值为表盘上的刻度值乘以倍率。

e．挡位复位。测量结束后，将选择开关打在 OFF 挡或交流电压“1000”挡。

③ 测量直流电压。

a．机械调零。

b．量程选择。把选择开关旋至直流电压挡，并选择合适的量程。当被测电压的范围不清楚时，可先选用较高的挡位，再逐步调低挡位，测量的读数最好选在满刻度的 2/3 处附近。

c．电压测量。把万用表并联接入被测电路，红表笔接被测电路的正极，黑表笔接负极，不能接反。

d．正确读数。根据指针稳定时的位置及所选量程，正确读数。

e．挡位复位。测量结束后，将选择开关打在 OFF 挡或交流电压最大量程挡。

④ 测量交流电压。

a．机械调零。

b．量程选择。将选择开关旋至交流电压挡，并选择合适的量程。如果不知道被测电压的大致数值，先将选择开关旋至交流电压挡最高量程上粗测，再旋至交流电压挡相应的量程上进行测量。

c．电压测量。将万用表并联接入被测电路进行测量（交流电不分正负极）。

d．正确读数。根据指针稳定时的位置及所选量程，正确读数，其读数为交流电压的有效值。

e．挡位复位。测量结束后，将选择开关打在 OFF 挡或交流电压最大量程挡。

⑤ 测量直流电流。

a．机械调零。

b．量程选择。把选择开关拨到直流电流挡，选择合适的量程。

c．电流测量。将被测电路断开，将万用表串联接入被测电路。测量时要注意正、负极性，电流从红表笔流入，从黑表笔流出，不可接反。

d．正确读数。根据指针稳定时的位置及所选量程，正确读数。

e．挡位复位。测量结束后，将选择开关打在 OFF 挡或交流电压最大量程挡。

⑥ 测量二极管和三极管。

a．判断二极管、三极管的好坏。用“×10”挡测 PN 结应有较明显的正反向特性（如果正、反向电阻相差不明显，可改用“×1”挡来测量），一般正向电阻在“×10”挡测量时，表针应指示在 200Ω 左右，在“×1”挡测量时表针应指示在 30Ω 左右。如果测量结果正向电阻太大或反向电阻太小，都说明这个 PN 结有问题。这种方法对于维修晶体管特别有效，可以非常快速地找出坏管。

b．测量三极管直流放大倍数 β 时，将测量选择开关置于“ADJ”（校准）挡，将两表笔短接后调节欧姆调零旋钮使表针对准 hFE 刻度线的“300”刻度。然后分开两表笔，将选择开关置于“hFE”挡，即可插入晶体管进行测量。左上角的“N”列晶体管插孔供测量 NPN 晶体管时插入，“P”列晶体管插孔供测量 PNP 晶体管时插入。

⑦ 测量电容量。

用欧姆挡测量电容量，根据电容的容量选择适当的量程，注意测量电解电容时黑表笔要接电容正极。

a．估测微法级电容的容量，可凭经验或参照相同容量的标准电容，根据指针摆动的最大幅度来判定。所参照的电容不必耐压值也相同，只要容量相同即可。例如，估测一个 100μF/250V 的电容可用一个 100μF/25V 的电容来参照，只要它们的指针摆动最大幅度相同，即可判定电容量相同。

b．估测皮法级电容容量大小要用“×10K”挡，但只能测量 1000pF 以上的电容。对 1000pF 或稍大一点的电容，只要表针稍有摆动，即可认为电容量足够了。

c．测量电容是否漏电。对1000μF以上的电容，可先用“×10”挡将其快速充电，并初步估测电容的容量，然后改到“×1K”挡继续测一会儿，这时指针不应回返，而应停在十分接近处，否则说明电容漏电。

（4）数字式万用表的使用方法。

数字式万用表可用于电阻值、直流电压和交流电压、直流电流和交流电流、二极管和三极管等的测量，其外形如图1.13所示。使用数字式万用表测量时，要注意手指不要触及表笔的金属部分和被测元件。测量中若需要转换量程，必须在表笔离开电路后才能进行，否则转动选择开关产生的电弧易烧坏选择开关的触点，造成接触不良的事故。测量完毕，选择开关应置于交流电压最大挡。

图1.13　数字式万用表的外形

数字式万用表的测量方法如下。

① 仪表自检。

a．检查指针式万用表外观是否完好，是否有裂纹或缺少塑胶件。

b．检查测试表笔的绝缘层是否损坏或表笔金属是否裸露在外。

c．检查测试表笔是否导通。

② 测量电阻值。

a．将红表笔插入“VΩ ⊣⊢”孔，黑表笔插入“COM”孔，选择开关打到“Ω”挡的合适位置，即把旋钮选到比估计值大的量程。

b．分别将红、黑表笔接到电阻两端的金属部分，读出显示屏上显示的数值，当选择“200Ω”挡时的单位是“Ω”，选择“2kΩ”“20kΩ”“200kΩ”挡时的单位是“kΩ”，选择“2MΩ”“20MΩ”挡时的单位是“MΩ”。

c．在测量中，如果量程选小了显示屏上会显示“1.”，此时应换用较大的量程；反之，如果量程选大了的话，显示屏上会显示一个接近0的数，此时应换用较小的量程。

③ 测量直流电压。

a．将红表笔插入“VΩ ⊣⊢”孔，黑表笔插入“COM”孔，选择开关打到“V⎓”挡的合适位置，即把选择开关打到比估计值大的挡位。

b．将表笔接被测元件两端，保持接触稳定，被测量数值可以直接从显示屏上读取。若显示为“1.”，则表明量程太小，要换大量程后再测量。若在数值左边出现“-”，则表明表笔极性与实际电源极性相反，此时红表笔接的是负极。

④ 测量交流电压。

a．将红表笔插入“VΩ ⊣⊢”孔，黑表笔插入“COM”孔，选择开关打到“V～”挡的合适位置，即把选择开关打到比估计值大的挡位。

b．将表笔接被测元件两端，保持接触稳定，被测量数值可以直接从显示屏上读取。若显示为“1.”，则表明量程太小，需要更换大量程后再测量。

c．交流电压无正负极之分，但无论是测交流电压还是测直流电压，都要注意人身安全，不要随便用手触摸表笔的金属部分，以防发生人身安全事故。

⑤ 测量直流电流。

a．将红表笔插入“mA”孔或“20A”孔，黑表笔插入“COM”孔，选择开关打到“A⎓”挡，选择合适的量程。

b．断开被测线路，将表笔串联接入被测线路，被测线路中的电流从一端流入红表笔，经黑表笔流出，再流入被测线路中形成回路。

c．读出显示屏上的数字，即被测线路中的电流。若测量大于 200mA 的电流，则将红表笔插入“20A”孔，并将选择开关打到“20A”挡；若测量小于 20mA 的电流，则将红表笔插入“mA”孔，将选择开关打到 20mA 以内的合适量程。若显示屏显示“1.”，就要换大量程。

⑥ 测量交流电流。

a．将红表笔插入“mA”孔或“20A”孔，黑表笔插入“COM”孔，将选择开关打到“A～”挡，并选择合适的量程。

b．断开被测线路，将数字万用表串联接入被测线路，被测线路中的电流从一端流入红表笔，经黑表笔流出，再流入被测线路中形成回路。

c．显示屏显示的数字即流过被测线路的电流大小。

d．电流测量完毕后应将红笔插回“VΩ ⊣⊢”孔，若忘记这一步直接测电压，将会发生短路从而烧毁万用表，这是非常危险的。如果使用前不知道被测电流的范围，将选择开关置于最大量程并逐渐下降，如果显示器显示“1.”，选择开关应置于更高的量程。20A 量程无保险丝保护，测量时间不能超过 15s。

⑦ 测量二极管。

a．将红表笔插入“VΩ ⊣⊢”孔，黑表笔插入“COM”孔，选择开关打至“—▶|—”（二极管）挡，红、黑表笔分别接二极管的两端，读出显示屏上的数值。

b．将两表笔换位再测量一次，如果两次测量的结果是一次显示“1”，另一次显示零点几，那么此二极管就是一个正常的二极管；如果两次显示的数值都相同，那么此二极管已经损坏。

c．显示屏上显示的一个数字是二极管的正向压降：硅二极管为 0.6V 左右；锗二极管为 0.2V 左右。根据二极管的特性，可以判断此时红表笔接的是二极管的正极，黑表笔接的是二极管的负极。

⑧ 三极管的测量。

a．将红表笔插入“VΩ ⊣⊢”孔，黑表笔插入“COM”孔，选择开关打至“—▶|—”挡，找出三极管的基极，判断三极管的类型（PNP 型或 NPN 型）。三极管类型的测量方法：用万用表“200Ω”挡或“2kΩ”挡测量三极管三个电极中每两个极之间的正向电阻和反向电阻。当用第一支表笔接某个电极，而第二支表笔先后接触另外两个电极均测得低阻值时，则第一支表笔所接的那个电极为基极 B。这时，要注意万用表表笔的极性，如果红表笔接的是基极 B，黑表笔分别接在其他两极时，测得的阻值都较小，那么可判定被测三极管为 PNP 型三极管；如果黑表笔接的是基极 B，红表笔分别接触其他两极时，测得的阻值都较小，那么被测三极管为 NPN 型三极管。集电极和发射极用“hFE”挡来判断，先将选择开关打到“hFE”挡，可以看到挡位旁有一排小插孔，分别对应 PNP 型三极管和 NPN 型三极

管的测量。前面已经判断出管型，将基极插入对应管型的“B”孔，其余两脚分别插入“C”孔、“E”孔，此时可以读取数值，即 β；再固定基极 B，其余两脚对调，比较两次读数，读数较大时的引脚位置与“C”“E”对应。

b．把选择开关转至“hFE”挡，根据类型插入 PNP 型三极管或 NPN 型三极管的插孔测 β，读出显示屏中的 β 值。

⑨ 测量电容量。

a．测量前要将电容两端短接，将电容放电，确保数字万用表使用安全。

b．测量时，将选择开关打至“F”（电容）挡，并选择合适的量程。

c．读出显示屏上的数字，即电容量。

d．测量结束后再次将电容两端短接，进行放电，避免埋下安全隐患。

e．仪器本身已对电容挡设置了保护，故在电容测试过程中不用考虑极性及电容充放电等情况。

（5）万用表使用的注意事项。

① 在使用万用表过程中，不能用手去接触表笔的金属部分，手指与表笔金属部分的距离应大于 20mm。这样一方面可以保证测量的准确性，另一方面也可以保证人身安全。

② 在测量某一电学量时，不能在测量的同时换挡，尤其是在测量高电压或大电流时更应注意。否则会将万用表毁坏。若需换挡，应先断开表笔，再换挡，最后测量。

③ 在使用万用表时，必须水平放置，以免造成误差，还要注意避免外界磁场对万用表的影响。

④ 万用表使用完毕，指针式万用表应将选择开关置于交流电压最大挡。没有自动关机功能的数字式万用表应将电源开关拨至“OFF”（关闭）挡。如果长期不使用，应将万用表内的电池取出来，以免电池腐蚀表内其他器件。

5）兆欧表

（1）兆欧表的作用。

兆欧表，又叫摇表、绝缘电阻测试仪，是一种简便、常用的测量大电阻和绝缘电阻的专用仪表，其外形如图 1.14 所示。兆欧表由一个可产生 500～5000V 高电压的手摇发电机和一个磁电式比率表两大部分构成。根据兆欧表的测量结果，可以判断电气设备的绝缘性能。常用兆欧表的额定电压有 500V、1000V、2500V、5000V 等，测量的电阻值的单位是 MΩ（兆欧）。

（2）兆欧表的选用。

一般根据被测设备或线路的工作电压选用相应的兆欧表。高压电气设备需使用额定电压高的兆欧表，低压电气设备需使用额定电压低的兆欧表，一般对于额定电压在 500V 以下的电气设备，应选用额定电压为 500V 或 1000V 的兆欧表；额定电压在 500V 以上的电气设备，应选用额定电压为 1000V 或 2500V 的兆欧表。对于绝缘子、母线等要选用额定电压为 2500V 或 5000V 的兆欧表。不能用额定电压过高的兆欧表测量低压电气设备的绝缘电阻，以免电气设备的绝缘层受到损坏；也不能用额定电压较低的兆欧表测量高压设备的绝缘电阻，否则测量结果不能真正反映电气设备在工作电压下的绝缘电阻。

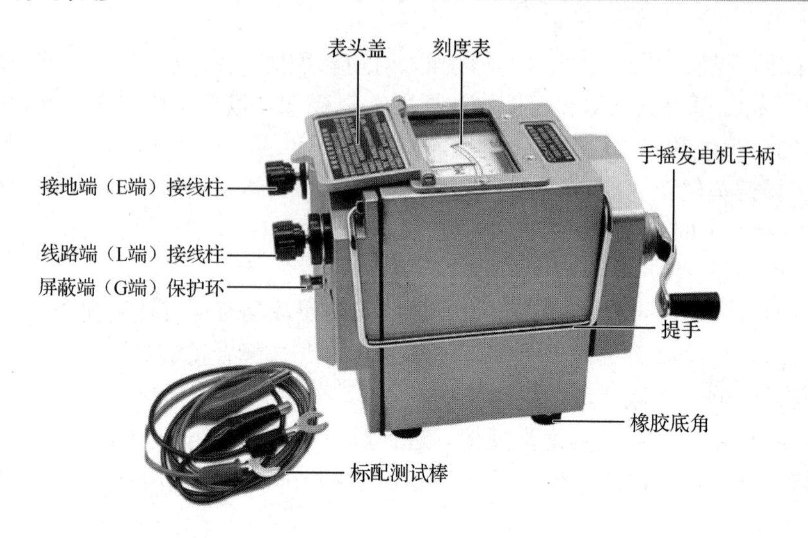

图 1.14　兆欧表的外形

（3）兆欧表的使用方法。

① 仪表自检。

外观检查：检查兆欧表各部分是否完好，表针是否灵活，手摇发电机手柄旋转是否正常。

开路试验：将 L 端和 E 端的测试线断开，摇动手柄使发电机达到 120r/min 的额定转速，观察指针是否指在刻度表的“∞”位置。

短路试验：将兆欧表的 L 端和 E 端的测试线短接，缓慢摇动手柄（半圈），观察指针是否指在刻度表的“0”位置。

② 切断电源：测试前应切断设备电源，并充分放电。

③ 正确接线。兆欧表有三个接线端，分别标有 E（接地端）、L（线路端）和 G（屏蔽端），如图 1.14 所示。当测量电气设备的绝缘电阻时，应将 L 端接到被测导体上，E 端接到电气设备外壳或接地线上。如果在潮湿的天气测量设备的绝缘电阻，应将 G 端接到绝缘支持物上，以消除绝缘支持物表面泄漏电流对测量结果的影响。图 1.15 所示为四种典型的兆欧表测量绝缘电阻的接线方法。图 1.15（a）所示为测量电力线路对地的绝缘电阻，兆欧表 L 端接线芯，E 端接绝缘皮或钢管；图 1.15（b）所示为测量三相电动机绕组对地的绝缘电阻，兆欧表 L 端接相出线端子，E 端接电动机外壳或接地；图 1.15（c）所示为测量电缆的相对地的绝缘电阻，兆欧表 L 端接相出线端子，E 端和其他相端子与绝缘皮相连后共同接地；图 1.15（d）所示为测量变压器低压侧绕组对地的绝缘电阻，兆欧表 L 端接低压短接端子，E 端和高压侧三相短接线相连后共同接地。

④ 单股线测。被测设备和线路要在停电的状态下进行测量，并且兆欧表与被测设备间的连接导线不能用双股绝缘线或绞线，应用单股线连接。严禁在雷电时或附近有高压导体的设备上使用兆欧表测量绝缘电阻，只有在设备不带电且不可能受其他电源感应而带电的情况下，才可进行测量。

⑤ 测量读数。测量时将被测设备与兆欧表正确接线。摇动手柄时应由慢渐快摇至额定转速 120r/min，正确读取被测绝缘电阻，一般以兆欧表转动 1min 后的读数为准。兆欧表未停止转动之前，切勿用手去触摸设备的测量部分或兆欧表接线柱，以防人体触电。

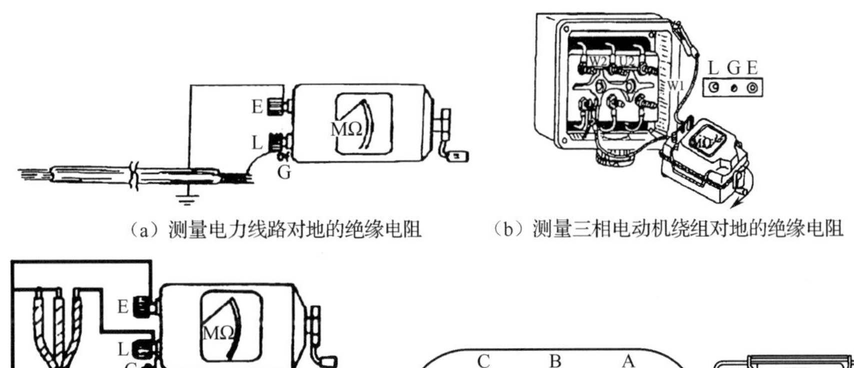

（a）测量电力线路对地的绝缘电阻　　（b）测量三相电动机绕组对地的绝缘电阻

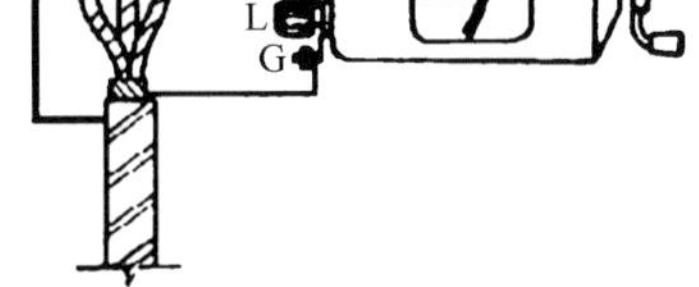

（c）测量电缆相对地的绝缘电阻

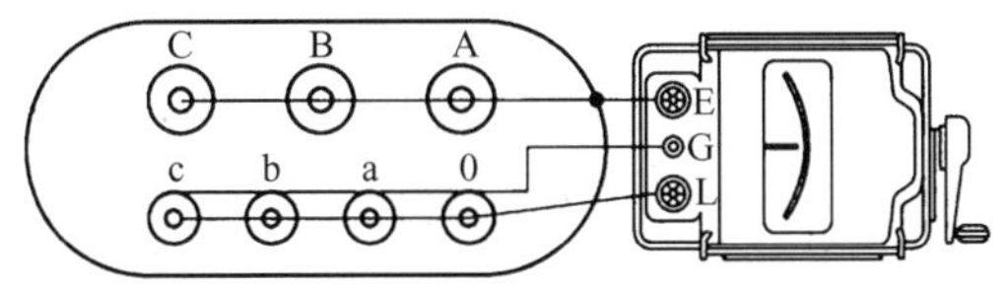

（d）测量变压器低压侧绕组对地的绝缘电阻

图 1.15　四种典型的兆欧表测量绝缘电阻的接线方法

⑥ 断开顺序。测试结束时，应先断开测试线，再停止摇动手柄。同时，还应记录测量时的温度、湿度、被测设备的状况等，以便分析测量结果。

⑦ 充分放电。测量完毕，应使用放电棒对设备进行充分放电，否则容易引起触电事故。

（4）兆欧表使用的注意事项。

① 正确选择兆欧表并对其进行充分的检查。

② 测量前应切断被测设备的电源，并对被测设备进行充分放电，保证被测设备不带电。用兆欧表测试过的电气设备，也要充分放电，以确保安全。

③ 被测设备表面应干燥、清洁，以减小测量误差。

④ 兆欧表与被测设备应用单根绝缘导线分开连接，应使用专用测试线。两根测试线不可缠绞在一起，也不可与被测设备或地面接触，以免导线因绝缘不良而引起误差。

⑤ 测量时，摇动手柄的速度应由慢逐渐加快，并保持在 120r/min 左右的转速，测量 1min 左右，待读数稳定下来再读数。如果被测设备短路，指针指零，应立即停止摇动手柄，以防表内线圈发热从而损坏仪表。

⑥ 测量电感性或电容性设备时，如大容量电动机、电力电容、电力电缆等，除了测前放电，测量完毕后也应充分放电后再拆线。测量时 L 端的测试线处理应遵循“先摇后接，先撤后停”的原则。

⑦ 被测电缆停电后应采取必要的安全措施，被测电缆的另一端应有人看守或装设临时遮栏，并悬挂警示牌。

⑧ 当兆欧表没有停止转动或被测设备没有放电前，不可用手触摸被测物的测量部分，或进行拆除导线的工作。在测量大电容量电气设备的绝缘电阻后，应先将 L 端连接线断开，再降速松开手柄，以免被测设备向兆欧表倒充电从而损坏仪表。

⑨ 测量前还应掌握环境温度及相对湿度，以便进行绝缘分析。当湿度较大时，应接屏蔽线。测量时，注意与附近带电体的安全距离，必要时应设监护人员。

⑩ 防止无关人员靠近，人体不得接触被测端和兆欧表上的接线端。测量时，测试人员应注意与周围带电体保持安全距离，并远离大电流导体和强磁场。

⑪ 禁止在雷电天气或邻近有高压设备时使用兆欧表，以免发生危险。

6）接地电阻测试仪

（1）接地电阻测试仪的作用。

接地电阻测试仪又叫接地摇表、接地电阻表，用于测量各种电力系统、电气设备、防雷设备等接地系统的接地电阻。一般有指针式和数字式两种类型，如图 1.16 所示。常见的 ZC-8 型接地电阻测试仪就是指针式接地电阻测试仪，有三端钮和四端钮两种类型，三端钮接地电阻测试仪的三个端分别是接地端 E、电位端 P、电流端 C；四端钮接地电阻测试仪外表面上有 E、E、P、C 四个接线端（有的用 C_2、P_2、P_1、C_1 表示）。如图 1.16 所示，当测量 1Ω 或大于 1Ω 的接地电阻时，E-E 端用连片短接；当测量小于 1Ω 的接地电阻时，E-E 端连片打开，且分别用导线接到被测接地体上，这样可以消除测量时由连接导线电阻值引起的误差。用接地电阻测试仪测量前应将仪器和接地探针擦拭干净，特别是接地探针，一定要将其表面影响导电能力的污垢及锈渍清理干净。

（a）指针式接地电阻测试仪

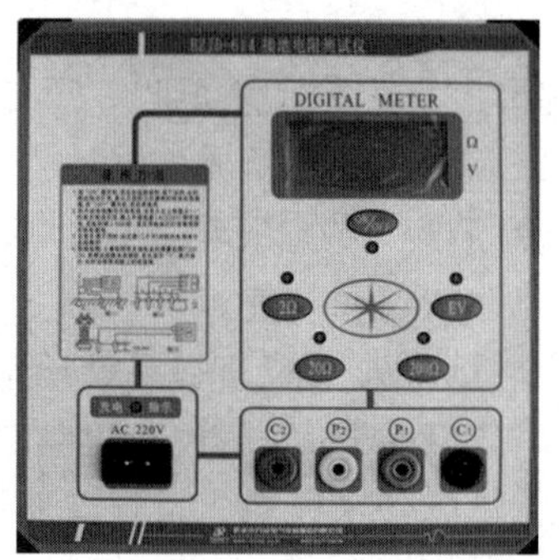

（b）数字式接地电阻测试仪

图 1.16 接地电阻测试仪

（2）接地电阻测试仪的使用。以指针式接地电阻测试仪的使用为例介绍其使用方法。

① 接地电阻测试仪自检。

a．检查接地电阻测试仪的外观是否完好，校验日期是否在有效期内，接地电阻测试仪应每年校验一次。

b．将接地电阻测试仪水平放置后，指针应指向中心线，否则应调整调零旋钮，确保指针指向中心线。

c．测试线及线夹应完好、无破损。

d．将接地探针表面影响导电能力的污垢及锈渍清理干净。

② 断开接地线。将接地干线与接地点或接地干线上所有接地支线的连接点断开，使接地体脱离任何连接关系而成为独立体。

③ 插入接地探针。将两个接地探针沿接地体辐射方向分别插入距接地体 20m、40m 的地下，插入深度至少为 600mm，如图 1.17（a）所示。

④ 正确接线：将接地电阻测试仪平放于接地体附近，进行接线，测量时，两根导线不得缠绕。接线方法如下。

a．用最短的专用导线将接地体与接地电阻测试仪的 E 端（三端钮接地电阻测试仪）或

与 C_2、P_2 端短接后的公共端（四端钮接地电阻测试仪）相连。

b．用最长的专用导线将距接地体 40m 的测量探针（电流探针）与测试仪的 C 端或 C_1 端相连。

c．用余下的长度居中的专用导线将距接地体 20m 的测量探针（电位探针）与测试仪的 P 端或 P_1 端相连。

⑤ 正确测量。将“倍率标度”旋钮（或称粗调旋钮）置于最大倍数，慢慢地摇动发电机手柄，此时指针开始偏移，同时旋动“测量标度盘”旋钮（或称细调旋钮）使检流计指针指向中心线。当检流计的指针接近平衡时（指针接近中心线）加快摇动手柄，使其转速在 120r/min 以上，同时调整“测量标度盘”旋钮，使指针指向中心线。若刻度盘的读数过小不易读准确时，说明倍率标度倍数过大。此时应将“倍率标度”旋钮置于较小的倍数，重新调整“测量标度盘”旋钮，使指针指向中心线上并读出准确的读数。

⑥ 结果计算。此时刻度盘的读数乘以倍率即被测接地电阻，即 $R_{地}$=倍率标度读数×刻度盘读数。

⑦ 为避免测试误差，将探针插入不同的地点，重复测试 3～5 次，将计算出的平均值作为测试最终结果。

⑧ 接地电阻测试仪使用后阻值挡位要旋至最大挡位。

⑨ 接地电阻的标准：独立的防雷保护接地电阻应小于或等于 10Ω；独立的安全保护接地电阻应小于或等于 4Ω；独立的交流工作接地电阻应小于或等于 4Ω；独立的直流工作接地电阻应小于或等于 4Ω；共用接地体（联合接地）的接地电阻应不大于 1Ω。

接地电阻测试仪测试接地电阻的连接线路图如图 1.17 所示。

（a）实际场景图

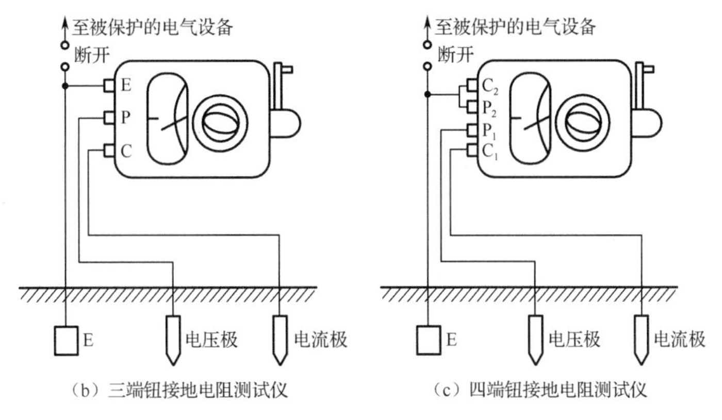

（b）三端钮接地电阻测试仪　　（c）四端钮接地电阻测试仪

图 1.17　接地电阻测试仪测试接地电阻的连接线路图

（3）接地电阻测试仪使用注意事项。

① 接地线应与被保护设备断开，以保证测量结果的准确性。

② 两探针插入的土质必须坚实，不能插在泥地、回填土、树根旁、草丛等位置。

③ 因为雨后土壤吸水过多，气候、温度、压力变化较大，所以不能在雨后测量。雨后连续 7 个晴天后才能进行接地电阻的测量。

④ 使用绝缘良好的导线进行连接，以免漏电。

⑤ 试验宜在土壤电阻率较高时进行，如初冬或干燥的夏季。

⑥ 待测接地体应先进行除锈等处理，保证电气连接可靠。

⑦ 测量时，仪表要放置平稳，摇动手柄时仪表要按牢，不要人为造成强烈晃动，以致误以为表针调整不到零位中心线。

⑧ 为了保证测量结果的可靠性，应在测量一次结束后，移动两根探针的位置，换一个方向进行复测。一般每次测得的接地电阻不会完全一致，可取几个测量值的平均值作为最终结果。

⑨ 禁止在雷电天气或被测物带电时进行测量。接地电阻测试仪禁止开路试验，不使用时应将接线端用裸线短封。

⑩ 仪表携带、使用时要轻拿轻放，避免剧烈振动。

⑪ 每次测量完毕，都应将探针拔出擦拭干净，导线整理好，以便下次使用。将仪器存放在干燥、避光、无振动的环境中。

7）直流单臂电桥

（1）直流单臂电桥的作用。

直流单臂电桥又称为惠斯通电桥，是一种精密测量中值电阻（1Ω～1MΩ）的直流平衡电桥。通常用来测量各种电动机、变压器及用电器的直流电阻。常用的有 QJ23 型直流单臂电桥，其面板图如图 1.18 所示。

图 1.18　直流单臂电桥的面板图

① 直流单臂电桥面板说明如下。

1——比例臂转换开关，共分七挡，分别为 10^{-3}、10^{-2}、10^{-1}、1、10^{1}、10^{2}、10^{3}。

2——比较臂转换开关，由四组可调电阻串联而成，每组均有 9 个阻值相同的电阻，分别为 9 个 1Ω 的电阻，9 个 10Ω 的电阻，9 个 100Ω 的电阻，9 个 1000Ω 的电阻。调节面板上的 4 个读数盘，可得到 0～9999Ω 范围内任意一个电阻值（其最小步进值为 1Ω）。

3——被测电阻接线端钮。

4——按钮开关。B 为电源开关，G 为检流计开关。直流单臂电桥不用时，应将检流计开关 G 锁住（顺时针旋转），以免检流计因受振动而损坏。

5——检流计机械调零旋钮。

6——检流计表灵敏度调节旋钮。

7——外接电源接线端钮。

8——检流计短路片及内接、外接端钮。当使用仪器内的检流计时，短路片应与“外接”端连接。当使用外接检流计时，短路片应与“内接”端连接。外接检流计从“外接”端与公共端接入。

9——检流计指示表。

10——检流计选择开关。

11——检流计工作电源选择开关。

② 直流单臂电桥的原理。

直流单臂电桥电路的原理图如图 1.19 所示，R_x、R_2、R_3、R_4 叫作电桥的四个臂，G 为检流计，用以检查它所在的支路有无电流。当检流计无电流通过时，电桥达到平衡。平衡时四个臂的阻值满足 $R_x = \frac{R_2}{R_3} R_4$，利用这一关系就可测量待测电阻的电阻值。在实际的电桥线路中，R_2/R_3 是比例系数 10^n，R_2/R_3 和 R_4 已制成相应的读数盘，因此待测电阻的阻值就等于比例臂的比例系数乘以比较臂电阻值。

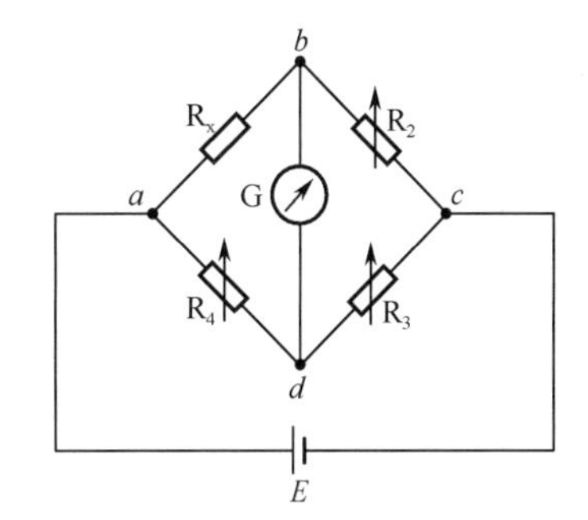

图 1.19　直流单臂电桥电路的原理图

（2）直流单臂电桥的使用方法。

① 测前检查。检查直流单臂电桥铭牌或外壳上的标志，同时检查直流单臂电桥外壳、外露部件及插销的接触状况、有无封印位置等。

② 电桥调试。打开检流计机械锁扣，调节机械调零旋钮使指针指在零位。

③ 初测。用万用表进行初测，根据万用表的初测阻值选择合适的挡位。

④ 选择比例臂。选择合适的比例臂，使比较臂的四挡电阻都能被充分利用，以获得 4 位有效数字的读数。待测电阻为几欧姆时，应选用 10^{-3} 的比例臂；待测电阻为几十欧姆时，应选用 10^{-2} 的比例臂；待测电阻为几百欧姆时，应选用 10^{-1} 的比例臂；待测电阻为几千欧姆时，应选用 1 的比例臂。直流单臂电桥比例臂的选择如表 1.5 所示。

表 1.5　直流单臂电桥比例臂的选择

被测电阻/kΩ	比　例　臂
0.001～0.01	10^{-3}
0.01～0.1	10^{-2}
0.1～1	10^{-1}
1～10	1
10～100	10^{1}
100～1000	10^{2}
1000～10 000	10^{3}

⑤ 接入电阻。将被测对象用较粗较短的导线接到 R_x 测试端。

⑥ 接通电路。

a．测量时应先按下电源开关 B，再按下检流计开关 G，使电桥电路接通。

b．调节比例臂转换开关，选择合适的比例臂。

c．调节比较臂电阻值使检流计平衡。在调节过程中，若检流计指针偏向“+”，则应增大比较臂电阻值；若指针偏向“-”，则应减小比较臂电阻值。调节过程中不能把检流计开关按死，待调到电桥接近平衡时，才可将检流计开关锁定进行细调，直至指针指向零，电桥达到平衡。

⑦ 计算电阻。被测电阻值＝比例臂读数×比较臂读数。

⑧ 关闭电桥。首先断开检流计开关与电源开关，然后拆除被测电阻，最后锁上检流计机械锁扣。对于没有机械锁扣的检流计，应将检流计开关 G 按下并锁住。

（3）直流单臂电桥使用注意事项。

① 测量前先将检流计指针调零。

② 注意测量范围。直流单臂电桥测量 10Ω～1MΩ 的电阻为宜。用粗短导线将被测电阻牢固地接至标有“R_x”的两个接线端钮之间，尤其是测量小电阻（如小于 0.1Ω 的电阻）时，引线电阻和接触电阻皆不可忽略，以免带来很大的测量误差。

③ 根据待测电阻阻值的大小，选择适当的比例臂。在选择比例臂时，应使比较臂的 4 挡电阻都能用上。这样容易把电桥调至平衡，保证测量结果的准确性，提高其测量精度。

④ 电流线路接通后，按钮不可长时间按下，以免标准电阻因长时间通过电流而使其阻值改变。

⑤ 测量电感线圈的直流电阻时，应先按下电源开关 B，再按检流计开关 G；测量结束，应先断开检流计开关 G，再断开电源开关 B，以免被测线圈的自感电动势损坏检流计。

⑥ 发现电池电压不足时应及时更换，否则会影响检流计的灵敏度，外接电源时，应使用符合说明书上规定电压的电源。若长时间不用，应取出电池。

⑦ 电桥使用完毕，先切断电源，再拆除被测电阻，还要将检流计锁扣锁上，以防搬动过程中因振动损坏检流计。对于没有锁扣的检流计，应将检流计开关断开，它的常闭接点会自动将检流计短路，从而使可动部分电路得到保护。

⑧ 测量大于 1MΩ 的电阻时，因电路中电流较小，平衡点不明显，可使用外接电源和高灵敏度检流计进行测量，但外接电源电压应按规定选择，电压过高会损坏桥臂电阻。

8）直流双臂电桥

（1）直流双臂电桥的作用。

直流双臂电桥又称为开尔文电桥，是一种适用于测量 1Ω 以下的小电阻的电桥。在电气工程中，常常要测量金属的电导率、分流器的电阻值、电动机或变压器绕组的电阻值等，在用直流单臂电桥测量这些小阻值的电阻时，接线电阻和接触电阻会给测量结果带来不可忽视的误差。直流双臂电桥正是为了消除和减小这种误差而设计的。常见的有 QJ44 型直流双臂电桥，其测量范围为 0.0001～11Ω。

① 直流双臂电桥的面板图如图 1.20 所示。

图 1.20　直流双臂电桥的面板图

直流双臂电桥面板说明如下。

1——外接工作电源接线柱。

2——晶体管检流计工作电源开关 B1。

3——检流计指示表。

4——检流计电气调零旋钮。

5——检流计灵敏度调节旋钮。

6——量程因素读数旋钮（也叫比例臂）。

7——步进读数盘。

8——滑线读数盘。

9——电源开关 B。

10——检流计开关 G。

11——被测电阻电流接线柱。

12——被测电阻电位接线柱。

13——外接检流计插座。

② 直流双臂电桥的原理图如图 1.21 所示。

直流双臂电桥在使用时，通过调节各桥臂电阻，使检流计指零，此时有

$$R_x = \frac{R_2}{R_1} R_n + \frac{rR_2}{r + R_3 + R_4}\left(\frac{R_3}{R_1} - \frac{R_4}{R_2}\right) \qquad (1.1)$$

由式（1.1）可以看出，用直流双臂电桥测量电阻值时，R_x 由两项确定，第一项与直流单臂电桥基本相同，第二项为校正项。因此，为了使电桥平衡时，被测电阻的阻值等于比例臂倍率乘以比较臂读数，且必须使校正项等于零，

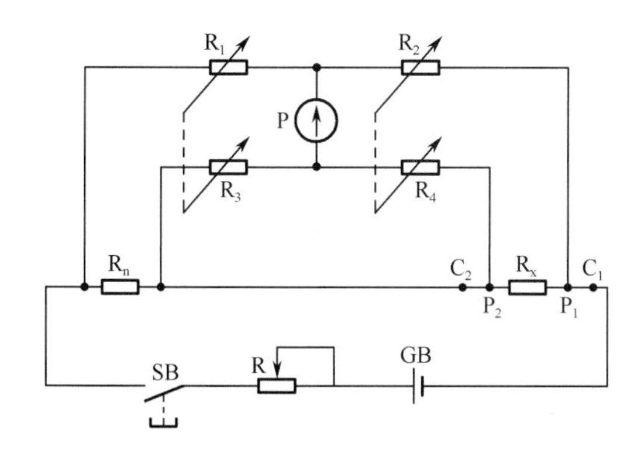

图 1.21　直流双臂电桥的原理图

即 $\frac{R_3}{R_1}=\frac{R_2}{R_4}$，同时使 r 趋于零。为了满足上述条件，直流双臂电桥将 R_1 与 R_3、R_2 与 R_4 使用机械联锁调节装置连起来，使 $\frac{R_3}{R_1}$ 的变化与 $\frac{R_2}{R_4}$ 的变化同步，且采用导电性良好的粗铜导线，使 r 趋于零。

（2）直流双臂电桥的使用方法。

① 测前检查。检查直流双臂电桥铭牌或外壳上的标志，同时检查直流双臂电桥外壳、外露部件及插销的接触状况、有无封印位置等。

② 调零。首先进行机械调零、通电预热，然后进行检流计调零，最后戴绝缘手套，使变压器绕组对地放电。

③ 初测。擦拭被测端子、清除氧化层，用万用表进行初测，初测完毕，将万用表打至空挡。

④ 选择倍率。根据初测阻值选择合适的倍率，直流双臂电桥比例臂选择表如表 1.6 所示。

⑤ 正确接线。用粗而短的连接线将被测电阻与直流双臂电桥电位端钮 P_1、P_2 和电流端钮 C_1、C_2 连接，并用螺母紧固。用双臂电桥测量电阻的接线图如图 1.22 所示。

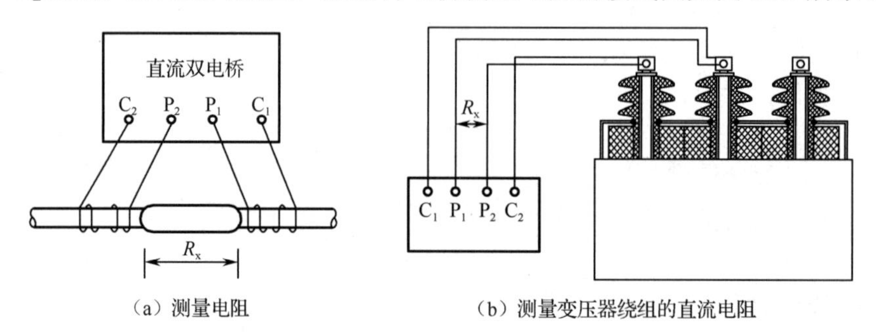

（a）测量电阻　　（b）测量变压器绕组的直流电阻

图 1.22　测量电阻和变压器绕组的直流电阻的接线图

⑥ 接通电源。将电桥的检流计工作电源开关打至接通位置。

表 1.6　直流双臂电桥比例臂选择表

比例臂	有效量程	等级指数	基准值/Ω
×100	1～11	0.2	10
×10	0.1～1.1	0.2	1
×1	0.01～0.11	0.2	0.1
×0.1	0.001～0.011	0.5	0.01
×0.01	0.0001～0.0011	1	0.001

⑦ 调节电桥的平衡。将电阻值调节盘（步进读数盘和滑线读数盘）旋到合适的位置，按下电源开关 B，再按下检流计开关 G，调节至平衡。

⑧ 提高灵敏度进行测量。增大灵敏度，略等片刻，待指针稳定，重新调节电桥平衡。双臂电桥工作电流较大，所以测量要迅速，避免过多消耗电量。

⑨ 计算电阻值。测量完毕，读出电阻值调节盘的阻值再乘以比例臂倍率，即被测电阻的阻值。

⑩ 关闭电桥。首先断开检流计开关与电源开关，然后拆除被测电阻，最后锁上检流计机械锁扣。

（3）直流双臂电桥使用注意事项。

① 在使用直流双臂电桥时，连接被测电阻应有4根导线，电流接线柱与电位接线柱应正确连接。两个电位接头之间的电阻就是被测电阻 R_x 的阻值。不允许将电位接线柱与电流接线柱接于同一点上，否则会给测量结果带来误差。

② 在选择标准电阻时，应尽量使其与被测电阻在同一数量级，最好满足 $R_n=1/10R_x$。

③ 直流双臂电桥工作时的电流较大，所以它的电源容量要大，若用电池，测量时要迅速，否则耗电很快，且容易使被测电阻发热，影响测量的准确度。测量结束后，应立即切断电源。

④ 连接导线应尽量短而粗，导线接头要除尽污物，使其接触良好，并且要连接可靠，尽可能减小接触电阻，以提高测量精度。

⑤ 在测量电感电路的直流电阻时，应先按下电源开关B，再按下检流计开关G，断开时，应先断开检流计开关G，后断开电源开关B。

⑥ 测量0.1Ω以下的电阻时，直流双臂电桥的工作电流很大，测量时电源开关B不要锁定，应间歇使用。

⑦ 在测量0.1Ω以下的电阻时，接线柱 C_1、P_1、P_2、C_2 到被测电阻之间的连接导线的电阻值为0.005～0.01Ω；测量其他阻值的电阻时，连接导线的电阻值不大于0.05Ω。

⑧ 若电桥长期搁置不用，应将电池取出。

⑨ 仪器应保持清洁，并避免直接暴晒和剧烈振动。

⑩ 仪器在使用中，若发现检流计灵敏度明显下降，可能是由电池寿命完毕引起的，应更换新的电池。

习　题

1．按工作原理可以把电工仪表分为哪几种形式？

2．为什么大多数电磁式、电动式、静电式仪表的刻度是不均匀的？

3．如何正确选择电工仪表？

4．简述钳形电流表的优缺点。

5．简述用数字式万用表测量电阻值的步骤。

6．怎样检查兆欧表的好坏？

7．简述接地电阻测试仪的使用方法。

8．简述直流单臂电桥和直流双臂电桥的异同点。

9．为什么绝缘电阻不能用欧姆表或万用表的欧姆挡测量？

10．简述用直流单臂电桥测量电阻值的步骤。

拓展讨论

党的二十大报告指出："推动战略性新兴产业融合集群发展，构建新一代信息技术、人工智能、生物技术、新能源、新材料、高端装备、绿色环保等一批新的增长引擎。"近二十年来，随着微电子技术、计算机技术、精密机械技术、高密封技术、特种加工技术、纳米技术等高新技术的迅猛发展，电工仪表发生了根本性的变革。请同学们讨论当前的电气检测仪器、仪表采用了哪些最新的技术，实现对电力系统哪些领域更精准的测试，以及对电力系统的运检工作带来了哪些重大变化。

工作任务 2　电工安全用具及其使用

任务描述

口述低压验电器、高压验电器、绝缘棒、绝缘夹钳、放电棒、绝缘手套、绝缘靴（鞋）、绝缘垫（毯）、绝缘台、携带型接地线、安全帽、防护眼镜、安全带、脚扣、登高板等电工安全用具的作用、组成结构、使用方法及保养要点。

任务分析

电工安全用具及其使用的评分标准如表 2.1 所示。

表 2.1　电工安全用具及其使用的评分标准

考试项目	考试内容	配分/分	评分标准
电工安全用具及其使用	电工安全用具的用途及结构	30	口述电工安全用具［在低压验电器、高压验电器、绝缘棒、绝缘夹钳、放电棒、绝缘手套、绝缘靴（鞋）、绝缘垫（毯）、绝缘台、携带型接地线、安全帽、防护眼镜、安全带、脚扣、登高板等电工安全用具中抽考三种］的作用、组成结构及使用方法，叙述有误扣 3～15 分
	电工安全用具的检查	15	正确检查外观，未检查外观扣 5 分，未检查合格证有效期扣 5 分，未检查可使用性扣 5 分
	正确使用电工安全用具	40	遵循安全操作规程，按照操作步骤正确使用电工安全用具。操作步骤违反安全规程得零分，操作步骤不完整视情况扣 5～40 分
	电工安全用具的保养	15	未正确叙述所选电工安全用具的保养要点，叙述不完整视情况扣 3～15 分

根据工作任务及评分标准可以明确，电工安全用具及其使用应掌握如下内容。

（1）能够正确识别电工安全用具。

（2）能够熟知电工安全用具的结构及作用。

（3）能够正确检查电工安全用具的外观、合格证、完整性及性能。

（4）能够正确选择和使用电工安全用具。

（5）能够熟知电工安全用具的保养要点。

2.1　电工安全用具的作用和分类

电工安全用具是防止电气工作人员发生触电、坠落、灼伤等事故，直接保护电气工作人员安全的各种电工专用工具和用具。电工安全用具分为绝缘安全用具和一般防护安全用具，如图 2.1 所示。

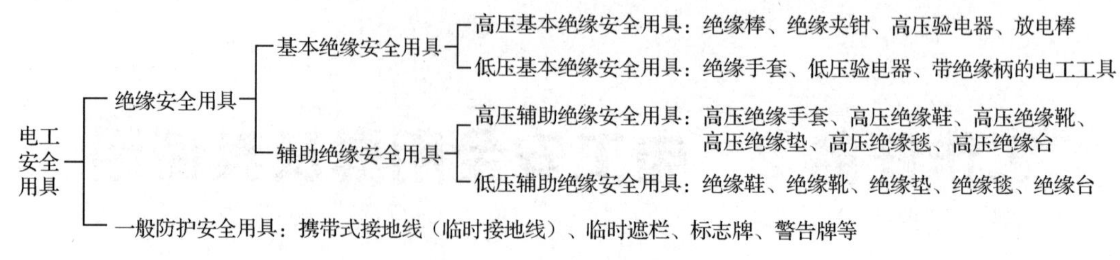

图 2.1　电工安全用具的分类

1．绝缘安全用具

绝缘安全用具是用来防止工作人员直接触电的专用用具，分为基本绝缘安全用具和辅助绝缘安全用具。

基本绝缘安全用具是指绝缘强度能长期承受工作电压，并能在本工作电压等级产生过电压时，保证工作人员人身安全的用具。基本绝缘安全用具的绝缘强度高，足以耐受电气设备的工作电压。常用的低压基本绝缘安全用具有绝缘手套、低压验电器、带绝缘柄的电工工具等；常用的高压基本绝缘安全用具有绝缘棒、绝缘夹钳、高压验电器等。

辅助绝缘安全用具是指绝缘强度不能承受电气设备或线路的工作电压，只能加强基本绝缘安全用具的保护作用，用来防止接触电压、跨步电压、电弧等对工作人员的危害的用具。辅助绝缘安全用具的绝缘强度相对较低，不能作为直接接触带电体的用具使用，如常用的低压辅助绝缘安全用具有绝缘鞋、绝缘靴、绝缘垫、绝缘毯、绝缘台等。常用的高压辅助安全用具有高压绝缘手套、高压绝缘靴、高压绝缘鞋、高压绝缘垫、高压绝缘毯、高压绝缘台等。

2．一般防护安全用具

一般防护安全用具是指那些不具有绝缘性能的安全用具，如携带型接地线、临时遮栏、标志牌、警告牌、护目镜、安全带、木梯和脚扣等，这些都是防止工作人员触电、电弧灼伤、高空坠落的一般安全用具，其本身不是绝缘物。

2.2　基本绝缘安全用具及其使用

02.电工安全用具及其使用

1．验电器

验电器分为低压验电器和高压验电器两类，如图 2.2 所示，是检验电气设备或线路上是否有电的专用工具。

（a）低压验电器　　（b）高压验电器

图 2.2　验电器

1）低压验电器

（1）低压验电器的作用。

低压验电器又称为试电笔，是用来检验电压范围在 60～500V 的低压线路和电气设备是否带电的一种常用电工工具。低压验电器利用电流通过验电器与人体、大地形成回路，其漏电电流使氖管起辉发光而工作。只要带电体与大地之间的电位差超过一定数值（通常60～500V），验电器中的氖管就会发出辉光，从而来判断低压电气设备或线路是否带电。常用低压验电器进行的工作如下。

① 验电。检验低压电气设备或线路是否带电。

② 区分相线与零线。在交流电路中，当验电器触及导线（或带电体）时，使验电器发光的是相线，正常情况下，零线不会使验电器发光。

③ 区分交流电和直流电。交流电通过验电器时氖管的两极附近都发光，而直流电通过验电器时，氖管仅有一个电极附近发光。

④ 区分直流电的正、负极。把验电器连接在直流电源上，发光的一端为正极。

⑤ 区分正、负极接地。发电厂和电网的直流系统是对地绝缘的。人站在地上，用验电器触及直流系统的正、负极，氖管是不发光的。若发光，说明直流系统错误接地。其中，若亮点在靠近笔尖一端，则正极错误接地；若亮点在靠近手指的一端，则负极错误接地。若系统接地但没有达到氖管的起辉电压，氖管仍不发光。

⑥ 区分电压高低。可以根据氖管发光的强弱来估计电压的大约数值。因为在验电器的工作电压内，电压越高，氖管越亮。

⑦ 检测相线碰壳。用验电器触及电气设备的外壳，若氖管发光，则相线与壳体接触或绝缘不良，说明该设备漏电。如果在壳体上有良好的接地装置，那么氖管不会发光。

⑧ 区分相线接地。用验电器触及三相三线制星形接法的交流电路，如果其中两根比通常稍亮，另一根暗一些，说明较暗的相线有接地现象，但不太严重。如果其中两根很亮，另一根几乎不亮或不亮，说明这根相线有金属接地。在三相四线制交流电路中，当单相接地后用验电器测量中性线时，验电器也会发光。

⑨ 检测故障。设备（电动机、变压器等）各相负荷不平衡或内部匝间、相间短路及三相交流电路中性点移位时，用验电器检测中性点，验电器都会发光。这说明该设备的各相负荷不平衡，或者内部有匝间或相间短路。上述现象只在故障较为严重时才能反映出来。因为验电器只有在达到一定数值的电压后才能发光。

⑩ 检测干扰。线路接触不良或不同电气系统互相干扰时，验电器触及带电体时，氖管就会发光，可能是线头接触不良，也可能是两个不同的电气系统互相干扰。这种发光现象非常明显。

（2）组成结构。

低压验电器由高阻值电阻、氖管、弹簧、金属触头和笔身构成，常做成钢笔式或螺丝刀式。

（3）使用方法。

① 使用前，检查验电器的外观是否损坏，有无受潮或进水。

② 使用验电器时，不能用手触摸验电器前端的金属触头，要正确执握，如图2.3所示，错误操作会造成触电事故。

③ 使用验电器时，一定要用手触摸验电器尾端的金属部分，否则，因带电体、验电器、人体与大地没有形成回路，验电器中的氖管不会发光，从而造成操作人员误判，认为带电体不带电。

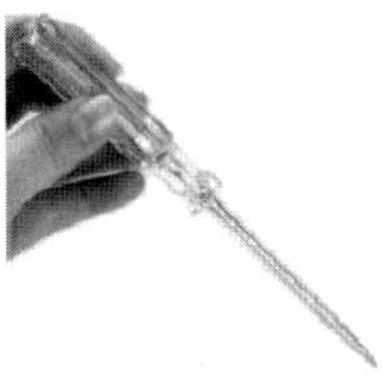

图2.3　低压验电器的执握方法

④ 在测量电气设备是否带电之前，先要找一个已知电源测一测验电器的氖管能否正常发光，只有氖管能正常发光，才能使用。

⑤ 在明亮的光线下测试带电体时，应特别注意氖管是否真的发光（或不发光），必要时可用另一只手遮挡光线仔细判别。千万不要造成误判，将氖管发光判断为不发光，从而将带电判断为不带电。

（4）保养要点。

① 防止强烈振动或冲击。

② 保存在干燥通风处（最好放在防潮袋内保存）。

③ 不要用带腐蚀性的化学溶剂或洗涤剂擦拭。

④ 不要私自拆装。

⑤ 低压验电器的检验周期是半年。

2）高压验电器

（1）高压验电器的作用。

高压验电器主要用来检验对地电压在 250V 以上的高压电气设备。高压验电器不能检测直流电压。目前广泛应用的有发光型高压验电器、声光型高压验电器、风车型高压验电器三种类型。

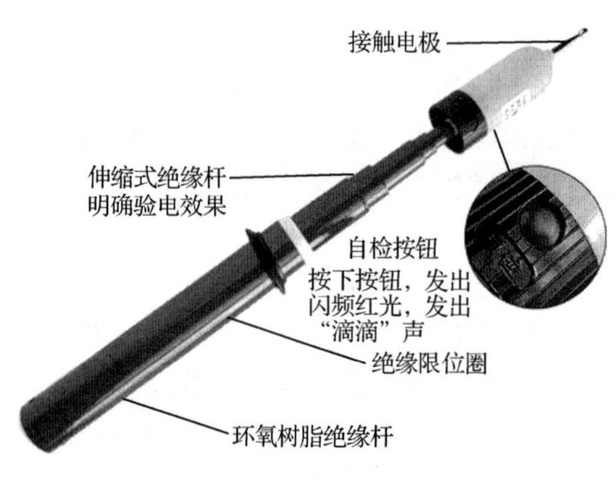

图 2.4　高压验电器外形

（2）高压验电器的组成结构。

高压验电器一般由检测部分（指示器）、绝缘部分、手握部分组成，其外形如图 2.4 所示。绝缘部分指自指示器下部金属衔接螺丝起至护环止的部分，手握部分指护环以下的部分。其中绝缘部分、手握部分根据电压等级的不同其长度也不相同。

（3）使用方法。

① 为确保设备或线路不再带电，应按该设备或线路的电压等级选用相应的验电器进行验电。否则可能会危及操作人员的人身安全或造成误判。

② 在使用高压验电器验电前，一定要认真阅读高压验电器的使用说明书，检查其是否在检验有效期内、外表是否损坏。例如，从包中取出 GDY 风车型高压验电器时，首先应观察电转指示器叶片是否有脱轴现象，警报是否能发出声响，若电转指示器叶片脱轴，则不得使用；然后将电转指示器在手中轻轻摇晃，其叶片应稍有摆动，证明验电器良好；最后检查扬声器部分，确认音响良好。对于 GSY 声光型高压验电器，在操作前应先对指示器进行自检，确认没有问题才能将指示器旋转固定在操作杆上，并将操作杆拉伸至规定长度，再做一次自检后才能进行验电。

③ 严格遵守“验电三步骤”。

a．先在与电压等级相符的带电设备上验电，证实验电器良好。

b．再在被验电设备进、出线两侧逐相进行验电。

c．验明无电压后将验电器在带电的设备上复核，验证其是否良好。

④ 验电时，不要用验电器直接触及设备的带电部分，应逐渐靠近带电体，至灯亮或风车转动或语音提示即可。应注意验电器不要受邻近带电体的影响。

⑤ 验电时，必须三相逐一验电，不可图省事一起验电。

⑥ 验电时，必须严格执行操作监护制，一人操作一人监护，操作者在前，监护人在后。

⑦ 验电时，操作人员一定要戴绝缘手套，穿绝缘靴，防止跨步电压或接触电压对人体的伤害。操作人员应手握护环以下的手握部分。

⑧ 验电时，操作人员的身体各部位应与带电体保持足够的安全距离，用验电器的金属电极逐渐靠近被测设备，一旦验电器开始回转，且发出声光信号，即说明该设备有电。此时应立即将金属电极撤离被测设备，保证验电器的使用寿命。

⑨ 验电时，若指示器的叶片不转动，也没有发出声光信号，说明验电部位无电。

⑩ 在停电设备上验电时，必须在设备进、出线两侧各相分别验电，以防出现一侧或其中一相带电但没有被发现的情况。

⑪ 验电时，验电器不应装设接地线。只有在木梯、木杆上或不接地不能指示的情况下，才可装设接地线。

⑫ 在同杆架设的多层线路中验电时，应先验低压，后验高压；先验下层，后验上层。

（4）保养要点。

① 防止强烈振动或冲击。

② 不准擅自调整拆装。

③ 一定不能在雨雪等影响绝缘性能的环境下验电。

④ 不要把验电器放在烈日下暴晒，应保存在干燥通风处，避免积灰和受潮。

⑤ 不要用带腐蚀性的化学溶剂和洗涤剂擦拭验电器。

⑥ 高压验电器的检验周期是 1 年。

2．绝缘棒

（1）作用。

绝缘棒又称令克棒、绝缘拉杆，是用于短时间对带电设备进行操作或测量的绝缘工具，如用来接通或断开高压隔离开关、柱上断路器和跌落式熔断器，处理带电体上的异物，以及进行高压测量、试验、直接与带电体接触等各项作业。

（2）组成结构。

绝缘棒由合成材料制成，主要由工作部分、绝缘部分和手握部分构成，其外形如图 2.5 所示。

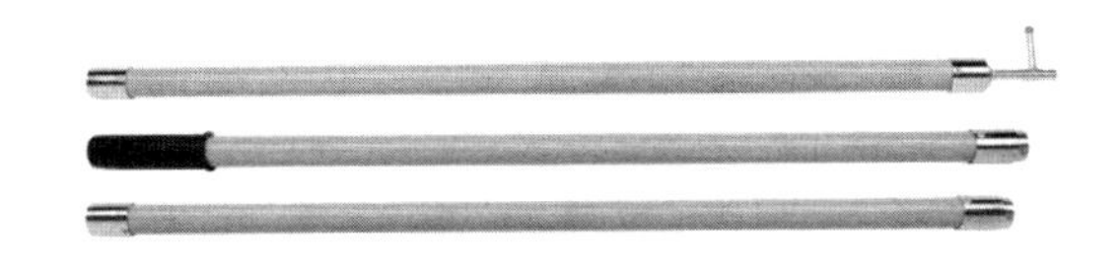

图 2.5　绝缘棒外形

工作部分大多由金属材料制成，样式因功能不同而不同。它装在绝缘杆的最上端，直接接触带电设备。工作部分的长度在满足工作需要的情况下，应该尽量做得短些，一般长度在50～80mm范围内，避免由于长度过长而在操作中造成相间短路和接地短路。

绝缘部分和手握部分用环氧玻璃布管、塑料带、胶木等制成，材料要求耐压强度高、耐腐蚀、耐潮、质量轻、便于携带。两者由护环隔开，交接处有明显的标志，各节之间一般用金属材料进行连接，连接应牢固，不得在操作中脱落。绝缘部分用于绝缘隔离，所以绝缘部分须光洁、无裂纹或硬伤，为保证操作时有足够的绝缘安全距离，绝缘棒的绝缘部分长度不得小于0.7m。

（3）使用方法。

① 使用前检查绝缘棒是否在检验有效期内，外表是否完好，各部分连接是否可靠。手柄及绝缘杆有无油污、受潮或损坏。

② 操作前，绝缘棒表面应用清洁的干布擦拭干净，使绝缘棒表面干燥、清洁。

③ 操作人员的手握部位不得越过护环。

④ 绝缘棒的规格必须符合被操作设备的电压等级。

⑤ 为防止因绝缘棒受潮而产生较大的泄漏电流，在使用绝缘棒拉合隔离开关和跌落式熔断器等时，必须戴绝缘手套。

⑥ 雨天在户外使用绝缘棒时，应在绝缘棒上安装防雨罩，戴绝缘手套，穿绝缘鞋。

⑦ 当接地网接地电阻不符合要求时，晴天操作也应穿绝缘靴，以免人体遭受接触电压、跨步电压的伤害。

⑧ 操作时应戴绝缘手套、穿绝缘靴或站在绝缘台（垫）上，并注意防止碰伤表面绝缘层。

（4）保养要点。

① 绝缘棒一般由三节组成。当存放或携带时，先将各节拆解，再将其外露丝扣一端朝上装入专用工具袋，以防杆体表面擦伤或丝扣损坏。

② 绝缘棒要存放在室内通风良好、清洁干燥的支架上或悬挂起来，尽量不要靠近墙壁，以防受潮或破坏其绝缘层。

③ 一旦绝缘棒表面损伤或受潮，应及时修复和干燥。经修复和干燥后，绝缘棒必须经检验合格后方可再用。

④ 试验不合格的绝缘棒要立即报废销毁，不可降低标准使用，更不可与合格的绝缘棒放在一起。

⑤ 绝缘棒的检验周期是1年。

3. 绝缘夹钳

（1）作用。

绝缘夹钳主要用于安装或拆卸35kV及以下的高压熔断器或执行其他类似工作。

（2）组成结构。

图2.6　绝缘夹钳

绝缘夹钳由工作钳口、绝缘部分、手握部分组成，如图2.6所示。工作钳口要保证能夹紧熔断器，各部分所使用的材料与绝缘棒相同。

（3）使用方法。

① 使用前要检查检验合格证。

② 使用前要检查绝缘夹钳的电压等级与被操作设备的电

压等级是否相符，切不可任意取用。

③ 使用前要对绝缘夹钳进行外观检查：工作钳口与绝缘部分连接是否牢固；工作部分是否有损坏、断裂；绝缘部分是否光滑，有无气泡、皱纹、裂纹、绝缘层脱落、严重的机械伤痕或电灼伤痕等。

④ 使用绝缘夹钳夹熔断器时，操作人员的头不可超过手握部分，并应戴护目镜、绝缘手套，穿绝缘靴（鞋）或站在绝缘台（垫）上。

⑤ 操作人员手握绝缘夹钳时，要保持精神集中。不得使夹持物脱落，动作应准确、迅速、有力，尽量减少与高压带电体的接触时间，同时应有专人监护。

⑥ 在雨雪潮湿天气时操作应使用专用防雨绝缘夹钳。

（4）保养要点。

① 绝缘夹钳应在通风良好、清洁干燥、避免阳光直晒和无腐蚀、无有害物质的场所中保存。

② 绝缘夹钳应在支架上竖放或悬挂起来，不得贴墙放置。

③ 绝缘夹钳的检验周期是 1 年。

4．放电棒

（1）作用。

放电棒又称为高压放电棒，主要用于泄放电气设备和线路上停电后所存储的电荷。例如，在停电验电后，电容器、电缆、变压器等电气设备（线路）上仍有尚未释放完的剩余电荷，若工作人员进行操作，则需要对这些设备进行放电。放电棒采用短路接地的方式达到放电的安全要求。

（2）组成结构。

放电棒由新型材料加工而成，由金属触头、绝缘棒、软导线、接地夹头四部分组成，如图 2.7 所示。现在的放电棒多为新型放电棒，直阻两用，可以满足不同的要求。

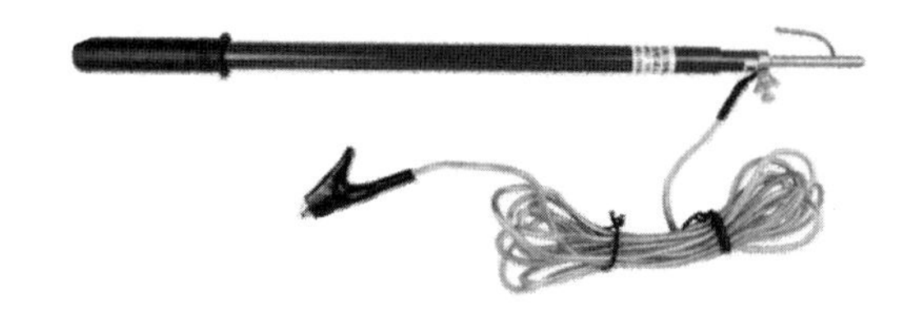

图 2.7　放电棒

（3）使用方法。

① 使用前应检查放电棒的外观、附属的接地线及线夹是否齐全完好，对于外观检查不完好的放电棒，应立即停用并报告。

② 使用前应检查放电棒是否有检验合格证及是否在检验有效期内。

③ 使用前要检查放电棒的电压等级与被放电设备（线路）的电压等级是否相符。

④ 放电前应先使用高压验电器对被测线路或设备进行验电，确认被放电设备（线路）已停电。

⑤ 放电前应先检查放电棒接地端和接地线的连接是否牢固，确保先接地后放电。

⑥ 用放电棒进行放电时，必须戴上符合要求的绝缘手套。

⑦ 操作时，要做好监护，不可一个人单独放电。

⑧ 放电时，人体与被放电设备（线路）的距离应符合设备不停电时的安全距离要求。

⑨ 放电时，手握手柄，慢慢地将金属触头靠近被放电设备，直至完全接触，经过反复几次放电直至无火花后，才允许直接接地。

⑩ 对交流电路的放电应逐相进行，放电时，操作人员应戴绝缘手套，手握在护环以下的手握部分。

⑪ 放电时工作人员不可接触接地线，并与接地体保持必要的安全距离。

⑫ 放电完毕，移开放电棒后，才可接触接地线。

（4）保养要点。

① 每次放电棒使用完毕，应先将放电棒表面尘埃擦拭干净，再收缩并分段取下放电棒放入包装袋，存放在干燥通风的地方，以免受潮。

② 放电棒应单独放置，以免碰伤。

③ 放电棒的检验周期是 1 年。

5．带绝缘柄的电工工具

低压带电作业使用的带绝缘柄的电工工具（如钳子、螺丝刀等），可作为低压基本绝缘安全用具，工作人员操作时应使用绝缘手柄完好的电工工具作业，严禁使用锉刀、金属尺和带有金属物的毛刷、毛掸等工具，并且不得使用绝缘柄破损的工具作业。

2.3 辅助绝缘安全用具及其使用

1．绝缘手套

（1）作用。

绝缘手套由特种橡胶制成，起电气辅助绝缘作用。在进行设备验电、倒闸操作、装卸接地线、装卸高压保险等工作时应戴绝缘手套。绝缘手套一般作为低压基本绝缘安全用具和高压辅助绝缘安全用具。

（2）检查。

绝缘手套使用前，应对其进行检查。

① 检验合格证检查。查看绝缘手套是否经检验合格，是否超过检验有效期。

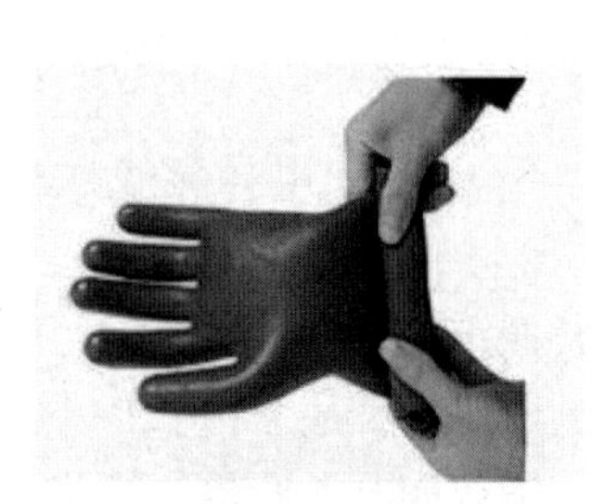

图 2.8 绝缘手套漏气检查

② 漏气试验检查。用卷曲法或充气法检查绝缘手套有无漏气现象，绝缘手套漏气检查如图 2.8 所示。

③ 外观检查。绝缘手套内外表面均应平滑、完好无损，无划痕、裂缝、粘黏、漏气和孔洞等缺陷。

上述检查不合格的绝缘手套禁止使用，并做报废处理。

（3）使用方法。

① 绝缘手套使用前，应根据所操作设备电压范围合理选择绝缘手套。

② 检查合格后，绝缘手套佩戴在工作人员的双手上，手指与手套指孔吻合。

③ 将上衣袖口套入绝缘手套筒，手套筒至少应超过工作人员手腕 10cm。

（4）保养要点。

① 绝缘手套应置于通风良好、清洁干燥、避免阳光直晒和无腐蚀、无有害物质的场所保存。

② 绝缘手套筒朝下存放在专用柜内，与其他工具分开放置，其上不得堆压任何物品，以免刺破绝缘手套。

③ 绝缘手套的检验周期是半年。

2. 绝缘靴（鞋）

（1）作用。

绝缘靴（鞋）由特种橡胶制成，具有良好的绝缘性能，可以有效地隔离电流和电源，防止电流通过鞋底进入人体，保证人体与地面绝缘，主要用于电气设备的倒闸操作、设备巡视作业。特别是在雷雨天气巡视设备或线路接地的作业中，能有效防止跨步电压和接触电压的伤害。

按照绝缘靴（鞋）的电压等级，绝缘鞋可分为5kV绝缘鞋、10kV绝缘鞋和15kV绝缘鞋等，绝缘靴可分为20kV绝缘靴、25kV绝缘靴和35kV绝缘靴等。

（2）检查。

① 检验合格证检查。查看绝缘靴（鞋）是否经检验合格，是否超检验周期。

② 外观检查。绝缘靴（鞋）无裂纹、老化、破损等缺陷。

③ 内部检查。绝缘靴（鞋）内部干燥。

（3）使用方法。

① 使用绝缘靴（鞋）应选择与使用者相适应的鞋码。

② 穿绝缘靴时应将裤管完全套入靴筒。

（4）保养要点。

① 绝缘靴（鞋）应由专人保管，造册登记，存放在干燥的专用柜内，不得与其他工具放在一起。

② 绝缘靴（鞋）不得与酸、碱接触，存放时避免与热源太近。

③ 绝缘靴（鞋）不准代替雨靴使用。

④ 绝缘靴（鞋）成双放置，不得直接接触地面、墙面。

⑤ 绝缘靴（鞋）的检验周期为半年。

3. 绝缘垫（毯）

绝缘垫和绝缘毯由特种橡胶制成，其表面有防滑槽纹，厚度不小于5mm。绝缘垫的最小尺寸为0.8m×0.8m，绝缘毯最小宽度为0.8m，长度依需要而定。它们一般铺设在高、低压开关柜前，作为固定的辅助绝缘安全用具。绝缘垫和绝缘毯使用时严防酸、碱的侵袭，上下表面应不存在有害的不规则性、损坏表面光滑轮廓的缺陷，如小孔、裂缝、局部隆起、切口、夹杂导电异物、折缝、空隙、凹凸波纹及铸造标志等。绝缘垫和绝缘毯的检验周期是1年。

4. 绝缘台

绝缘台由干燥的木板或木条制成，木条间的距离不大于2.5cm，以免鞋跟陷入木条间，其作用与绝缘垫相同。绝缘台的最小尺寸是0.8m×0.8m，最大尺寸一般不宜超过1.5m×1.0m，以便移动、打扫和检查，四角用绝缘子作为台脚，其高度不得小于 10cm。绝缘台的检验周期为 3 年。

2.4 一般防护安全用具及其使用

1. 携带型接地线

（1）作用。

携带型接地线又称为三相短路接地线，在电气设备和电力线路停电检修时，用来对设备和线路实施接地，以消除感应电压，释放剩余电荷，保护人身安全。全部停电或部分停电的电气设备或电力线路在可能来电的各侧均应装设接地线，悬挂标志牌并加装遮栏。

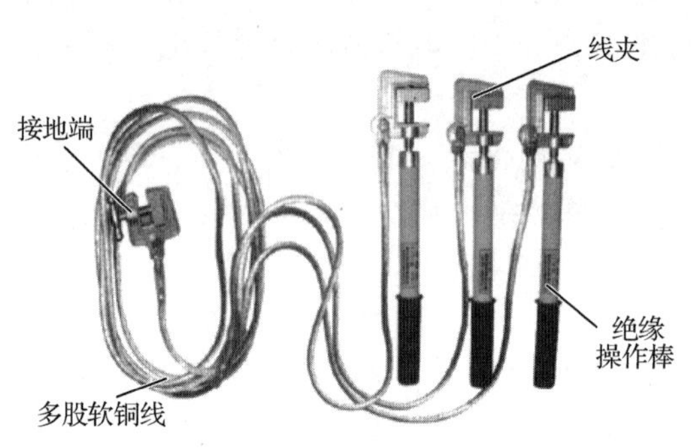

图 2.9 携带型接地线

（2）结构组成。

携带型接地线主要由线夹、多股软铜线、接地端、绝缘操作棒等部件组成，如图 2.9 所示。

① 线夹将接地线与设备可靠连接。

② 多股软铜线承受工作地点通过的最大短路电流，同时具有一定的机械强度，其截面不得小于 25mm^2，多股软铜线的透明塑料套起保护作用。多股软铜线截面的选择应由接地线所用的系统短路电流而定，系统越大，短路电流越大，所选择的接地线截面也就越大。

③ 接地端起接地线与接地网的连接作用，一般用螺丝或接地棒紧固。接地棒打入地下深度不得小于 0.6m。

④ 绝缘操作棒采用绝缘性能与机械强度俱佳的环氧树脂和玻璃纤维精制而成，同时对操作手柄加装硅橡胶护套，绝缘更为安全可靠。

（3）使用方法。

① 使用接地线前，应检查其标签、合格证及其是否在检验有效期内。

② 接地线在每次装设前应经过详细检查，确认无断股、散股，紧固件与铜线连接牢固，绝缘棒无污垢、损伤、裂纹。损坏的接地线应及时修理或更换。禁止使用不符合规定的导线作为接地线或短路用线。

③ 接地线的接地端必须使用专用的线夹固定在导体上，严禁用缠绕的方法接地或短路。

④ 若检修部分是几个在电气上不连续的部分，如母线用隔离开关（刀闸）或断路器（开关）隔开分成几段，则各段应分别验电、接地。接地线与检修部分之间不得连有断路器或熔断器（保险）。

⑤ 装设接地线必须由两人进行，一人操作，一人监护。

⑥ 使用临时接地线要注意操作顺序：先停电，再验电，确认无电才能装设接地线，接线时，一定要先接接地端，再接线路端。拆除时顺序相反，一定要先拆线路端，再拆接地端，以防在装、拆过程中突然来电，危及操作人员安全。

⑦ 装设接地线时，夹头必须夹紧，以防短路电流较大时夹头因接触不良而熔断或因电动力作用而脱落。

⑧ 严禁使用其他导线作为接地线。

⑨ 接地线通过一次短路电流后，一般应做报废处理。

⑩ 拆除接地线后应将线夹及接地端螺丝旋紧，以免损坏或丢失。

（4）保养要点。

① 接地线用后应擦拭干净，线钩和接地端线夹内不得有泥沙等杂物，以免造成使用时接触不良。

② 接地线不得接触地面、墙体，防止受潮。

③ 所有接地线应统一编号，存放在对应标号的固定位置，并登记记录，与其他工具分开保存。

④ 接地线的检验周期是 5 年。

2．安全帽

（1）作用。

安全帽是一种重要的安全防护用品，是电气作业人员的必备用品，对人头部因坠落物及其他特定因素引起的伤害起防护作用。电气工作人员登带电杆、塔时会佩戴一种无源近电报警安全帽，当工作人员佩戴此安全帽在登杆工作中误登带电杆、塔，或者工作人员与高压设备距离小于《电业安全工作规程》规定的安全距离时，安全帽内部的近电报警装置会立即报警，提醒工作人员注意，防止误触带电设备造成人员伤亡事故。

（2）组成结构。

安全帽由帽壳、帽衬、下颌带及附件等组成，如图 2.10 所示。

图 2.10　安全帽

（3）使用方法。

① 使用安全帽前要对其有效期及外观进行检查。

a．有效期检查：塑料材质安全帽的有效期为 2.5～5 年，永久标识和产品说明标识应清晰、完整。

b．帽壳检查：帽壳内外表面应平整光滑，无划痕、裂缝、孔洞，无灼伤、冲击痕迹。

c．帽衬检查：帽衬（帽箍、吸汗带、缓冲垫及衬带）与帽壳应连接牢固，下颌带等组件应完好、无缺失。

② 安全帽戴好后，应将帽箍扣调整到合适的位置，锁紧下颌带，以防在工作中因工作人员前倾、后仰或其他原因造成安全帽滑落，确保前倾、后仰时安全帽不脱落。

③ 受过一次强冲击或做过冲击试验的安全帽不能继续使用，应予以报废。

（4）保养要点。

① 安全帽用后要擦拭干净并保持整洁。

② 安全帽不得接触火源。

③ 安全帽上不准随意刷油漆。

④ 不准将安全帽当凳子坐。

⑤ 安全帽的检验周期是 1 年。

3．防护眼镜

（1）作用。

防护眼镜主要用于防止金属屑、砂石碎屑等对眼睛的伤害，适用于有粉尘、风沙、飞溅物、强光的场合。

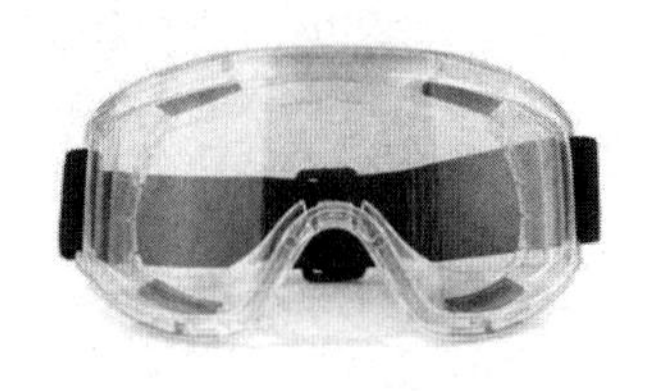

图 2.11 防护眼镜

（2）组成结构。

防护眼镜结构与普通眼镜类似，由有色镜片和眼镜架或松紧带组成，如图 2.11 所示。

（3）使用方法。

① 使用前要检查镜片是否完好，结构是否完整，镜片是否无划伤、裂纹。

② 调整镜架或松紧带正确佩戴。

（4）保养要点。

① 临时放置防护眼镜时，镜片要朝上。

② 清洁镜片时要用专用擦镜布轻轻擦拭，防护眼镜不用时，要用眼镜布包好放入镜盒保存。

③ 存放防护眼镜时，不要与防虫剂、洁厕用品、化妆品、发胶等腐蚀性物品接触。

④ 不要在 60℃以上的环境中长期放置防护眼镜。

⑤ 防护眼镜不要置于潮湿环境，避免阳光直射。

⑥ 用完防护眼镜后要及时用清水冲洗，并用专用眼镜布将水珠擦干。

4．安全带

（1）作用。

安全带用于电气设备安装及维修等高空作业人员的保护，预防作业人员高空坠落。《电业安全工作规程》中规定，凡在离地面 2m 以上地点进行的工作，均为高处作业，高处作业时，应穿戴安全带。

（2）组成结构。

安全带由腰带、腰绳和保险绳组成，如图 2.12 所示。腰带用来系挂保险绳、腰绳和吊物绳，系在人腰部以下、臀部以上的部位。

图 2.12 安全带

（3）使用方法。

① 使用安全带前，要检查标签、合格证及其是否在检验有效期内，绳索、编织带部分有无断股、扭结，金属挂钩咬口是否平整，保险装置是否完好。

② 使用安全带登电杆时，腰带要系在腰部以下、臀部以上部位，而不是腰间。腰绳绕过电杆，腰绳钩扣在腰带两边的金属圈上，然后将保险绳挂在电杆上牢靠的地方。

（4）保养要点。

① 安全带要放置在干燥、通风的环境中。

② 安全带不得接触高温、明火、强酸及尖锐坚硬物品。

③ 安全带不得长期暴晒。

④ 不得任意拆除安全带上的任何部件。

⑤ 安全带的检验周期为1年。

5. 脚扣

（1）作用。

脚扣是登杆的专用工具。

（2）组成结构。

脚扣主要由弧形扣环和脚套组成，如图2.13所示。木杆脚扣的半圆环和根部均有突起的小齿，起防滑作用；水泥杆脚扣的半圆环和根部用橡胶垫来防滑。

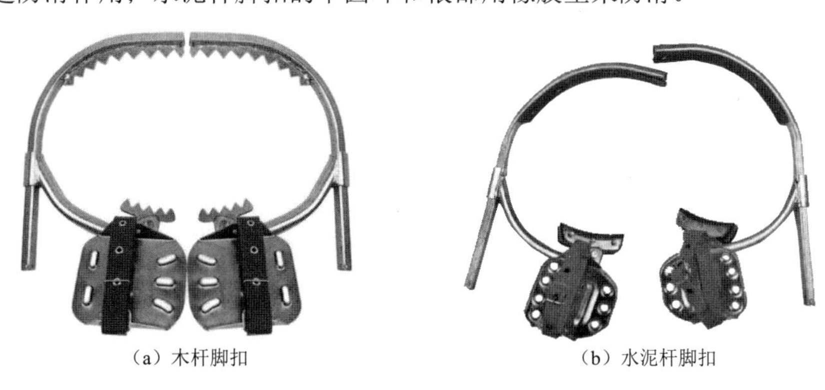

（a）木杆脚扣　　（b）水泥杆脚扣

图2.13　脚扣

（3）使用方法。

① 登杆前，要检查脚扣的标签、合格证及其是否在检验有效期内，检查各部件是否完好，有无生锈、断裂。

② 根据杆的规格选择合适的脚扣。

③ 登杆前，要对脚扣做冲击试验，以检验其强度。

④ 登杆时，手脚互相协作，每步都与杆紧密相扣，才能移动。

（4）保养要点。

① 脚扣要存放在干燥通风和无腐蚀的室内工具柜中，保证金属部分无锈蚀，橡胶部分无老化。

② 平常不使用时应每月对脚扣进行一次外表检查。

③ 脚扣的检验周期是1年。

6. 登高板

（1）作用。

登高板又叫踏板，用于攀登电杆，也是一种登杆的专用工具。

（2）组成结构。

登高板由脚板、绳索、铁钩组成，如图 2.14 所示。脚板由坚硬的木板制成，绳索为 16mm^2 多股白棕绳或尼龙绳，绳索两端在踏板两头的扎结槽内系结，绳索顶端系结铁钩，绳索的长度应与使用者的身材相适应，一般在使用者一人高加一手长左右，其使用场景如图 2.15 所示。

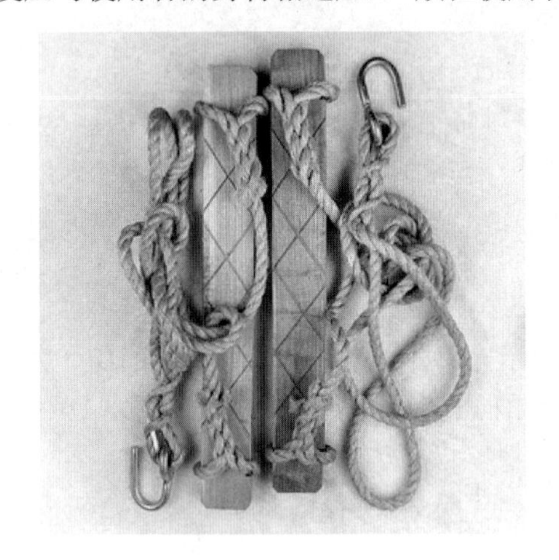

图 2.14　登高板

图 2.15　登高板的使用场景

（3）使用方法。

① 使用登高板前，要检查脚板有无裂纹或腐朽，绳索有无断股。

② 登杆前，应先将登高板铁钩挂好，挂在离地面 15～20cm 的支架上，用人体做冲击载荷试验，检查登高板有无下滑现象，是否可靠。

③ 登杆时，手脚互相协作，选择适合自己的高度，登高板挂铁钩时必须正勾，勾口向外、向上，切勿反勾，以免脱钩造成事故。

（4）保养要点。

① 登高板应保存在干燥的工具柜内，避免因受潮使踏板和绳索霉变或腐朽。

② 平常不使用登高板时，应每月对其进行一次外表检查。

③ 登高板的检验周期是半年。

7．遮栏

（1）作用。

遮栏主要用来防止工作人员无意碰到或过分接近带电体，也作为检修安全距离不够时加装的安全隔离装置。变电所的电气设备，凡是运行值班人员在正常巡视中发现有可能达不到安全距离要求的都应加装安全遮栏。例如，安装在室内或室外的变压器，如果高压套管距地面较近，应加装安全遮栏。遮栏由干燥的木材或其他材料制成。

（2）组成结构。

电气保护遮栏有固定遮栏和临时遮栏两种。固定遮栏常用金属件焊接而成，如图 2.16 所示。临时遮栏可用干燥的木料制成，也可用绳子代替。固定遮栏常装设于高/低压有电间隔前、控制屏前或户外落地安装的高压设备周围。临时遮栏装设在停电检修设备旁、邻近有电间隔前或禁止通行的过道和出入口等。

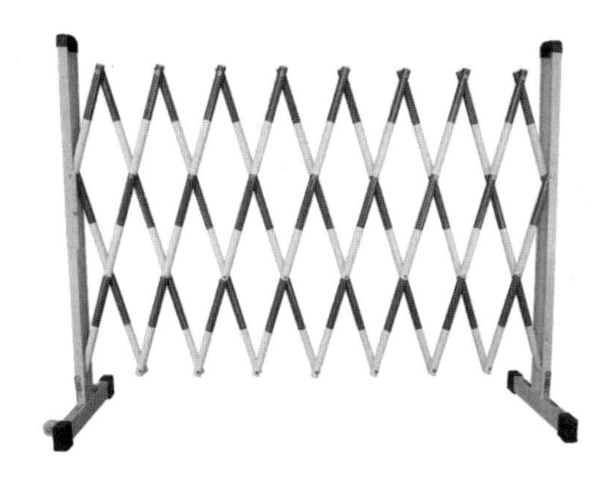

图 2.16　固定遮栏

（3）使用方法。

① 使用前要检查遮栏的外观是否完好，是否存在破损或松动的情况。

② 遮栏高度应不低于 1.7m，下部边缘离地应不超过 0.1m。

③ 对于低压设备，遮栏和裸导线的距离应不小于 0.15m；10kV 设备应不小于 0.35m；20～30kV 设备应不小于 0.6m。

（4）保养要点。

① 定期检查遮栏的固定件是否松动或损坏，以及护栏整体是否有变形或锈蚀等情况。

② 遮栏的表面可能会有灰尘、污垢或腐蚀物等，要及时清洗。可以使用水和洗涤剂清洗，也可以使用专业的清洗设备清洗。

③ 遮栏暴露在外面易受风吹雨打和阳光照射，要进行防锈处理。可以涂抹防锈漆或做镀锌处理等。

④ 如果遮栏损坏或变形，需要及时进行修复。

习　　题

1. 绝缘安全用具有哪些？
2. 简述高压验电器的使用方法。
3. 携带型接地线的作用是什么？
4. 登杆安全用具有哪些？
5. 使用绝缘手套前应进行哪些检查？

拓展讨论

党的二十大报告指出：“必须坚持科技是第一生产力、人才是第一资源、创新是第一动力，深入实施科教兴国战略、人才强国战略、创新驱动发展战略、开辟发展新领域新赛道，不断塑造发展新动能新优势。”当前电气运检正在进入“空天地”智能化自动巡检时代，将无人机智能巡检、卫星定位技术和机器人巡检技术相结合，从而大幅提高电气设备安全、稳定运行能力。作为新时代的电气设备运检人员，应强化哪些专业知识、技术和职业素质，才能推动电气运检的新理论、新技术的落地实践。

工作任务 3　电工安全标志的辨识

任务描述

（1）口述图 3.1 所示的电工安全标志的用途（任选 3 个）。

图 3.1　电工安全标志

（2）按照指定的作业场景，正确选择电工安全标志。

① 停电检修时，在一经合闸即可送电的开关或刀闸的操作把手上，应悬挂哪种电工安全标志？

② 已装设临时接地线的隔离开关操作手柄上应悬挂哪种电工安全标志？

③ 室外高压变压器护栏上应悬挂哪种电工安全标志？

④ 在进行高压试验的地点附近应悬挂哪种电工安全标志？

⑤ 室外和室内工作地点或施工设备上应悬挂哪种电工安全标志？

⑥ 工作人员上下铁架或固定扶梯上应悬挂哪种电工安全标志？

任务分析

电工安全标志的辨识评分标准如表3.1所示。

表3.1　电工安全标志的辨识评分标准

考试项目	考试内容	配分/分	评分标准
电工安全标志的辨识	熟悉常用的电工安全标志	20	指认图片上所列的电工安全标志（5个），错一个扣4分
	常用电工安全标志用途解释	20	能对指定的电工安全标志（5个）的用途进行说明，错一个扣 4 分
	正确布置电工安全标志	60	按照指定的作业场景，正确布置相关的电工安全标志（2个），选错标志扣20分，摆放位置错误扣10分

根据工作任务及评分标准可以明确，电工安全标志的辨识应掌握如下内容。

（1）熟悉常用的电工安全标志。

（2）熟知常用的电工安全标志的用途。

（3）能够按照指定的作业场景，正确布置相关的电工安全标志。

3.1　安全色

根据GB 2893—2008《安全色》，安全色是传递安全信息含义的颜色，包括红、蓝、黄、绿四种颜色。

1．安全色的适用范围和使用目的

（1）安全色适用于工矿企业、交通运输、建筑业及仓库、医院、剧场等公共场所。但不包括灯光、荧光颜色和航空、航海、内河航运所用的颜色。

（2）为了引起人们对可能存在不安全因素的环境、设备的注意，不安全因素需要涂以醒目的安全色，以提高人们对不安全因素的警惕。

（3）统一使用安全色，能使人们在紧急情况下，借助所熟悉的安全色含义，识别危险部位，尽快采取措施，有助于降低发生事故的概率。

（4）安全色的使用不能取代防范事故的措施。

根据GB 2893—2008《安全色》，各种安全色的指令含义如下。

红色：传递禁止、停止、危险及消防设备、设施的信息。凡是禁止、停止和有危险的器件设备或环境应悬挂红色标志，如图 3.2（a）所示（彩色效果见电子课件）。

黄色：传递注意、警告的信息。凡是警告人们注意的器件、设备、环境应悬挂黄色标志，如图 3.2（b）所示（彩色效果见电子课件）。

蓝色：传递必须遵守规定的指令性信息，表示指令、强制执行，如图 3.2（c）所示（彩色效果见电子课件）。

绿色：传递安全的提示性信息，表示安全通行、允许工作，如图 3.2（d）所示（彩色效果见电子课件）。

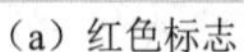

（a）红色标志

（b）黄色标志

（c）蓝色标志

（d）绿色标志

图 3.2　安全色

2. 对比色

对比色是使安全色更加醒目的反衬色，包括黑、白两种颜色。黑色用于安全标志的文字、图形符号和警告标志的几何边框；白色作为安全色红色、蓝色、绿色的背景色，也可用于安全标志内的文字和图形符号。安全色与其对应的对比色为红色—白色、黄色—黑色、蓝色—白色、绿色—白色。

红色与白色相间条纹的安全标志表示禁止或提示消防设备、设施位置；黄色与黑色相间条纹的安全标志表示危险位置；蓝色与白色相间条纹的安全标志表示指令，传递必须遵守规定的信息；绿色与白色相间条纹的安全标志表示安全环境。

在电气设备上用黄色、绿色、红色表示 L_1、L_2、L_3 三个相序。红色的电器外表表示其外壳有电，灰色的电器外表表示其外壳接地和接零线。工作零线用淡蓝色表示；明敷接地扁钢或圆钢用黑色表示；黄绿双色绝缘导线表示保护（接地）零线。直流电中用红色（棕色）表示正极，用蓝色表示负极；用白色表示信号和警告回路。

03.电工安全标志的辨识

3.2　标志牌

标志牌是由安全色、几何图形和图形符号构成的，用以表达特定安全信息的标志牌称为安全标志。标志牌的悬挂和拆除，必须按照电气工作负责人的命令或工作票执行，严禁随意移动、悬挂和拆除标志牌。表 3.2 所示为常见电气标志，该表给出了电气设备和电力线路中常用的标志牌的名称、悬挂处所和图形标志（彩色效果见电子课件）。

表3.2　常见电气标志

序　号	名　称	悬挂处所	图形标志
1	禁止合闸，有人工作	悬挂在一经合闸即可送电到施工设备的断路器（开关）和隔离开关（刀闸）的操作把手上	
2	禁止合闸，线路有人工作	悬挂在线路断路器（开关）和隔离开关（刀闸）的操作把手上	
3	在此工作	悬挂在室外和室内工作地点处或施工设备上	
4	止步，高压危险	悬挂在施工地点临近带电设备的遮栏、室外工作地点的围栏，以及禁止通行的过道、高压试验地点、室外构架、工作地点临近带电设备的横梁上	
5	从此上下	悬挂在工作人员上下的铁架、梯子上	
6	禁止攀登，高压危险	悬挂在高压配电装置构架的爬梯、变压器/电抗器等设备的爬梯上，或者悬挂在邻近其他可能误登的带电构架上	
7	从此进出	悬挂在室外工作地点围栏的出入口处	
8	已接地	悬挂在看不到接地线的设备锁上	

习　　题

1．安全色有哪些？其含义分别是什么？
2．“禁止合闸，有人工作”标志一般悬挂于何处？
3．“止步，高压危险”标志一般悬挂于何处？
4．“禁止合闸，有人工作”的标志应制作成什么颜色？用途是什么？
5．什么是标志牌？常用的电气标志有哪些？

拓展讨论

党的二十大报告指出：“坚定维护国家政权安全、制度安全、意识形态安全，加强重点领域安全能力建设，确保粮食、能源资源、重要产业链供应链安全，加强海外安全保障能力建设，维护我国公民、法人在海外合法权益，维护海洋权益，坚定捍卫国家主权、安全、发展利益。”在新型电力系统中，“源网荷储”协同共治使得电网安全运行风险增大，在电源侧、电网侧、负荷侧和储能侧，哪些技术有待突破？电力信息网络安全面临哪些威胁？电力安全工作还有哪些更高的要求？

工作任务 4　照明电路的安装及接线

任务描述

某仓库打算单独为仓库照明线路安装电能表。在照明电路中，一盏是 60W 的单控照明灯，另一盏是 40W 的双控照明灯。要求电能表能单独计量照明耗电，电路加装断路器。请选择合适的导线、断路器，并根据图 4.1 所示的照明电路图进行接线。

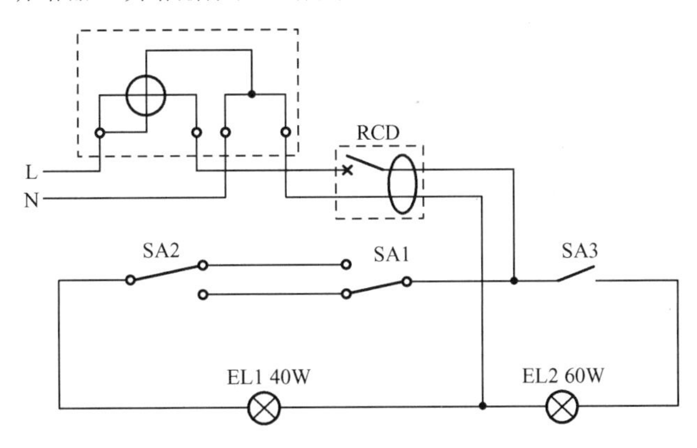

图 4.1　照明电路图

任务分析

照明电路的安装及接线评分标准如表 4.1 所示。

表 4.1　照明电路的安装及接线评分标准

考试项目	考试内容	配分/分	评分标准
照明电路的安装及接线（考试时间：30min）	运行操作	70	操作步骤： 1. 根据给定的照明电路图，从不同类型的电气元件及导线中选择合适的类型。电气元件或导线（颜色、截面）选择错误每处扣 4 分。 2. 在 24V 电压下，用已选好的电气元件及导线，按电路图接线。接线处露铜超出标准 2mm 每处扣 1 分，接线松动每处扣 1 分，接地线少接每处扣 4 分。 3. 检查电路。要求正确使用电工仪表检查电路，确保不存在安全隐患，操作规范，工位整洁。不符合要求每项扣 2 分。 4. 点亮照明灯，电能表运行。通电（与电源连接前未进行有效验电）不成功、跳闸、熔断器烧毁、损坏设备、违反安全操作规范，符合以上任意一项，该项记 0 分，并终止整个实操考试
	问答	30	1. 简述电能表的基本结构与原理。 2. 简述荧光灯电路组成。 3. 简述如何正确选择和使用漏电保护器。 未回答正确，每项视情况扣 1～4 分

根据工作任务及评分标准可以明确，照明电路的安装及接线需要掌握的知识包括如下内容。

（1）照明电路的组成及各部分作用。

（2）照明电路的原理。

（3）照明电路各组成部件的选用原则。

（4）照明电路的常见故障、故障原因及处理方法。

需要掌握的技能包括如下内容。

（1）能够正确选择照明电路各组成部件。

（2）能够正确检查照明电路各组成部件的性能。

（3）能够正确分析和处理照明电路各组成部件的故障。

（4）能够根据照明电路原理图正确接线。

（5）能够正确分析和处理照明电路的故障。

4.1 照明电路的组成与基本概念

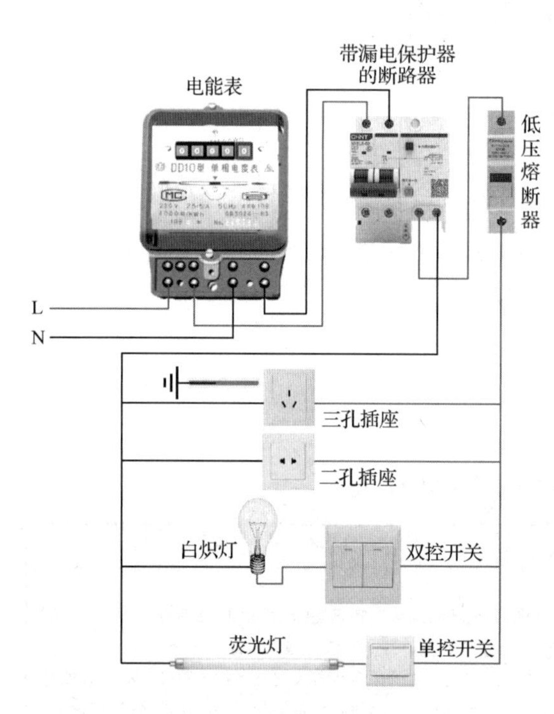

图 4.2　简单照明电路

图 4.2 所示为简单照明电路，从图中可以看出，一般照明电路由电能表、带漏电保护器的断路器、低压熔断器、开关、插座、导线、照明灯具等组成。

1. 电能表

1）作用

电能表俗称电度表，是用来测量用电器消耗的电能的仪表。

2）电能表的分类

电能表按原理分为感应式电能表和电子式电能表；按电源相数分为单相电能表和三相电能表。

（1）感应式电能表。

单相感应式电能表外形及接线方法如图 4.3 所示，其内部结构如图 4.4（a）所示，其工作原理是当电能表接入线路后，铝盘上面的电压线圈通电，与负荷并联，铝盘下面的电流线圈通电，与负荷串联，两个线圈回路产生的磁通 φ_1 和 φ_2 与其在铝盘上感应出的电流相互作用，产生转动力矩 M_1 和 M_2，从而驱动铝盘逆时针转动，这时制动磁铁和转动的铝盘也相互作用，产生制动力矩 M_3，当 M_1、M_2 和 M_3 达到平衡时，铝盘以稳定的速度转动，如图 4.4（b）所示。转动的铝盘带动涡轮杆和齿轮机构，从而带动计数器计数，完成负荷的耗电测量。用电时，电能表中的铝盘转动，上方的数字以千瓦时为单位显示所消耗的电能，读数时要注意，数字栏中最右边的一位是小数位。

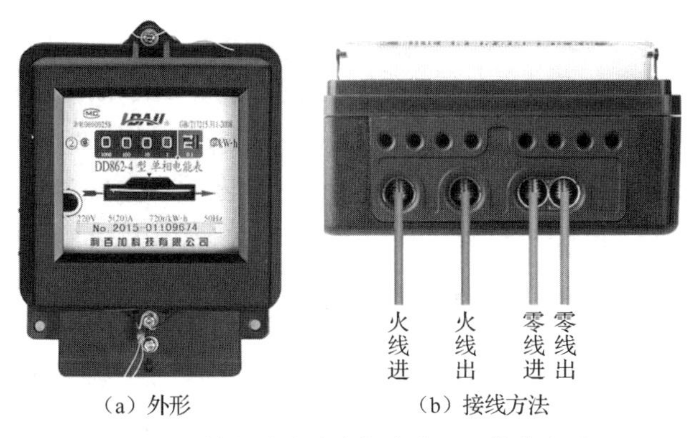

图 4.3　单相感应式电能表外形及接线方法

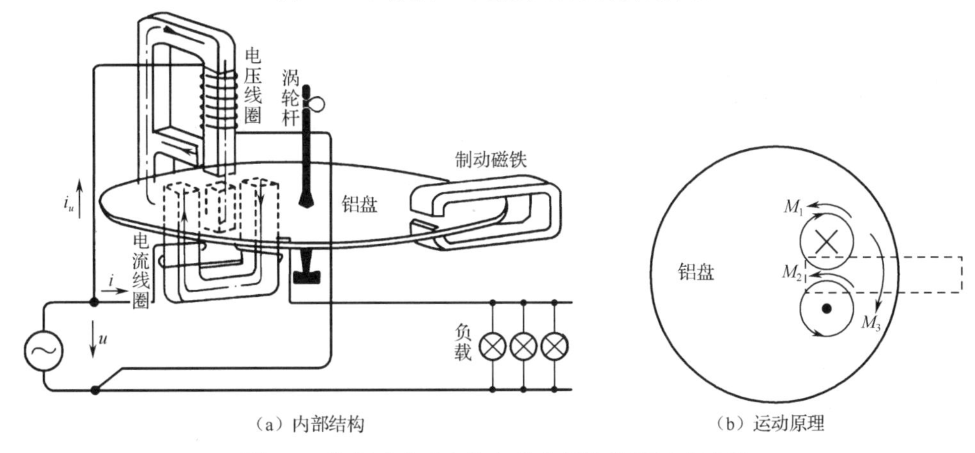

图 4.4　单相感应式电能表的内部结构及运动原理

三相感应式电能表的外形、内部结构及接线方法如图 4.5 所示，其内部有两个铝盘，工作原理与单相感应式电能表类似，两组电磁元件共同作用在同轴的两个铝盘上。

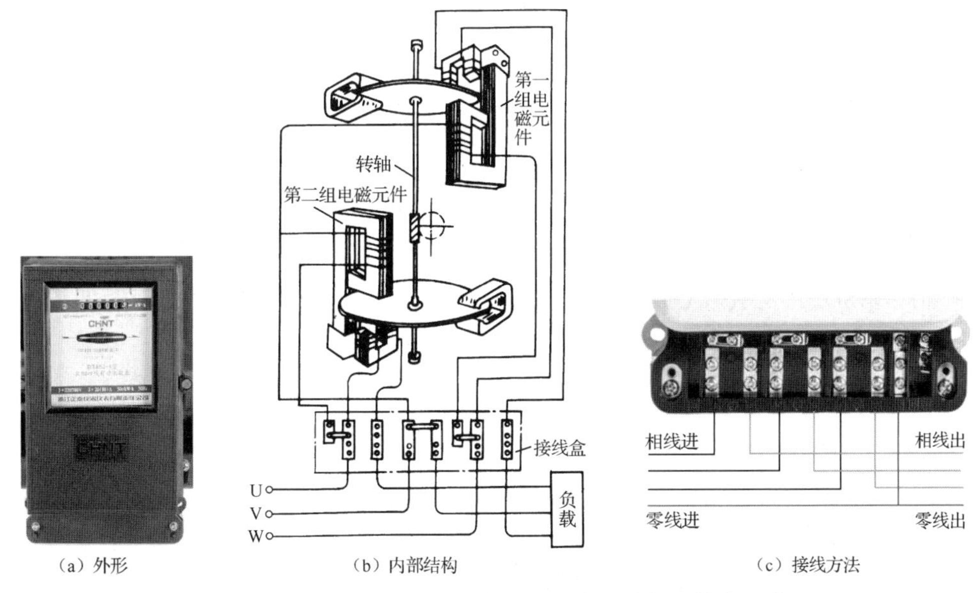

图 4.5　三相感应式电能表的外形、内部结构及接线方法

（2）电子式电能表。

电子式电能表如图 4.6 所示，它内部有大规模集成电路，应用数字采样处理技术，整机设计采用了多种抗干扰技术，用于分时计量额定频率为 50Hz 的交流有功电能，能更好地均衡电网负荷。

图 4.6　电子式电能表

电子式电能表的工作原理是，被测电压 u 和电流 i 先经电压变换器和电流变换器进行转换后通过模拟乘法器，使电压和电流的瞬时值相乘，输出一个与 u 和 i 的乘积（有功功率 P）成正比的信号 U，再利用 U/f（电压/频率）变换器，将模拟信号 U 转换成与有功功率大小成正比的频率脉冲 f 输出，最后经计数器累积计数而测得在某段时间 t 内消耗的电能，其内部组成如图 4.7 所示。

电子式电能表可采用汉化液晶显示，有功电能按相应的时段分别累计，存储总、尖、峰、平、谷电能，还可以具有事件记录功能，并可以具有红外线、BS-485、载波和蓝牙通信功能。随着电子技术的发展，电能表也实现了向数字化、智能化的转型。

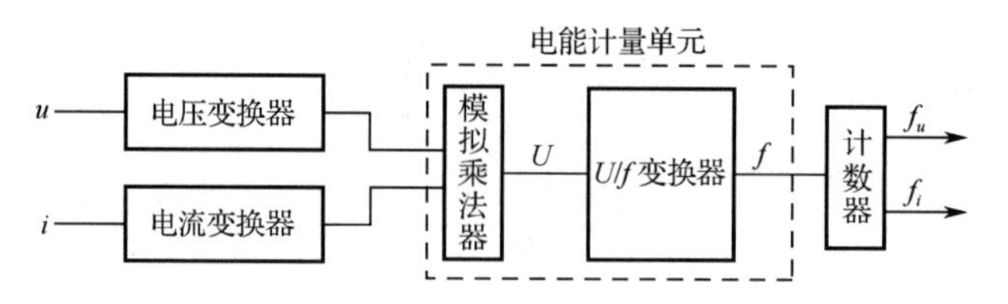

图 4.7　电子式电能表内部组成

3）电能表的型号

电能表的型号由四部分组成，各部分含义如下。

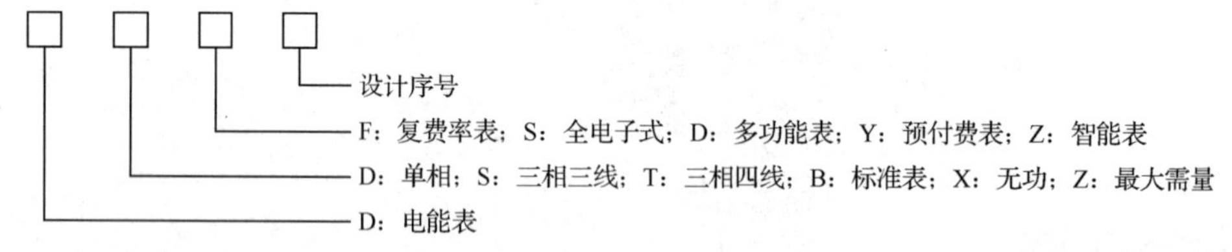

例如：DSSD27 表示三相三线全电子式多功能电能表；DTSD27 表示三相四线全电子式多功能电能表；DDSY42 表示单相全电子式预付费电能表。

4）电能表的接线

（1）单相电能表的接线。

单相电能表的接线应遵从发电机端守则，即电能表的电流线圈与负荷串联，电压线圈与负荷并联，两线圈的发电机端应接电源的同一极性端。

当负荷电流小时，单相电能表接线盒内有 4 个端钮，如图 4.8 所示。在电能表的接线盒里面，都画有接线图，使用时，只要按照接线图接线即可。

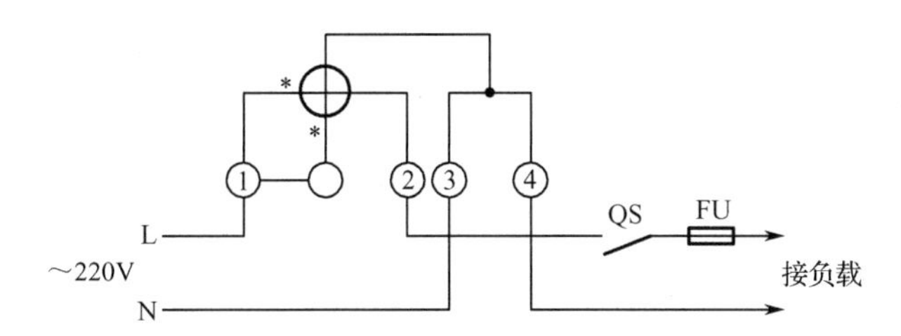

图 4.8　单相电能表的接线图

当负荷电流大，即负荷电流超过电能表额定值时，电能表需经电流互感器接入电路，如图 4.9 所示。电能表的额定电流必须是 5A，其读数要乘以电流互感器的变比才是负荷实际消耗的电能。

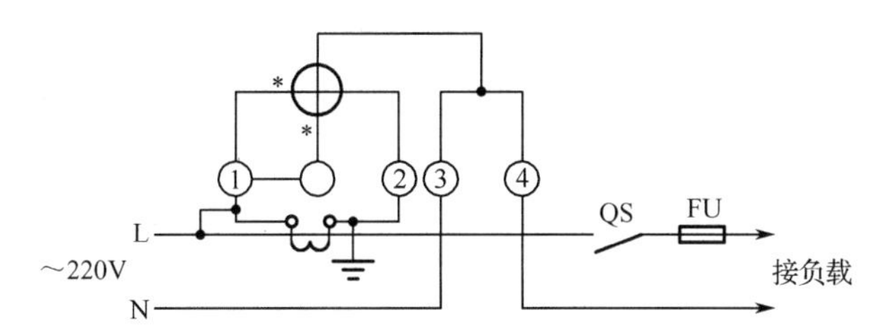

图 4.9　经电流互感器接入单相电能表的接线图

（2）三相电能表的接线。

① 三相三线有功电能表。

对于低压供电线路，其负荷电流为 80A 及以下时，宜采用直接接入方式，接线图如图 4.10 所示。

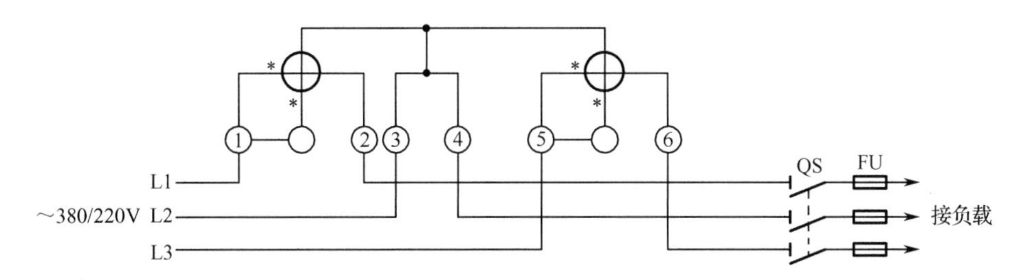

图 4.10　直接接入三相三线电能表的接线图

当负荷电流为 80A 以上时，宜采用经电流互感器接入方式，接线图如图 4.11 所示。

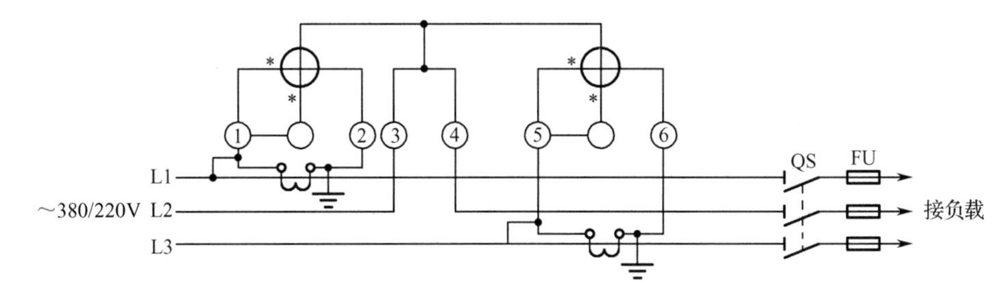

图 4.11　经电流互感器接入三相三线电能表的接线图

② 三相四线式有功电能表。

三相四线式有功电能表由三只单相电能表组合而成，接线图如图 4.12 所示。当负荷电流为 80A 以上时，也应配以电流互感器使用，接线图如图 4.13 所示。

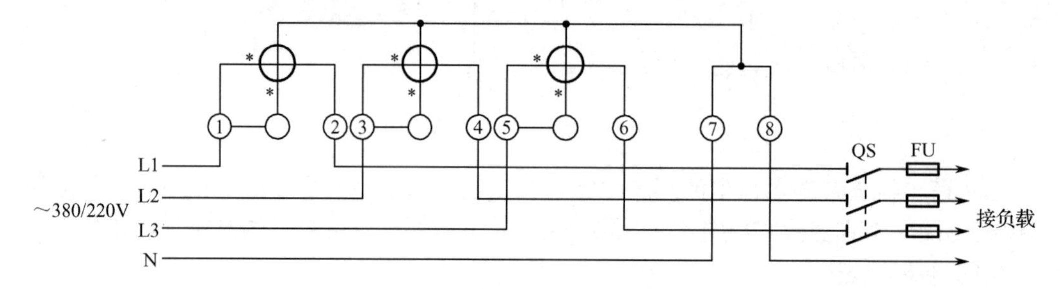

图 4.12　直接接入三相四线电能表的接线图

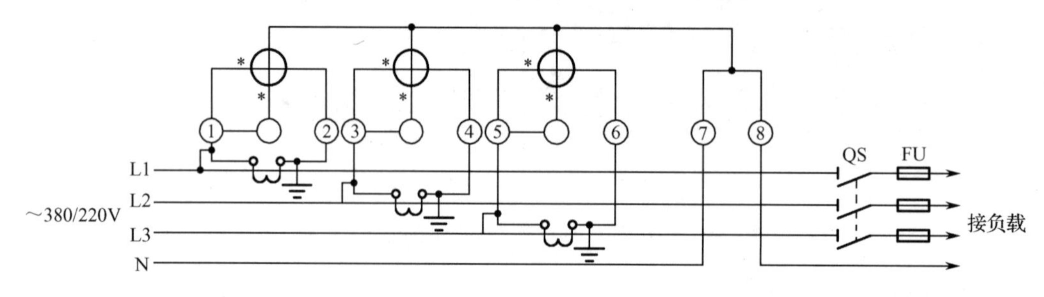

图 4.13　经电流互感器接入三相四线电能表的接线图

5）电能表的选用原则

选择电能表时，应使电能表额定电压与负荷额定电压相符，电能表额定电流应大于或等于负荷的最大电流。

6）电能表的使用方法

（1）电能表使用前的检查。

① 电能表的外观、封印、接线端子及连接线应完好。

② 接线前要检查电能表的型号、规格及负荷的额定参数，电能表的额定电压应与电源电压一致，额定电流应不小于负荷电流。

③ 电能表的所有指示指针灵活、准确，计度器及显示器应正常。

（2）电能表的使用。

① 正确选择电能表。根据被测线路的类型和额定电压、额定电流等选择合适的电能表。

② 正确接线。要根据说明书和接线图把进线和出线依次对应接在电能表的出线头上，接线时要注意电源的相序，接线完毕，要复查无误后才能合闸使用。

③ 正确读取电能表数据。当电能表不经互感器直接接入电路时，可以从电能表上直接读出实际消耗的电能；当电能表利用互感器扩大量程时，实际消耗电能应为电能表读数乘以互感器变比。

7）电能表使用的注意事项

① 装好电能表后，合上开关，开启负荷，转盘立即从左向右转动。

② 电能表内有交流磁场存在，金属罩壳上产生感应电流是正常现象，不会耗电，也不影响安全使用和正确计量。若因其他原因使外壳带电，应设法排除，保障使用安全。

③ 电能表接线较复杂，接线前必须分清电能表的电压端子和电流端子，然后按照说明书对号接入。对于三相电能表，还必须注意电路的相序。单相电能表接线时相线与零线不能接反，否则会造成漏计电量或短路；电能表电源进线不能接反，否则会造成计量错误；经电流互感器接入的电能表必须注意互感器的极性，否则会造成计量错误。

④ 电能表只有在额定电压、额定电流的 20%～120%，额定频率为 50Hz 的条件下工作时，才能保证测量的准确度。

⑤ 电能表不宜在小于规定电流的 5%和大于额定电流的 150%的情况下工作。

⑥ 安装电能表时，要距热力系统 0.5m 以上，距地面 0.7～2.0m 并垂直安装，容许偏差不得超过 2°。

8）电能表的常见故障及处理方法

（1）感应式电能表的常见故障及其处理方法如表 4.2 所示。

表 4.2　感应式电能表的常见故障及其处理方法

故 障 现 象	可 能 原 因	处 理 方 法
电能表圆盘不转	电能表电压元件无电压	先检查外观，即检查电压回路的连片是否接紧，是否有零线进表，接线是否正确。外观检查无问题，需进行内部检查，打开表盖，检查表内情况，各部位元件有无生锈，若生锈需更换
	电压元件烧坏断路	更换电压元件
	电能表无零线进入	连接零线
	计度器横轴锈蚀，字轮、进字轮工作间隙有杂物堵塞	取下计度器，检查计度器的转动是否灵活，横轴是否生锈，若有异常需更换计度器
	计度器蜗轮与蜗杆连接不好，蜗轮与蜗杆有断齿、歪斜、毛刺	检查蜗轮与蜗杆的完好程度，如有断齿、歪斜、毛刺，应更换计度器。 检查计度器蜗轮与蜗杆的连接部位，调整蜗轮与蜗杆的啮合位置，深度达齿高的 1/3～1/2
	表内部元件的位置移动或铁芯生锈造成圆盘卡住	调整元件位置或更换生锈元件
	圆盘变形	用手轻拨圆盘，观察圆盘的转动是否良好，圆盘是否变形，若圆盘变形则需更换圆盘；若没有变形，但有擦盘声音，则需调整位置，使圆盘与各元件的位置有一定的空隙
圆盘转动，但计度器不计数	计度器蜗轮与蜗杆之间接触不好	打开表盖，检查计度器的蜗轮与蜗杆接触是否良好，若接触不良，则调整使其接触良好
	计度器损坏	从电能表上取下计度器，检查其字轮是否缺齿、碎裂，若有上述现象则更换计度器。 检查字轮与进字轮之间是否有杂物，若有杂物则要用 120 号汽油清洗。轻拨计度器转动齿轮，若转动困难，则要清洗加注表油。清洗完毕，安装计度器，检查蜗轮与蜗杆的接触处，确定啮合距离正确
圆盘转速不稳定，抖动	转盘与其他部位摩擦	打开表盖，检查圆盘与其他部件之间的空隙是否合适，保持间隙合适

续表

故障现象	可能原因	处理方法
圆盘反转	上轴承钢针歪斜	检查上轴承钢针，有无歪斜或折断，若有则更换上轴承
	蜗杆齿磨损	若磨损大则更换圆盘
	宝石钢珠磨损	若磨损则更换圆盘
无负荷电流的情况下，圆盘缓慢转动	电流线圈烧坏	若烧坏则更换电流线圈
	进线接错	重新接线
表接线盒烧坏或表罩内有熏黄现象	防潜装置位置不合适	调整防潜钩与防潜针的间隙。 把电能表放在校验装置上加额定电压的 110%，确保圆盘的转动不超过 1 转
	接线盒接线不紧	将接线盒接线拧紧
	负荷电流过大	测量负荷电流，负荷电流过大会造成电流线圈烧坏，引起电流线圈电阻值变小或匝间短路，若负荷电流过大则更换电流线圈
	线路短路	检查线路是否有短路现象
	电压过高或电压线圈受潮	测量进表电压，电压过高或电压线圈受潮会造成电压线圈匝间短路和变色烧坏，若电压过高则更换电压线圈，检查电源电压，使其恢复正常

（2）电子式电能表的常见故障及其处理方法如表 4.3 所示。

表 4.3　电子式电能表的常见故障及其处理方法

故障现象	可能原因	处理方法
电能表显示不准确	电能表的测量元件损坏或老化	更换电能表
电能表无法显示电能消耗	电能表的显示屏损坏或电能表与电力系统之间通信故障	更换显示屏，检查电能表的通信连接并确保其正常工作
电能表出现断电情况	电能表的电源线路故障或电能表内部电源模块故障	检查电能表的电源线路并修复故障，或更换电能表的电源模块
电能表显示数据错误	电能表的计算逻辑错误或存储器故障	检查电能表的计算逻辑并进行修复，或更换存储器
电能表出现通信故障	电能表与电力系统之间的通信接口故障或通信协议不匹配	检查通信接口并修复故障，或更换通信协议

2．低压断路器

1）低压断路器的作用

低压断路器又称为自动开关，俗称“空气开关”，是用于保护 500V 交流电压或 400V 直流电压及以下的低压配电网和电力拖动系统常用的一种配电电器，可用于不频繁接通和分断的负荷电路。在工作电流超过额定电流、短路、失电压等情况下，低压断路器可自动切断电路，相当于闸刀开关、过电流继电器、失电压继电器、热继电器及漏电保护器等电器的部分或全部功能总和，是低压配电网中一种重要的保护电器，三相低压断路器的外形及电路符号如图 4.14 所示，使用时要垂直安装，上进线接电源，下出线接负荷。

2）低压断路器的分类

① 按极数不同，低压断路器可分为单相低压断路器、两相低压断路器和三相低压断路器。

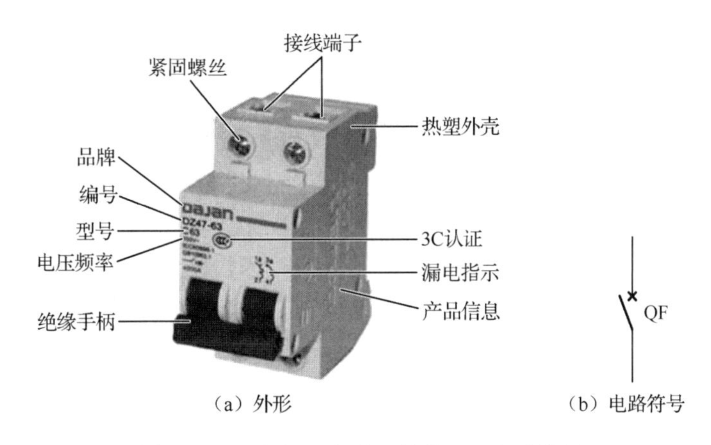

（a）外形　　（b）电路符号

图 4.14　三相低压断路器的外形及电路符号

② 按保护形式不同，低压断路器可分为电磁脱扣器式低压断路器、热脱扣器式低压断路器、复合脱扣器式低压断路器（常用）和无脱扣器式低压断路器。

③ 按全分断时间不同，低压断路器可分为一般低压断路器和快速低压断路器（先于脱扣机构动作，脱扣时间在 0.02s 以内）。

④ 按结构形式不同，低压断路器可分为塑壳式低压断路器、框架式低压断路器、限流式低压断路器、直流快速式低压断路器、灭磁式低压断路器和漏电保护式低压断路器。

电力拖动与自动控制线路中常用的自动空气开关为塑壳式低压断路器，如 DZ5-20 系列。

3）低压断路器的结构

低压断路器的内部结构如图 4.15 所示。

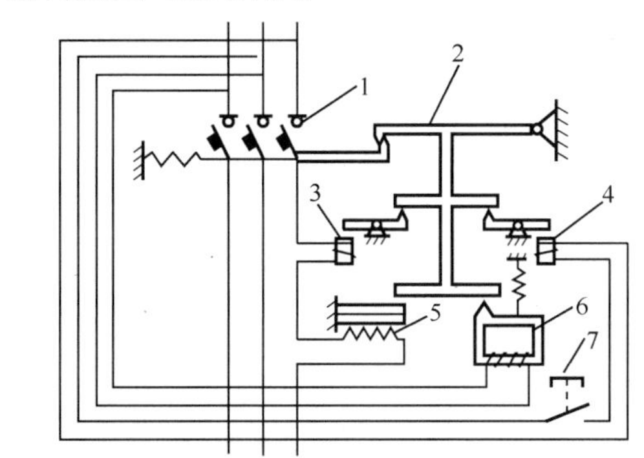

1—主触头；2—自由脱扣器；3—过电流脱扣器；4—分励脱扣器；
5—热脱扣器；6—失电压脱扣器；7—按钮。

图 4.15　低压断路器的内部结构

4）低压断路器的工作原理

断路器开关是靠手动或电动操作机构合闸的，触头闭合后，自由脱扣机构将触头锁扣在合闸位置上。脱扣器又称保护装置，用来接收操作命令或电路非正常情况的信号，以机械动作或触发电路的方法使脱扣机构动作。它包括过电流脱扣器、失电压（欠电压）脱扣器、分励脱扣器和热脱扣器，另外还可以装设半导体脱扣器或带微处理器的脱扣器。

过电流脱扣器用于线路的短路和过电流保护，当线路的电流大于整定电流时，过电流脱扣器所产生的电磁力使挂钩脱扣，动触点在弹簧的拉力下迅速断开，实现断路器的跳闸功能。

失电压脱扣器用于失电压保护，失电压脱扣器的线圈直接接在电源上，衔铁处于吸合状态，断路器可以正常合闸。当断电或电压很低时，失电压脱扣器的吸力小于弹簧的弹力，弹簧使动铁芯向上从而使挂钩脱扣，实现断路器的跳闸功能。

分励脱扣器用于远程控制，在远方按下按钮时，分励脱扣器通过电流产生电磁力，使其脱扣跳闸。

热脱扣器用于线路的过负荷保护，工作原理和热继电器相同，过负荷时元件发热使双金属片受热弯曲到位，推动脱扣器动作使断路器分闸。

不同断路器的脱扣器是不同的，使用时应根据需要选用合适的脱扣器。断路器的功能主要有短路保护、过负荷保护、欠电压保护、失电压保护、漏电保护等。

5）低压断路器的型号

低压断路器的型号及各部分含义如下。

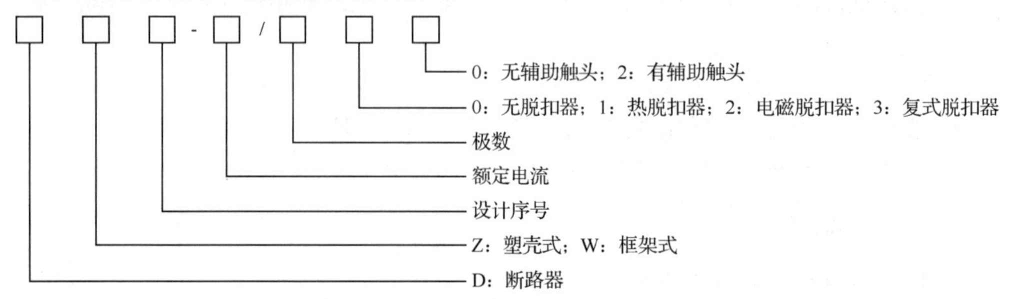

例如：DZ10-100/330 表示设计序号为 10、额定电流为 100A、复式脱扣器、无辅助触头的塑壳式三相低压断路器。

目前家庭使用 DZ 系列低压断路器，DZ47 系列小型低压断路器常用于低压照明电路，适用于交流 50Hz/60Hz、额定工作电压为 230V/400V 及以下、额定电流为 63A 的电路，主要用于现代建筑物的电气线路及设备的过负荷、短路保护，也用于线路的不频繁操作及隔离。

6）低压断路器的主要技术参数

① 额定电压 U_N：断路器能够长期正常工作的最高电压。

② 额定电流 I_N：额定电流分为断路器壳架额定电流（断路器本体的最大电流）和断路器脱扣器额定电流（能够长期通过脱扣器的最大的电流）。

③ 额定极限短路分断能力 I_{cu}：在规定条件下经过“分闸—3min—合分闸”操作顺序，通过介电性能试验和脱扣器试验，能够分断的最大电流。

④ 额定运行短路分断能力 I_{cs}：在规定条件下，经过“分闸—3min—合分闸—3min—合分闸”操作顺序，通过介电性能试验、脱扣器试验和温度试验，能够承受的最大电流。

⑤ 额定短时耐受能力 I_{cw}：在规定的试验条件下短时间能够承受的最大电流。

7）低压断路器的选用

① 根据线路对保护的要求确定低压断路器的类型和保护形式，确定是选用框架式低压断路器、装置式低压断路器还是选用限流式低压断路器等。

② 额定电压要大于或等于线路额定电压。

③ 额定电流大于或等于线路负荷电流。

④ 热脱扣器的整定电流等于所控制负荷的额定电流。

⑤ 电磁脱扣器的瞬时脱扣整定电流大于或等于电路正常工作时的峰值电流。

⑥ 欠电压脱扣器的额定电压等于线路的额定电压。

⑦ 配电线路中的上、下级低压断路器的保护特性应协调配合，下级的保护特性应位于上级保护特性的下方且不相交。

【例 4.1】用低压断路器控制一台型号为 Y132S-4 的三相异步电动机，电动机的额定功率为 5.5kW，额定电压为 380V，额定电流为 11.6A，启动电流为额定电流的 7 倍，试选择断路器的型号和规格。

解：（1）确定断路器的种类：确定选用 DZ5-20 型低压断路器。

（2）确定热脱扣器的额定电流：选择热脱扣器的额定电流为 15A，相应的电流整定范围为 10～15A。

（3）校验电磁脱扣器的瞬时脱扣整定电流：电磁脱扣器的瞬时脱扣整定电流为

$$I_z=10\times15=150\text{A}$$

而

$$KI_{st}=1.7\times7\times11.6=138.04\text{A}$$

满足 $I_z \geqslant KI_{st}$，符合要求。

（4）确定低压断路器的型号规格：应选用 DZ5-20/330 型号。

8）漏电保护器

照明电路中常用的低压断路器有不带漏电保护器的断路器和带漏电保护器的断路器，一般漏电保护器用来防止漏电和人体触电，动作电流一般为 30mA，动作时间在 0.1s 以内，在电路承载过大方面并不会起太大的作用，对小电路产生保护作用。它的主要作用是检测线路设备、保护人体及设备的安全。低压断路器对于大电路的电流起着保护作用，主要检测线路是否短路及承载过大的电流。因此，带漏电保护器的断路器同时具备了漏电保护和断路器的功能，能实现对电路的短路、过负荷、过电压及欠电压的保护。其外形结构和电路符号如图 4.16 所示。

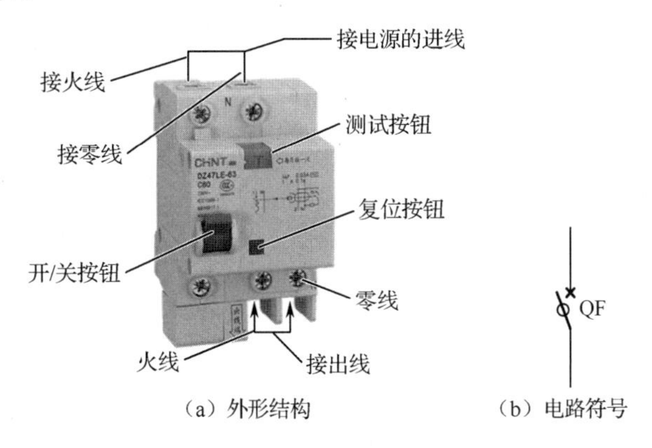

（a）外形结构　　（b）电路符号

图 4.16　漏电保护器的外形结构和电路符号

选择漏电保护器时应从以下几个方面考虑。

（1）极数的选择。

① 单相 220V 电源供电的电气设备，应选用单极二线式或二极二线式漏电保护器。

② 三相三线制 380V 电源供电的电气设备，应选用三极漏电保护器。

③ 三相四线制 380V 电源供电的电气设备，或单相设备与三相设备共用的电路，应选用三极四线式或四极四线式漏电保护器。

（2）额定动作电流的选择。

漏电保护器的额定动作电流是指人体触电后流过人体能使漏电保护器动作的电流。额定动作电流在 30mA 以下，属于高灵敏度；额定动作电流为 30～1000mA，属于中灵敏度；额定动作电流在 1000mA 以上，属于低灵敏度。对于采用额定电压 220V 的办公室和家用电子电气设备，一般选用额定动作电流不大于 30mA，动作时间在 0.1s 以内的快速动作型漏电保护器。

（3）级间协调。

用于分支线保护的漏电保护器采用速动型，动作时间小于 0.1s。用于总保护的漏电保护器采用延时型，动作时间大于 0.2s，以保证分支线发生故障时不会越级跳闸。

9）低压断路器的常见故障及处理方法

低压断路器的常见故障及处理方法如表 4.4 所示。

表 4.4　低压断路器的常见故障及处理方法

故障现象	可能原因	处理方法
不能合闸	欠电压脱扣器无电压或线圈损坏	检查电压或更换线圈
	储能弹簧变形	更换储能弹簧
	反作用弹簧弹力过大	重新调整
	操作机构不能复位再扣	调整再扣接触面至规定值
电流达到整定值，断路器不动作	热脱扣器双金属片损坏	更换双金属片
	电磁脱扣器的衔铁与铁芯距离太大或电磁线圈损坏	调整衔铁与铁芯的距离或更换断路器
	主触头熔焊	检查原因并更换主触头
启动电动机时断路器立即分断	电磁脱扣器瞬时整定值过小	调高整定值至规定值
	电磁脱扣器的某些零件损坏	更换电磁脱扣器
断路器闭合后一定时间自行分断	热脱扣器整定值过小	调高整定值至规定值
断路器温升过高	触头压力过小	调整触头压力或更换弹簧
	触头表面过分磨损或接触不良	更换触头或修整接触面
	两个导电零件链接螺钉松动	重新拧紧

3．低压熔断器

1）低压熔断器的作用

低压熔断器俗称保险丝，是进行短路保护的电器。当电路发生短路，负荷电流超过额定电流许多倍时，熔体立即熔断，保护电路及用电设备不被损坏。在一定的电流以上，电流越大，动作越快。低压熔断器的电路符号如图 4.17 所示。

2）低压熔断器的分类

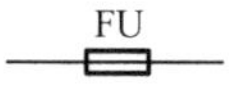

常见的低压熔断器有 RC 系列瓷插式熔断器、RL 系列螺旋式熔断器、RM 系列无填料封闭管式熔断器、RT 系列有填料封闭管式熔断器、RS 系列有填料快速熔断器和 RZ 系列自恢复熔断器。

FU

图 4.17　低压熔断器的电路符号

3）低压熔断器的结构

低压熔断器主要由熔体、安装熔体的熔管和熔座三部分组成，熔体呈丝状或片状，熔体通常有两种：一种由铅锡合金、锌等低熔点的金属制成，这种熔体不易灭弧，多用于小电流电路；另一种由银、铜等较高熔点的金属制成，这种熔体易灭弧，多用于大电流电路。支持件是指放置熔体的绝缘套管或绝缘底座，通过支持件把熔体和外电路连接起来。几种常见的低压熔断器结构如下。

（1）瓷插式熔断器。

瓷插式熔断器的外形及内部结构如图 4.18 所示。安装时要垂直安装，上进下出。

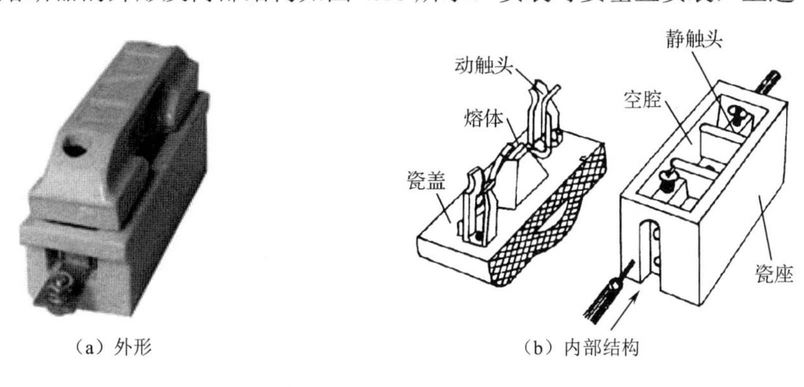

（a）外形　（b）内部结构

图 4.18　瓷插式熔断器的外形及内部结构

（2）螺旋式熔断器。

螺旋式熔断器的外形及内部结构如图 4.19 所示。安装时，下接线端接进线电源；上接线端接出线负荷；熔体色点朝向瓷帽窗口。

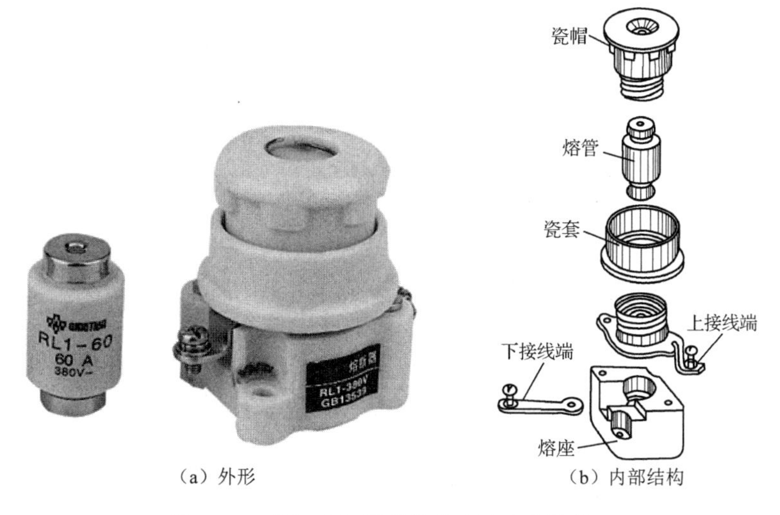

（a）外形　（b）内部结构

图 4.19　螺旋式熔断器的外形及内部结构

（3）有填料熔断器。

有填料熔断器的外形及内部结构如图 4.20 所示。常用的填充材料有石英砂（SiO_2）、三氧化二铝（Al_2O_3）。对填充材料的要求是熔点高、单位体积吸收电弧能量大、在灭弧过程中膨胀系数小、产生气体少、热容量大、热导率高，填充材料的形状最好是卵圆形，颗粒大小适中。

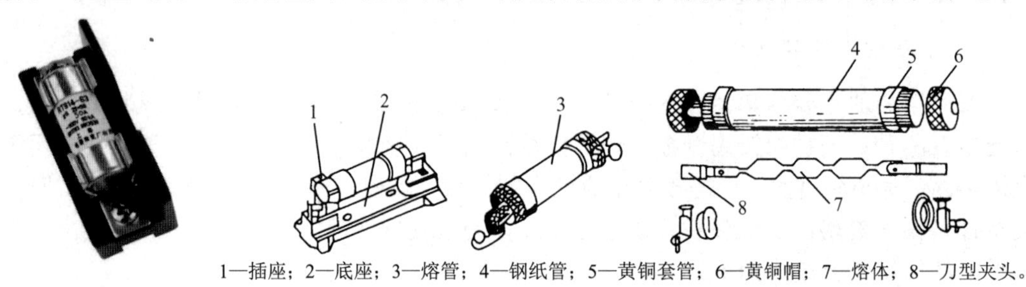

1—插座；2—底座；3—熔管；4—钢纸管；5—黄铜套管；6—黄铜帽；7—熔体；8—刀型夹头。

（a）外形　　（b）内部结构

图 4.20　有填料熔断器的外形及内部结构

各种熔断器的特点及应用如表 4.5 所示。

表 4.5　各种熔断器的特点及应用

熔　断　器	特　　点	应　　用
RC 系列瓷插式熔断器	结构简单，价格低廉，更换方便，使用时将瓷盖插入瓷座，拔下瓷盖便可更换熔体	在额定电压 380V 及以下、额定电流为 5～200A 的低压线路末端或分支电路中用于线路和用电设备的短路保护，在照明电路中还可起过负荷保护作用
RL 系列螺旋式熔断器	熔断管内装有石英砂、熔体和带小红点的熔断指示器，用石英砂来增强灭弧性能，熔体熔断后有明显指示	在交流额定电压 500V、额定电流 200A 及以下的电路中用于短路保护
RM 系列封闭管式熔断器	熔断管用钢纸制成，两端为黄铜制成的可拆式管帽，管内熔体为变截面的熔片，更换熔体较方便	用于交流额定电压 380V 及以下、直流 440V 及以下、电流在 600A 以下的电路
RT 系列有填料封闭管式熔断器	熔体由两片网状紫铜片制成，中间用锡桥连接，熔体周围填满石英砂，起灭弧作用	在交流 380V 及以下、短路电流较大的电力输配电系统中用于线路及电气设备的短路保护及过负荷保护
RS 系列有填料快速熔断器	在 6 倍额定电流时，熔断时间不大于 20ms，熔断时间短，动作迅速	主要用于半导体硅整流元件的过电流保护
RZ 系列自恢复熔断器	在故障短路电流产生的高温下，其中的局部液态金属钠迅速气化而蒸发，阻值剧增，即瞬间呈现高阻状态，从而限制了短路电流。当故障消失后，温度下降，金属钠蒸气冷却并凝结，自动恢复至原来的导电状态	在交流 380V 的电路中与断路器配合使用。熔断器的电流有 100A、200A、400A、600A 四个等级

4）低压熔断器的型号

低压熔断器的型号由五部分构成，各部分含义如下。

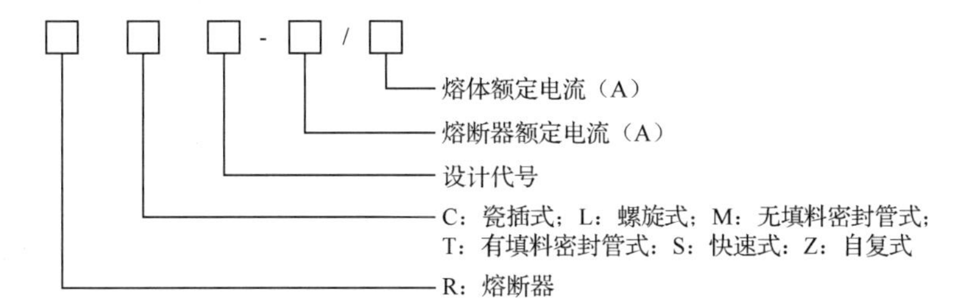

熔体的额定电流应小于或等于熔断器的额定电流。例如：RL1-100/100 型低压熔断器。熔体的额定电流有 2A、4A、6A、8A、10A、12A、16A、20A、25A、32A、40A、50A、63A、80A、100A、125A、160A、200A、250A、315A、400A、500A、630A、800A、1000A、1250A 等多个等级。

5）熔断器的主要技术参数

① 额定电压：熔断器长期工作所能承受的电压。

② 额定电流：保证熔断器能长期正常工作的电流。

③ 分断能力：在规定的使用条件下，规定电压下熔断器能分断的预期分断电流。

④ 时间-电流特性：在规定的使用条件下，表征流过熔体的电流与熔体熔断时间的关系曲线，如图 4.21 所示。

从图 4.21 可以看出，流过熔体的电流越大，熔体熔断的时间越短，低压熔断器熔断电流与熔断时间的关系如表 4.6 所示。

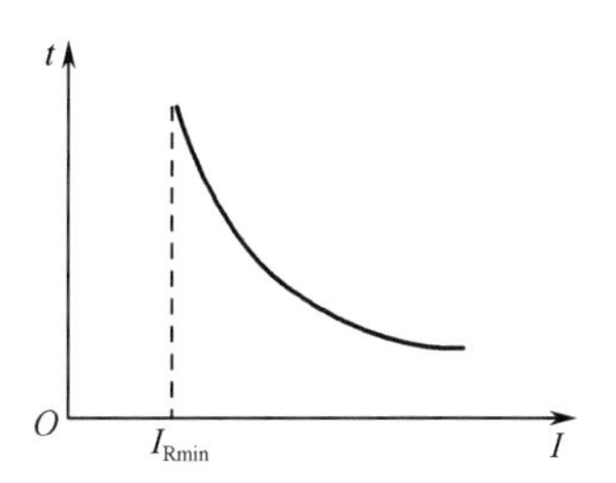

图 4.21　低压熔断器的时间-电流特性曲线

表 4.6　低压熔断器熔断电流与熔断时间的关系

熔断电流 I_S/A	$1.25I_N$	$1.6I_N$	$2.0I_N$	$2.5I_N$	$3.0I_N$	$4.0I_N$	$8.0I_N$
熔断时间/s	∞	3600	40	8	4.5	2.5	1

6）低压熔断器的选用

（1）熔断器的选择。

① 根据使用条件确定低压熔断器类型（环境、负荷性质）。

② 先确定熔体规格，再确定低压熔断器规格。

③ 低压熔断器额定电压大于或等于电路工作电压

④ 低压熔断器额定电流大于或等于熔体额定电流。

（2）熔体额定电流的确定。

① 照明电路及电热负荷。

熔体的额定电流应等于或稍大于负荷的额定电流（$I_{RN}=1.1I_N$）。

② 电动机电路。

单台电动机：

$$I_{RN} \geqslant (1.5 \sim 2.5) I_N$$

式中，轻载或启动时间短系数可取 1.5，带载或启动时间长系数可取 2.5（频繁启动系数可提高至 3～3.5)。

多台电动机:

$$I_{RN} \geqslant (1.5 \sim 2.5) I_{NMAX} + \sum I_N$$

【例 4.2】某机床电动机的型号为 Y112M-4,额定功率为 4kW,额定电压为 380V,额定电流为 8.8A,该电动机正常工作时不需要频繁启动。若用熔断器为该电动机提供短路保护,试确定熔断器的型号规格。

解:(1)确定熔断器的类型:用 RL1 系列螺旋式熔断器。

(2)确定熔体额定电流:

$$I_{RN} = (1.5 \sim 2.5) \times 8.8 = 13.2 \sim 22\text{A}$$

查表 4.7(RL 系列低压熔断器对应的熔体额定电流)可知,熔体的额定电流为

$$I_{RN} = 20\text{A}$$

表 4.7 几种典型的低压熔断器及其额定电流

产品型号	熔断器额定电流/A	熔体额定电流/A
RL1-15	15	2,4,5,6,10,15
RL1-60	60	20,25,30,35,40,50,60
RL1-100	100	60,80,100
RL1-200	200	120,150,200

(3)确定熔断器的额定电流和电压。

可选取 RL1-60/20 型熔断器,其额定电流为 60A,额定电压为 500V。

7)低压熔断器的常见故障及处理方法

低压熔断器的常见故障及处理方法如表 4.8 所示。

表 4.8 低压熔断器的常见故障及处理方法

故障现象	可能原因	处理方法
电路接通瞬间,熔体熔断	熔体电流等级选择过小	更换熔体
	负荷侧短路或接地	排除负荷故障
	熔体安装时受机械损伤	更换熔体
熔体未熔断,但电路不通	熔体或接线座接触不良	重新连接

4. 开关

1)开关的作用

在照明电路中,开关是接通和断开电路的元件。

2)开关的分类

开关的种类较多,有多种分类方法。

① 按使用方式不同,开关可分为拉线开关和翘板开关,如图 4.22 所示。这两种开关

都属于机械式开关。拉线开关通过拉绳牵动驱动臂旋转，经过传动轴带动扭力弹簧使精密凸轮发生位移，驱动微动开关切断控制线路。翘板开关内部有金属翘板片，金属翘板片与开关中间的接线端子有简单的支架结构支撑，通过按下按钮，金属翘板片会接通和断开电路，操作时可以听到塑壳与按钮间触碰的“哒哒”声。

（a）拉线开关　　（b）翘板开关

图 4.22　按使用方式分类的开关

② 按控制数量不同，开关可分为单联开关、双联开关、三联开关、四联开关，如图 4.23 所示。单联开关配置 1 个开关按钮，双联开关配置 2 个开关按钮，三联开关配置 3 个开关按钮，四联开关配置 4 个开关按钮。

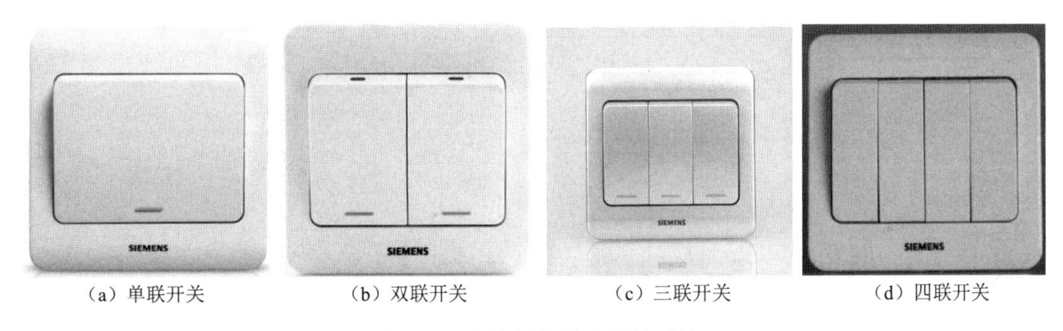

（a）单联开关　　（b）双联开关　　（c）三联开关　　（d）四联开关

图 4.23　按控制数量分类的开关

③ 按控制方式不同，开关可分为单控开关、双控开关等。单控开关类似于单刀单掷开关，双控开关类似于单刀双掷开关，其电路符号及开关背面如图 4.24 所示。

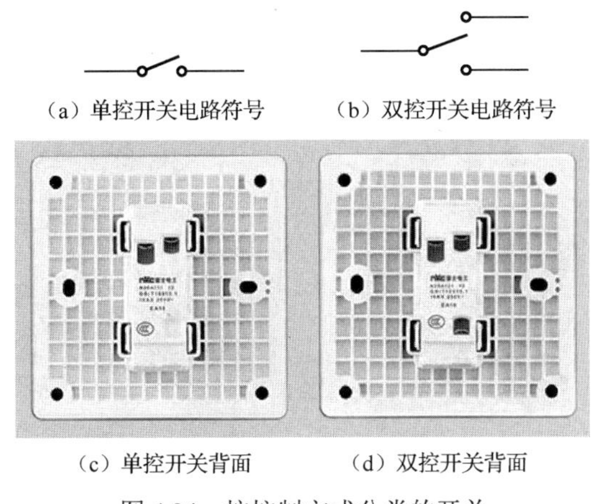
（a）单控开关电路符号　　（b）双控开关电路符号

（c）单控开关背面　　（d）双控开关背面

图 4.24　按控制方式分类的开关

单控开关是家庭电路中最常见的开关，图 4.25 所示为用单控开关对一盏灯进行控制的电路图。

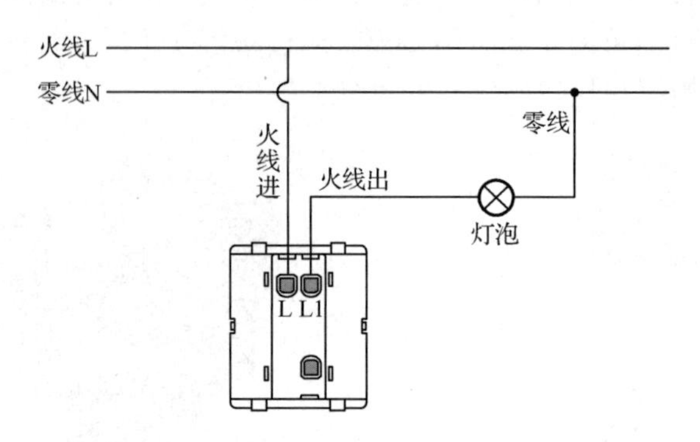

图 4.25　用单控开关对一盏灯进行控制的电路图

双控开关就是一个开关按钮同时带有常开、常闭两个触点（一对触点）。使用双控开关的目的是在不同位置控制同一组照明灯具。例如：家庭楼梯灯、卧室进门灯、床头灯等可以在两个地方安装双控开关，方便人们生活。图 4.26 所示为用两个双控开关对一盏灯进行控制的电路图。

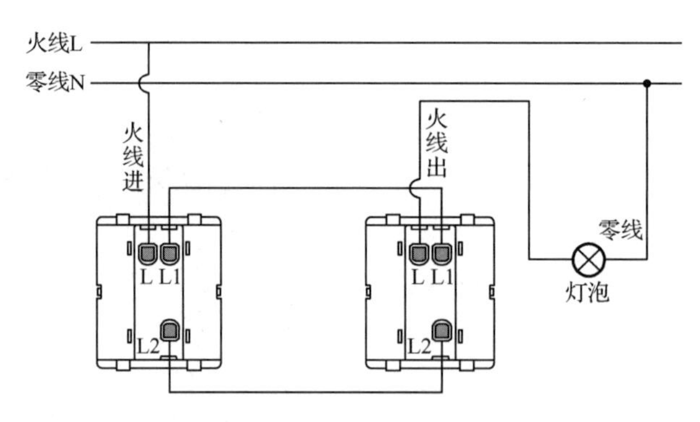

图 4.26　用两个双控开关对一盏灯进行控制的电路图

④ 按防护形式不同，开关可分为普通开关、防水防尘开关、防爆开关。防水防尘开关可以有效防止水和灰尘进入开关导致开关短路。防爆开关常用于可能存在易爆燃性气体的制造厂机器设备及系统供电场合，如图 4.27 所示。

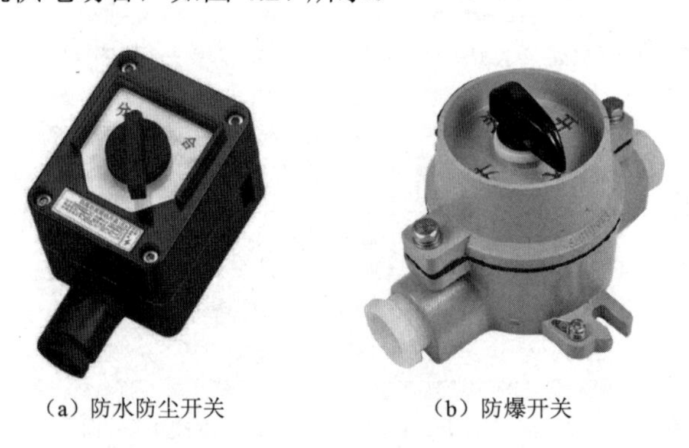

（a）防水防尘开关　　（b）防爆开关

图 4.27　按防护形式分类的开关

3）开关安装与使用注意事项

① 安装在同一建筑物、构筑物内的开关，宜采用同一系列的产品，开关的通断位置应一致，且操作灵活、接触可靠。

② 开关的安装位置应便于操作，开关边缘距门框的距离宜为0.15～0.2m；开关距地面的高度宜为1.3m；拉线开关距地面的高度宜为2～3m，且拉线出口应垂直向下。

③ 并列安装相同型号的开关距地面的高度应一致，高度差不应大于 1mm；同一室内安装开关的高度差不应大于5mm；并列安装的拉线开关的相邻间距不宜小于20mm。

④ 相线应经开关控制；民用住宅严禁装设床头开关。

⑤ 暗装的开关应采用专用盒；专用盒的四周不应有空隙，且盖板应端正，并紧贴墙面。

⑥ 工程中，同一建筑物内的开关应采用同一系列的产品。

4）开关的常见故障及处理方法

开关的常见故障及处理方法如表4.9所示。

表4.9　开关的常见故障及处理方法

故障现象	产生原因	处理方法
开关操作后电路不通	接线螺丝松脱，导线与开关导体接触不良	打开开关盖，紧固接线螺丝
	内部有杂物，使开关触片接触不良	打开开关盖，清除杂物
	机械卡死，拨不动	给机械部位加润滑油，机械部分损坏严重时，应更换开关
接触不良	接线螺丝松脱	打开开关盖，压紧接线螺丝
	开关触头上有污物	断电后，清除污物
	拉线开关触头磨损、打滑或烧毛	断电后修理或更换开关
开关烧坏	负荷短路	处理短路点，并恢复供电
	长期过负荷	减轻负荷或更换容量大一级的开关
漏电	开关防护盖损坏或开关内部接线头外露	重新配置开关盖，并接好开关的电源连接线
	受潮或受雨淋	断电后进行烘干处理，并加装防雨措施

5．插座

1）插座的作用

插座是指有一个或一个以上电路接线可插入的座，通过它可插入各种接线。通过线路与铜件之间的连接与断开，来控制该部分电路的接通与断开。

2）插座的分类

① 按照相数不同，插座可分为单相插座和三相插座。

单相插座分为单相二孔插座、单相三孔插座和单相二三孔插座，如图4.28所示。单相三孔插座比单相二孔插座多一个接地线接口，即平时家用的三孔插座。单相二三孔插座是二孔插座和三孔插座结合在一起的插座，如图4.28（c）所示。单相插座的供电电压为交流220V，其插座面板孔位的二孔接1根火线和1根零线，三孔接1根火线，1根零线和1根接地线，还有组合式二三孔插座，接线方式同二孔插座和三孔插座。插座接线图如图 4.29 所示。

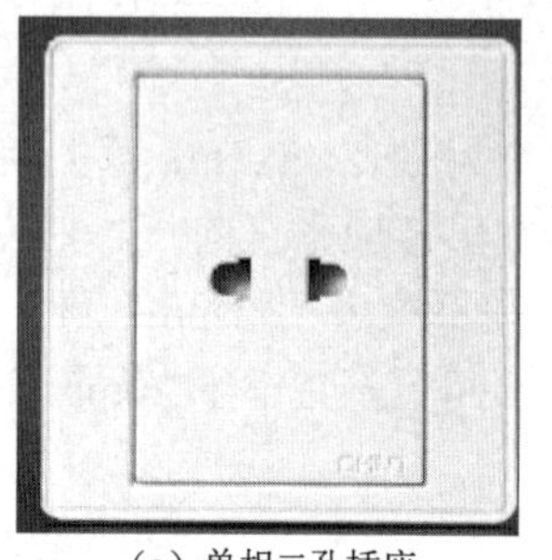

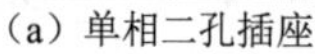

（a）单相二孔插座

（b）单相三孔插座

（c）单相二三孔插座

图 4.28　单相插座

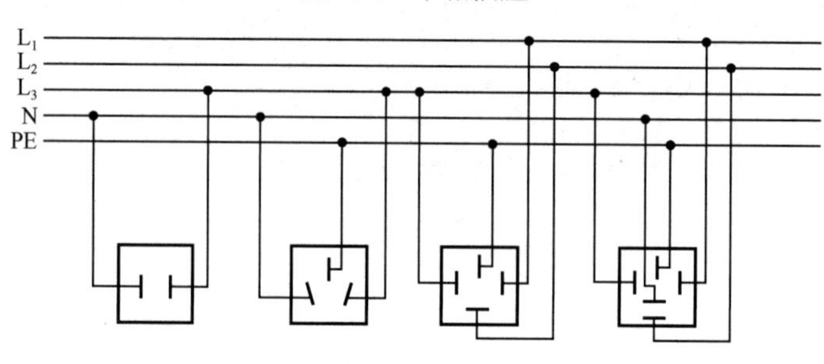

图 4.29　插座接线图

三相插座分为三相四孔插座、三相五孔插座，如图 4.30 所示。三相四孔插座接 3 相火线和 1 根接地线，五孔插座接 3 根火线、1 根接地线、1 根保护线，两种插座接线方式如图 4.29 所示。

（a）三相四孔插座

（b）三相五孔插座

图 4.30　三相插座

插座接线端子上都会有 L（L_1、L_2、L_3）、N、PE 的标志，接线时把相应端子与火线、零线和保护线进行正确连接即可。

② 按防护方式不同，插座可分为普通插座和防水防尘插座、防爆插座。防水防尘插座比普通插座多了防水盒和防水皮垫，具有较好的防潮功能。防爆插座适用于周围有危险气体的场所，是各种高危场所使用的特殊控制设备，外壳采用铝合金压制而成，里面电气元件均采处防爆处理，并且密封所有能产生电火花的电气元件，使它与外界的危险气体隔绝，如图 4.31 所示。

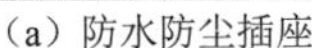

(a) 防水防尘插座

(b) 防爆插座

图 4.31　按防护方式分类的插座

3）插座安装与使用注意事项

① 插座安装时每一个桩头只能接一根导线，导线头不能拼接在接线桩头上。如果桩头上拼接两根导线，接线桩头容易发热，轻则烧坏开关、插座，重则引发火灾。

② 插座安装时要注意插座的离地距离为 30cm。

③ 无论是单相二孔插座，还是单相三孔插座，每个孔所接的线一定不能弄错。如果线路接错，使用过程中会发生触电事故。

④ 三相四孔插座及三相五孔插座的 PE 线或 PEN 线接在上孔，同一场所的三相插座接线相序要一致。

⑤ 插座的接地端子（E）不与中性线（N）端子连接，PE 线或 PEN 线在插座间不串联连接，插座的 N 线不与 PE 线混用。

⑥ 照明电路与插座电路分回路敷设时，插座电路与照明电路或插座电路与插座电路各回路之间均不能混装。

4）插座的常见故障及其处理方法

插座的常见故障及处理方法如表 4.10 所示。

表 4.10　插座的常见故障及处理方法

故障现象	产生原因	处理方法
插头插上后不通电或接触不良	插头压线螺丝松动，连接导线与插头片接触不良	打开插头，重新压接导线与插头的连接螺丝
	插头根部电源线在绝缘皮内折断，造成电路时通时断	剪断插头端部一段导线，重新连接
	插座口过松或插座触片位置偏移，使插头接触不良	断电后，将插座触片收拢一些，使其与插头接触良好
	插座引线与插座压线导线螺丝松开，引起接触不良	重新连接插座电源线，并旋紧螺丝
插座烧坏	插座长期过负荷	减轻负荷或更换容量大的插座
	插座连接线处接触不良	紧固螺丝，使导线与触片连接好并清除生锈物
	插座局部漏电引起短路	更换插座

续表

故障现象	产生原因	处理方法
插座短路	导线接头有毛刺，在插座内松脱引起短路	重新连接导线与插座，在接线时要注意清除接线毛刺
	插座的两插口相距过近，插头插入后碰连引起短路	断电后，打开插座修理
	插头内部接线螺丝脱落引起短路	重新紧固螺丝
	插头负荷端短路，插头插入后引起弧光短路	消除负荷短路故障后，断电更换同型号的插座

6．导线

1）导线的作用

导线主要用于传导电流。常用的导线材料有铜、铝、钢。

2）导线材料

（1）铜。

铜是最重要、最常用的导电材料，具有导电性能好、耐腐蚀、可锻性和延展性好等特点。铜分软铜和硬铜两种，硬铜机械强度较高，常用于电车滑触线、架空电缆。软铜常用作电线、电缆的线芯等。

（2）铝。

铝作为导电材料，用的是杂质含量不超过5%的电解铝，其导电性能仅次于铜，铝在空气中易氧化。铝分为硬铝和软铝，硬铝用作电缆的铝芯、电线和母线，软铝常用作电线。

（3）钢。

钢是最便宜的导电材料，有很高的机械强度，但导电性能不如铝和铜，其不仅导电性能差还易腐蚀，主要用作接地线。

3）导线类型

（1）裸导线。

裸导线是指只有导体部分，没有绝缘层和保护层的导线，分为裸单线与裸绞线两种，材料多为铜、铝、钢。常见的有铝绞线（如 LJ 铝绞线、LGJ 钢芯铝绞线）和铜绞线（如 TRJ 软铜绞线）。

（2）电磁线。

电磁线用于电动机、电器及电工仪表，作为绕组或元件的绝缘导线。常用的有漆包线和绕包线两类。漆包线的绝缘层是漆膜，广泛用于中小型电动机、微型电动机、干式变压器及其他电工产品。绕包线用玻璃丝、绝缘纸或合成树脂薄膜紧密绕包在导线芯上形成绝缘层，一般用于大中型电工产品。

（3）绝缘电线、电缆。

绝缘电线、电缆一般由导体、绝缘层和保护层三部分组成，广泛应用于照明电路和电气控制线路。常用的绝缘导线有以下几种：聚氯乙烯绝缘电线、聚氯乙烯绝缘软线、丁腈聚氯乙烯混合物绝缘软线、橡皮绝缘电线、农用地下直埋铝芯塑料绝缘电线、橡皮绝缘棉纱纺织软线、聚氯乙烯绝缘尼龙护套电线、电力和照明用聚氯乙烯绝缘软线等。

（4）通信电缆。

通信电缆是指用于近距离音频通信和远距离的高频载波和数字通信及信号传输的电缆，根据通信电缆的用途和适用范围，可分为六大系列产品，即市内通信电缆、长途对称电缆、同轴电缆、海底电缆、光纤电缆、射频电缆。

4）导线的型号

导线的型号由四部分组成，各部分含义如下。

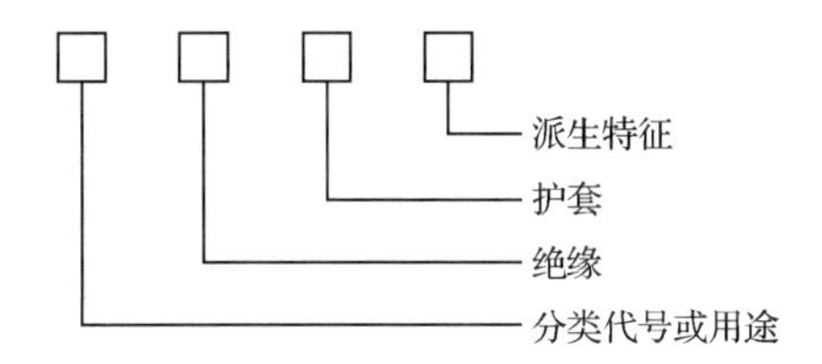

分类代号或用途：A 表示安装线，B 表示布电线，F 表示飞机用低压线，R 表示日用电器用软线，Y 表示一般工业移动电器用线，T 表示天线。

绝缘：V 表示聚氯乙烯，F 表示氟塑料，Y 表示聚乙烯，X 表示橡皮，ST 表示天然丝，B 表示聚丙烯，SE 表示双丝包。

护套：V 表示聚氯乙烯护套，H 表示橡胶护套，B 表示编织护套，L 表示蜡克护套，N 表示尼龙护套，SK 表示尼龙丝护套。

派生特征：P 表示屏蔽，R 表示软，S 表示双绞，B 表示平行，D 表示带形，T 表示特种。

例如：AV 表示聚氯乙烯安装线，AVRP 表示聚氯乙烯屏蔽安装软线，ASTVR 表示天然丝聚氯乙烯绝缘安装软线。

室内外的照明和动力配电工程常用聚氯乙烯绝缘导线，聚氯乙烯绝缘导线用聚氯乙烯作为绝缘层，又为塑料线，具有耐油、耐老化、防潮、线路敷设便捷等特点。

5）导线的选用

导线的选用要从电路条件、环境条件、机械强度、载流量等多方面综合考虑。

（1）电路条件。

导线在电路中工作时的电流要小于允许电流。当导线很长时，要考虑导线电阻值对电压的影响。使用时，电路的最大电压应低于额定电压，以保证用电安全。对于不同频率的电路选用不同的线材，要考虑到高频信号的趋肤效应。在射频电路中要选用同轴电缆馈线，以防信号反射波的影响。

（2）环境条件。

所选择的导线应具备良好的拉伸强度、磨损性和柔软性，质量要轻，以适应不同地域的机械振动等条件。所选导线应能适应环境温度的要求。因为环境温度会使导线的敷设层变软或变硬，以至于变形、开裂，甚至短路。选用导线时还应考虑安全性，防止火灾和人身事故的发生。

（3）导线颜色的选用。

为了整机装配及维修方便，导线和绝缘套管的颜色选用要符合使用习惯、便于识别，单相交流电中，火线用红色导线，零线用蓝色导线，三相交流电中 A、B、C 三相线分别用黄色、绿色、红色导线，工作零线用淡蓝色导线，保护零线用黄绿双色导线。

（4）载流量。

某截面的导线在不超过最高工作温度条件下，允许长期通过的最大电流就是该导线的载流量。铝线的载流量可用如下口诀估算。

10 下五，100 上二，16、25 四，35、50 三，70、95 两倍半。

口诀中的阿拉伯数字与倍数的排列关系如下。

对于 1.5mm^2、2.5mm^2、4mm^2、6mm^2、10mm^2 的导线可将其截面积乘以 5。

对于 16mm^2、25mm^2 的导线可将其截面积乘以 4。

对于 35mm^2、50mm^2 的导线可将其截面积乘以 3。

对于 70mm^2、95mm^2 的导线可将其截面积乘以 2.5。

对于 120mm^2、150mm^2、185mm^2 的导线可将其截面积乘以 2。

铜线的载流量可按铝线的载流量升一级计算。铜线的安全载流量是按上一级铝线的安全载流量计算的，如 6mm^2 铜线的安全载流量可按 10mm^2 铝线的安全载流量计算。

一般铜线的安全载流量是根据所允许的线芯最高温度、冷却条件、敷设条件来确定的。一般铜线的安全载流量为 5～8A/mm^2，铝线的安全载流量为 3～5A/mm^2。例如：2.5mm^2 BVV 铜线安全载流量的推荐值为 2.5×8A/mm^2=20A，4 mm^2 BVV 铜线安全载流量的推荐值为 4×8A/mm^2=32A。

GB 4706.1—2005 中规定的导线负荷电流如表 4.11 所示。

表 4.11　GB 4706.1—2005 中规定的导线负荷电流

	截面积/mm^2	允许长期电流/A
铜线	0.5	0.2～3
	0.75	3～6
	1	6～10
	1.5	10～16
	2.5	16～25
	4	25～32
	6	32～40
	10	40～63

【例 4.3】要将 10kW 的电器接在 220V 的电源上，要用多大横截面积的导线？

解：根据电流=功率/电压=10000W/220V≈45.5A，

（1）考虑安全系数，允许长期流过的电流为 45.5/1.3=35A，查表 4.11 可得选用 6mm^2 的铜线。

（2）用安全载流量方法：45.5/8=5.6875，选用 6mm^2 的铜线。

（3）用口诀方法：45.5/5=9.1，换算成铜线，选 6mm^2 的铜线。

因此用三种方法都可得到选用 6mm^2 的铜线。

7. 照明灯具

1）白炽灯

白炽灯是靠电流通过灯丝时产生大量的热能，使灯丝温度高到白炽的程度（2000～3000℃）从而辐射发光的。白炽灯结构示意图如图 4.32 所示。

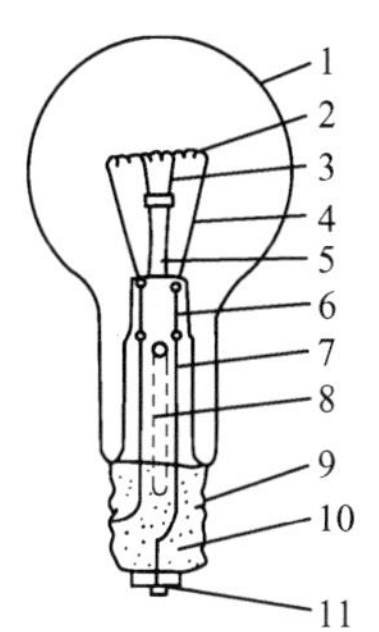

1—玻璃外壳；2—灯丝（钨丝）；3—支架（钼线）；4—电极（镍丝）；5—玻璃芯柱；
6—杜镁丝（铜铁镍合金丝）；7—引入线；8—抽气管；9—灯头；10—密封胶泥；11—锡焊接触端。

图 4.32　白炽灯结构示意图

2）荧光灯

荧光灯（日光灯）利用汞蒸汽在外加电压作用下产生弧光放电，发出少量的可见光和大量的紫外线，这些紫外线使管内壁涂覆的荧光粉发出可见光。荧光灯结构示意图如图 4.33 所示。

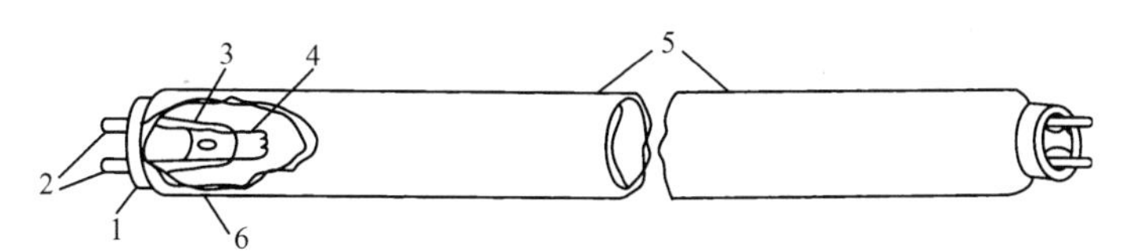

1—灯头；2—灯脚；3—玻璃芯柱；4—灯丝（钨丝）；5—玻璃管（内壁涂覆荧光粉，充惰性气体）；6—汞。

图 4.33　荧光灯结构示意图

除了白炽灯和荧光灯，照明灯具还有卤钨灯、高压汞灯、氙灯、高压钠灯及 LED 等。

3）照明灯具的常见故障及处理方法

（1）白炽灯的常见故障及处理方法。

白炽灯的常见故障及处理方法如表 4.12 所示。

表 4.12　白炽灯的常见故障及处理方法

故障现象	产生原因	处理方法
白炽灯不亮	钨丝烧断	更换白炽灯
	灯座或开关触点接触不良	把接触不良的触点修复，无法修复时，应更换完好的触点
	停电或电路开路	修复线路
	电源熔断器熔体烧断	检查熔体烧断的原因并更换新熔体

续表

故障现象	产生原因	处理方法
白炽灯强烈发光后瞬间烧毁	灯丝局部短路（俗称搭丝）	更换白炽灯
	白炽灯额定电压低于电源电压	换用额定电压与电源电压一致的白炽灯
灯光忽亮忽暗，或忽亮忽熄	灯座或开关触点（或接线）松动，或表面存在氧化层（铝质导线、触点易出现）	修复松动的触头或接线，去除氧化层后重新接线或去除触点的氧化层
	电源电压波动（通常附近有大容量负荷经常启动引起）	待大容量负荷启动后会好转
	熔断器熔体接头接触不良	重新安装，或加固压紧螺钉
	导线连接处松散	重新连接导线
开关合上后熔断器熔体烧断	灯座或挂线盒连接处线头短路	重新接线头
	螺口灯座内中心铜片与螺旋铜圈相碰短路	检查灯座并扳正中心铜片
	熔体太细	正确选配熔体规格
	线路短路	修复线路
	用电器发生短路	检查用电器并修复
灯光暗淡	白炽灯内钨丝升华后凝华积聚在玻璃壳内表面，透光度降低，同时由于钨丝升华后变细，电阻增大，电流减小，光通量减小	正常现象
	灯座、开关或导线对地严重漏电	更换完好的灯座、开关或导线
	灯座、开关接触不良，或导线连接处接触电阻增加	修复、接触不良的触点，重新连接接头
	线路导线太长太细，线路压降太大	缩短线路长度，或更换较大截面的导线
	电源电压过低	调整电源电压

（2）荧光灯的常见故障及处理方法。

荧光灯的常见故障及处理方法如表 4.13 所示。

表 4.13　荧光灯的常见故障及处理方法

故障现象	产生原因	处理方法
荧光灯不能发光	停电或保险丝烧断导致无电源	找出断电原因，修好故障后恢复送电
	灯座触点接触不良或电路线头松散	重新安装荧光灯或连接松散线头
	启辉器损坏或与基座触点接触不良	先旋动启辉器查看是否损坏，再检查线头是否脱落
	镇流器绕组或管内灯丝断裂或脱落	用欧姆表检测绕组和灯丝是否开路
荧光灯灯光抖动或两端发红	接线错误或灯座、灯脚松动	检查线路或修理灯座
	电子整流器谐振电容容量不足或开路	更换谐振电容
	荧光灯老化，灯丝上的电子发射将尽，放电作用降低	更换荧光灯
	电源电压过低或线路电压降过大	升高电压或加粗导线
	气温过低	用热毛巾对荧光灯进行加热

续表

故 障 现 象	产 生 原 因	处 理 方 法
灯光闪烁或管内有螺旋滚动光带	电子整流器的大功率晶体管接触不良或整流桥接触不良	重新焊接
	新荧光灯暂时现象	使用一段时间，会自行消失
	荧光灯质量差	更换荧光灯
荧光灯两端发黑	荧光灯老化	更换荧光灯
	电源电压过高	调整电源电压至额定电压
	荧光灯内汞凝结	荧光灯工作后即能蒸发或将荧光灯旋转 180°
荧光灯亮度降低或色彩转差	荧光灯老化	更换荧光灯
	荧光灯上积垢太多	清除荧光灯积垢
	气温过低或荧光灯处于冷风直吹位置	采取遮风措施
	电源电压过低或线路电压降得太大	调整电压或加粗导线
荧光灯寿命短或发光后立即熄灭	开关次数过多	减少不必要的开关
	新装荧光灯接线错误将荧光灯烧坏	检修线路，改正接线
	电源电压过高	调整电源电压
	受剧烈振动，致使灯丝振断	调整安装位置或更换荧光灯
断电后荧光灯仍发微光	荧光粉余辉特性	过一会儿会自行消失
	开关接到了零线上	将开关改接至相线上
荧光灯不亮，灯丝发红	高频振荡电路不正常	检查高频振荡电路，重点检查谐振电容

4.2　常见照明电路的基本连接方式

1. 白炽灯照明电路

1）一灯一控照明电路

一灯一控照明电路就是用一只单联开关控制一盏灯的照明电路，如图 4.34 所示。安装接线时要注意通过开关的电流不能超过该开关允许的范围。开关接至相线上，接到灯头中心的簧片上，零线接到灯头螺纹口接线柱上，开关接在火线和用电器中间。

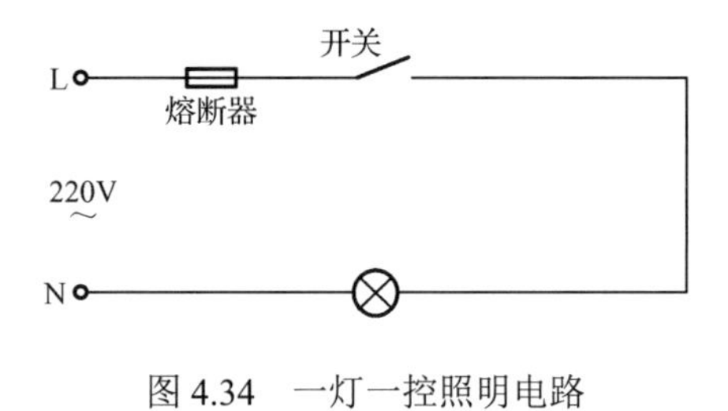

图 4.34　一灯一控照明电路

2）一灯双控照明电路

一灯双控照明电路用于楼梯和走廊，两端都能开、关的场所，接线口诀是“开关之间三条线，零线经过不许断，电源与灯各一边”。图 4.35 所示为一灯双控照明电路。

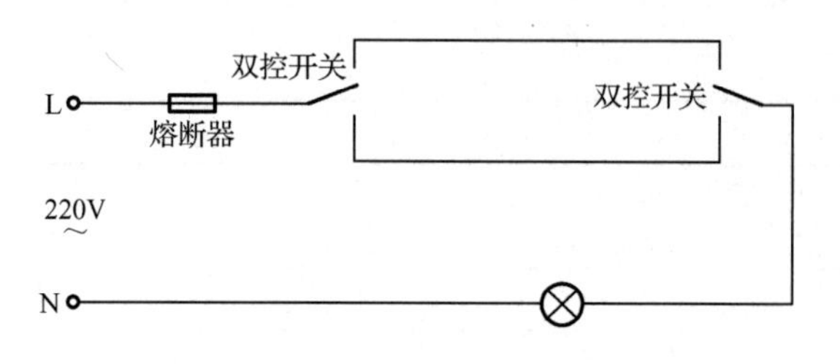

图 4.35　一灯双控照明电路

3）一灯三控照明电路

一灯三控照明电路用三个开关来控制一盏灯，图 4.36 所示为一灯三控照明电路。开关 S1 和 S3 用单联双控开关，而 S2 用双联双控开关。S1、S2、S3 三个开关中的任何一个都可以独立控制电路的通断。

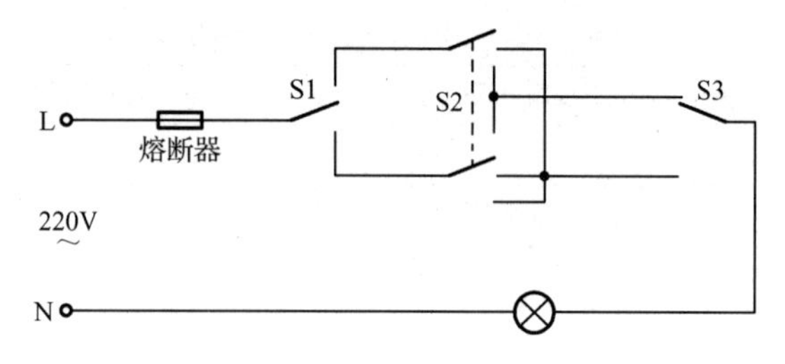

图 4.36　一灯三控照明电路

4）一控多灯照明电路

一控多灯照明电路是用一只单联开关控制两盏及两盏以上灯的照明电路，此时两盏灯是并联的，在其他照明电路的并联连接中（如灯与插座的并联连接）也可采用类似方法。一控多灯照明电路如图 4.37 所示。

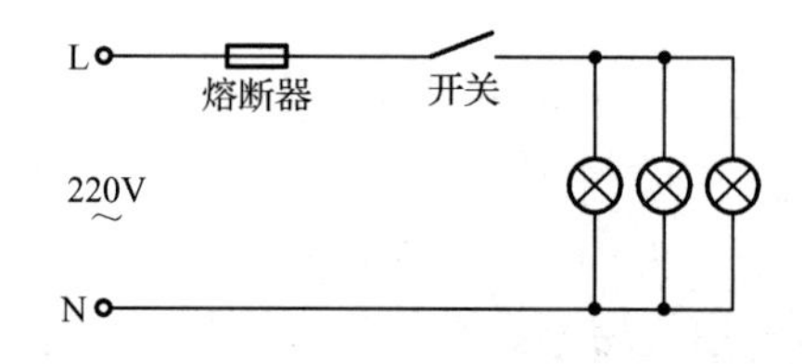

图 4.37　一控多灯照明电路

5）一灯一控带插座的照明电路

一灯一控带插座的照明电路的原电路如图 4.38（a）所示，这种电路线路上有接头，容易松动，产生高热。改进后的电路如图 4.38（b）所示，电路中无接头，较安全，但用线多。

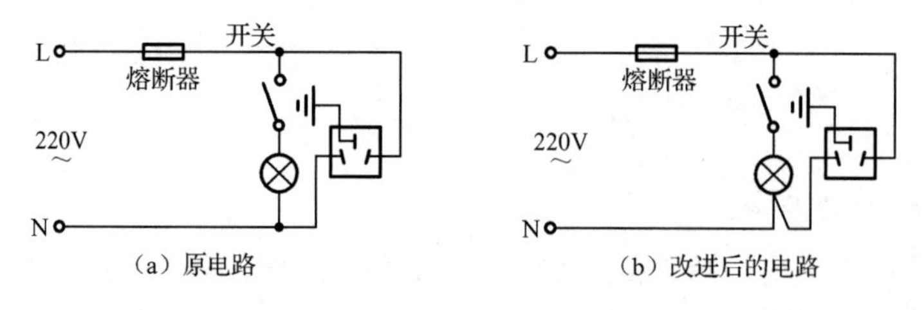

（a）原电路　（b）改进后的电路

图 4.38　一灯一控带插座的照明电路

2．荧光灯照明电路

单灯管荧光灯照明电路如图4.39所示，当荧光灯接入电路以后，启辉器两个电极间开始辉光放电，于是电源、镇流器、灯管和启辉器构成一个闭合回路。电流使灯丝预热，当预热1～3s后，启辉器两个电极间的辉光放电熄灭，两个电极断开的瞬间，电路中的电流突然消失，于是镇流器产生一个高压脉冲，它与电源电压叠加后，加到灯管两端，使灯管内的惰性气体电离从而发生弧光放电。

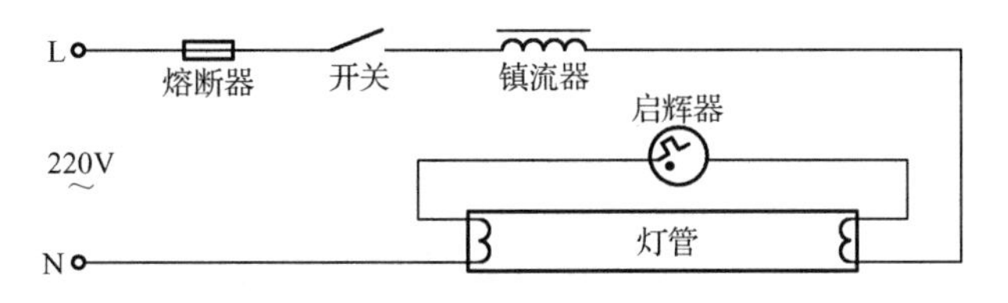

图4.39　单灯管荧光灯照明电路

具体过程是当开关接通，有220V的电压加在启辉器之上，启辉器中的惰性气体发生电离，内部温度升高，启辉器电极弹片变形使之闭合。电路接通，此时加在启辉器之上的电压变为0，启辉器内部冷却，弹片弹回，电路断开。由于此时流经镇流器的电流突然变为0，使之产生自感电动势，与电源的电动势加在一起加到灯管两端，使之承受高电压。此时，灯管内的惰性气体电离，使管内温度升高，管中的汞蒸气游离碰撞惰性气体分子，从而弧光放电产生紫外线，看不见的紫外线照射在管壁上的荧光粉时，荧光粉便发出亮光。

4.3　照明电路的常见故障及处理方法

照明电路安装完成，不能立即通电使用，应按照图纸，依次检查总断路器、分断路器、灯具及其开关、插座是否符合要求，检查所用导线的截面是否正确，断路器、开关、熔断器的容量是否符合要求，装设漏电保护器的回路中，漏电保护器的型号、接线是否正确，自检动作是否可靠等，经过检查、试送电、处理故障、试运行等步骤后方可正式通电使用。

1．检查故障的方法

检查照明线路故障的方法包括故障检查、直观检查、测试、分支路和分段检查。

1）故障检查

在处理故障前应进行故障检查，向发生事故时的在场人员或操作人员了解故障前后的情况，以便初步判断故障种类及故障发生的部位。

2）直观检查

经过故障检查，进一步通过感官进行直观检查，即闻、听、看。

闻：有无因温度过高烧坏绝缘发出的气味。

听：有无放电等异常声响。

看：先沿线路巡视，查看线路上有无明显问题，如导线破皮、相碰、断线、灯丝断、灯口进水、烧焦等，再进行重点部位检查。

（1）熔断器熔体故障。

① 熔体一小段熔断。

这种情况一般是由过负荷造成的，因熔体质地较软，安装过程中容易碰伤，同时，熔体自身也可能粗细不均，较细处电阻较大，在过负荷时会首先熔断。熔体刚熔断时，用手触摸保险盖，发现保险盖温度较高。

② 熔体爆熔。

这种情况一般是由线路上有短路故障造成的。

③ 熔体压接螺钉松动造成短路。

（2）刀开关、熔断器过热。

① 螺钉孔上封的火漆熔化，有流淌痕迹，这是由该电器过热造成的。

② 紫铜部分表面生成黑色氧化铜并退火变软，压接螺钉焊死无法松动，这也是由该电器过热造成的。

③ 由于导线与刀开关、熔断器接线端压接不实，造成过热，使导线表面氧化、接触不良。铝线若直接压接在铜线上，由于“电化腐蚀”，铝线也易被腐蚀，使得接触电阻过大，出现过热，导致短路。

（3）灯具、开关有无短路、断路现象

3）测试

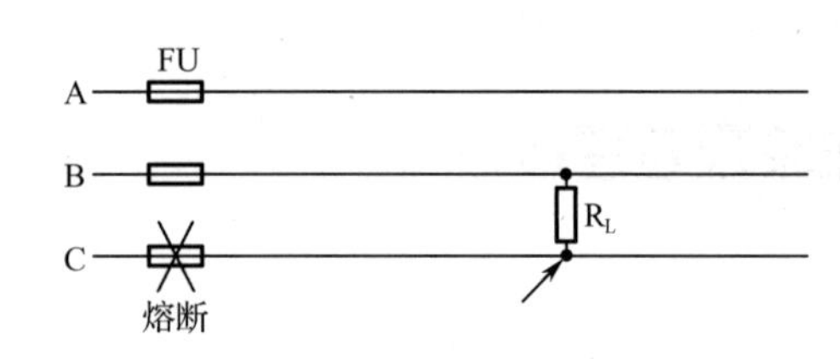

图 4.40　相线接负荷的缺相测试

除了对线路、电气设备进行直观检查，还应充分利用验电器、万用表等仪表进行测试。

应注意：当有缺相故障时，只用验电器检查是否有电是不够的，当线路相线间有负荷时，因验电器会发光而误认为该相未断。如图 4.40 所示，此时应使用电压表或万用表的交流电压挡测试，方能准确判断是否缺相。

4）分支路和分段检查

对于待查电路，可按支路分段检查或用“对分法”分段进行检查，缩小故障范围，逐渐逼近故障点。

2. 照明电路常见故障

1）短路故障

短路故障常引起熔断器熔体爆断，短路点处有明显烧痕、绝缘碳化，严重时会使导线绝缘层烧焦甚至引起火灾。

（1）短路故障的原因。

① 安装不合格，多股导线未捻紧、压接不紧、有毛刺。

② 相线、零线压接不紧，两线距离过近，遇到某些外力，使其相碰造成相对零短路或相间短路。

③ 天气恶劣。

④ 电气设备所处环境中有大量导电尘埃。

⑤ 人为因素。

（2）短路故障的查找。

一般应采取分支路、分段与重点部位检查相结合的方法，利用试灯进行检查。

① 先将有故障支路上所有灯开关都置于断开位置，并将插座保险的熔体取下。再将试灯接在该支路总熔断器的两端（将熔断器中的熔体取下），串接在被测电路中，如图 4.41 所示。合闸，若试灯正常发光，说明短路故障在线路上；若试灯不发光，说明线路没有问题，则对每盏灯、每个插座依次进行检查。

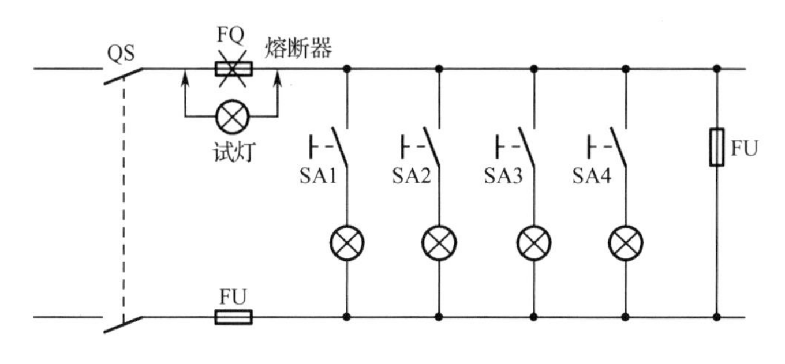

图 4.41　试灯法查找短路故障

② 检查每盏灯，可依次将每盏灯的开关闭合，每闭合一个开关都要观察试灯能否正常发光（试灯接在总熔断器处，见图 4.41）。当合至某盏灯时，试灯正常发光，则说明故障在此盏灯，可断电后进一步检查。如试灯不能正常发光，说明故障不在此灯，可断开该灯开关，再检查下一盏，直到找出故障点为止。

③ 也可按①的方法检查线路无问题后，换上熔体并合闸通电，再用试灯按顺序对每一盏灯进行检查。将试灯接于被检查灯开关的两个接线端子上，如图 4.42 所示。如试灯正常发光说明故障在该灯处。若试灯不能正常发光说明该盏灯正常，再检查下一盏，直到查出故障点为止。

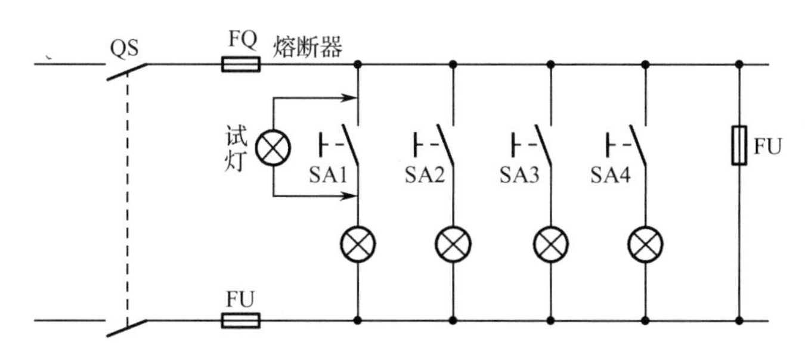

图 4.42　试灯接在开关两侧的短路故障查找

2）断路故障

当相线、零线出现断路故障时，负荷不能正常工作。单相电路出现断路时，负荷不工作；三相用电器电源出现缺相时，会造成不良后果。三相四线制供电线路不平衡，如零线断线时会造成三相电压不平衡，负荷大的相，相电压低；负荷小的相，相电压高。若负荷是白炽灯，则会出现一相灯光暗淡，另一相上的灯变得很亮。同时，零线断口负荷侧将出现对地电压。

（1）断路故障的原因。

① 因负荷过大而使熔体熔断。

② 开关触点松动，接触不良。

③ 导线断线，接头处腐蚀严重（尤其是铜线、铝线未用铜铝过渡接头而直接连接）。

④ 安装时，接线处压接不实，接触电阻过大，使接触处长期过热，造成导线、接线端子接触处氧化。

⑤ 恶劣环境，如大风天气、地震等造成线路断开。

⑥ 人为因素，如搬运过高物品将电线碰断，以及人为破坏等。

（2）断路故障的查找。

可用验电器、试灯、万用表等查找断路故障，可用分段查找与重点部位检查相结合的方式进行查找。

3）漏电故障

照明线路漏电主要是由于相线与零线间绝缘受潮气侵袭或被污染造成绝缘不良，产生相线与零线间的漏电；相线与零线间的绝缘受到外力损伤，形成相线与地之间的漏电；线路长期运行、导线绝缘老化造成线路漏电。漏电保护装置一般采用漏电保护器。当漏电电流超过整定电流时，漏电保护器动作切断电路。若发现漏电保护器动作，则应查出漏电接地点并进行绝缘处理后再通电。照明线路的接地点多发生在穿墙部位和靠近墙壁或天花板等部位。查找接地点时，应着重查找这些部位。

（1）漏电故障的原因。

照明线路漏电故障的主要原因是有相线绝缘损坏而接地、用电设备内部绝缘损坏使外壳带电等，内部绝缘损坏的原因主要有导线绝缘老化、用电器受潮或被雨淋、穿墙进户电线及相交电线瓷管破损、外绝缘层磨破、家用电器内部绝缘不良等。

（2）漏电故障的查找。

① 用验电器测试不该带电的部位（如家用电器、灯具的金属外壳，导线的绝缘外层等处）是否带电。

② 用万用表直接测量可能漏电的部位与地之间的电压。

【例 4.4】某单位的供电方式是三相四线制。有一栋楼中有部分电灯不亮。经查，不亮灯的支路中熔断器的熔体未熔断，但用试电笔测试显示无电。用万用表测其他亮灯支路电压均为 220V，请分析故障原因。

答：亮灯相的相电压正常，说明零线正常，以上故障是由不亮灯分支路熔断器电源侧无电相线断线造成的。应沿该相线路查找故障，照明电路故障原因及排除方法如表 4.14 所示。

表 4.14　照明电路故障原因及排除方法

故障原因	排除方法
本楼一相总熔断器熔体熔断	分析熔断原因。 由短路造成：应查找短路点并予以排除； 由过负荷造成：应减轻、均衡负荷

续表

故障原因	排除方法
前级无电	检查前级熔断器及电路
刀开关接触不良，压接线松动	查找故障点，紧固压接点或更换刀开关
导线断开，接头接触不良	查找断线点并修复；接头接触不良的可剪断重新连接

【例 4.5】某单位有一台电热水器是三相供电，某天突然发现水温上升得很慢，烧开水的时间变得很长，甚至不能达到沸点，试分析故障原因。

答：这可能是由缺相造成的。检查步骤：首先查电源，若电源正常，则应查熔断器→开关→插座→插头回路有无断路、压接不实等现象。也可能是某相热元件损坏，这时应断开电源，用万用表的电阻挡进行检查。

【例 4.6】某单相供电线路，闭合电灯开关，灯不亮。用试电笔检查相线、零线均带电，试分析故障原因。

答：这可能是由零线断路造成的。如图 4.43 所示，可用验电器测试零线带电情况，查找零线断路点。

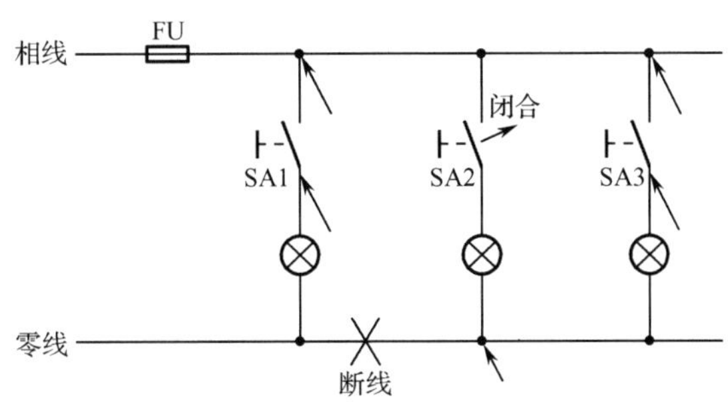

图 4.43　用验电器测试零线带电情况

4.4　工作任务解决

04.照明电路的安装及接线

1．电路分析

工作任务给定的照明电路包括一个单相电能表、一个漏电保护器、一个单控照明电路、一个双控照明电路，通过开关 SA1、SA2 实现对灯 EL1 的双控，通过开关 SA3 实现对灯 EL2 的单控。控制过程如下。

（1）合上带漏电保护器的断路器。

（2）合上开关 SA3，灯 EL2 电路接通，灯 EL2 亮。

（3）先合上开关 SA1，再合上开关 SA2，灯 EL1 电路接通，灯 EL1 亮。

（4）先将开关 SA1 打到另一侧，灯 EL1 电路断开，灯 EL1 灭；若再将开关 SA2 打到另一侧，灯 EL1 电路接通，灯 EL1 亮。

2．电气元件及导线的选择

选择的低压断路器为 2P（两相），额定电流为 4A，漏电保护器额定漏电动作电流与额定漏电动作时间的乘积为 30mA·s；

主回路导线横截面面积为 $15mm^2$。

3．回答问题

（1）简述感应式电能表的基本结构与原理。

答：感应式电能表由驱动机构、制动元件、制动部分、积算机构等组成。

感应式电能表是基于电磁感应原理工作的，其原理是当电能表接入被测电路后，电压加在电压线圈上，电流通过电流线圈后，产生两个交变磁通穿过铝盘，这两个交变磁通分别在铝盘上产生涡流。磁通与涡流相互作用使铝盘转动，铝盘转动的速度与电路中所消耗的电能成比例，也就是说，负荷功率越大，铝盘转得越快。铝盘的转动经过蜗杆传给计数器，计数器就自动累计以记录电路中实际所消耗的电能。

（2）简述荧光灯的组成。

答：电感式荧光灯由灯管、镇流器、启辉器及支架等部件构成。

电子式荧光灯由灯管、电子启动镇流器、支架等部件构成。

（3）简述如何正确选择漏电保护器。

答：选择原则如下。

① 按使用目的选用。

a．以防止人身触电为目的，选用高灵敏度、快速型漏电保护器。

b．以防止触电为目的，选用中灵敏度、快速型漏电保护器。

c．以防止由漏电引起的火灾和保护电路、设备为目的，应选用中灵敏度、延时型漏电保护器。

② 按供电方式选用。

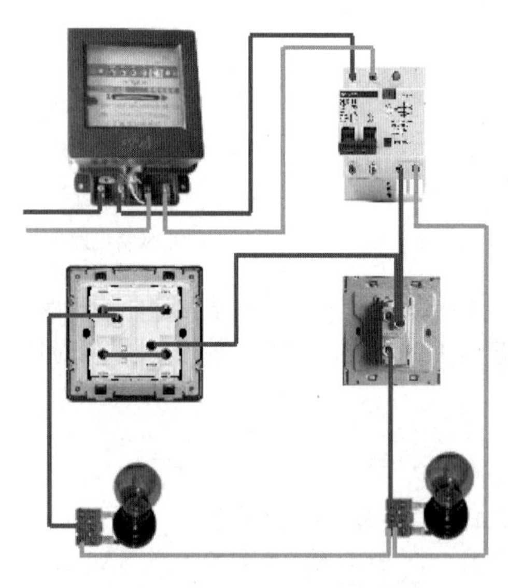

图 4.44　单相电能表照明电路的实物接线图

a．保护单相线路（设备）时，选用单极二线或二极漏电保护器。

b．保护三相线路（设备）时，选用三极漏电保护器。

c．既有三相线路（设备）又有单相线路（设备）时，选用三极四线或四极漏电保护器。

（4）简述漏电保护器使用注意事项。

① 安装前，应仔细检查其外壳、铭牌、接线端子、试验按钮、合格证等是否符合要求。

② 接线前应分清漏电保护装置的输入端和输出端、相线和零线，不得反接或错接。

4．电路连接

单相电能表照明电路的实物接线图如图 4.44 所示。

习　题

1．一般低压照明电路由哪几部分组成？
2．简述单相电能表的工作原理。
3．在无负荷电流情况下，电能表圆盘缓慢转动的故障原因是什么？
4．低压断路器的作用是什么？如何选用？
5．照明电路发生短路故障的原因是什么？

拓展讨论

党的二十大报告提出："完善支持绿色发展的财税、金融、投资、价格政策和标准体系，发展绿色低碳产业，健全资源环境要素市场化配置体系，加快节能降碳先进技术研发和推广应用，倡导绿色消费，推动形成绿色低碳的生产方式和生活方式。"在城市照明领域，以往城乡路灯故障靠人工巡检，维修及时性和用电安全性难以保障，照明电缆等设施被盗、被破坏时有发生。现在的路灯巡检采用路灯智能监控系统，请查阅资料后回答，该系统由哪些模块组成？如何实现节能、高效、安全的绿色照明和智能巡检？

工作任务 5　电动机单向连续运转（带点动控制）电路的接线

任务描述

本工作任务的内容为对型号为 Y160M1-2 的 380V 三相异步电动机进行单向连续运转（带点动控制）电路的接线，该电动机的额定功率为 11kW，额定电流为 22A，请选择合适的熔断器、交流接触器、热继电器、导线，并根据图 5.1 所示的电路图进行接线。

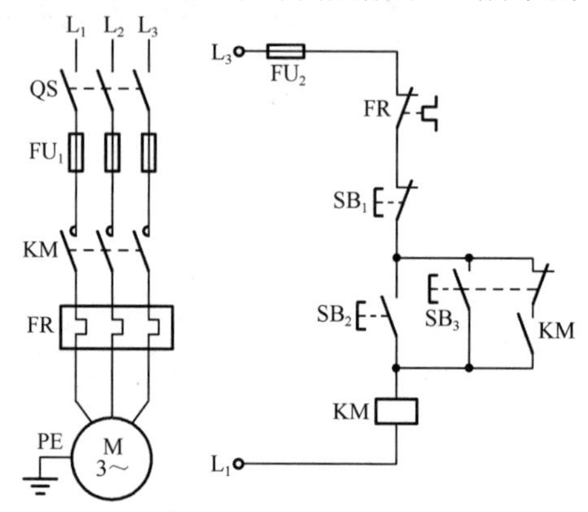

图 5.1　三相异步电动机单向连续运转（带点动控制）电路图

任务分析

电动机单向连续运转（带点动控制）电路的接线评分标准如表 5.1 所示。

表 5.1　电动机单向连续运转（带点动控制）电路的接线评分标准

考 试 项 目	考 试 内 容	配分/分	评 分 标 准
电动机单向连续运转（带点动控制）电路的接线（考试时间：30min）	运行操作	80	操作步骤： 1．根据给定的电路图，从不同类型的电气元件及导线中选择合适的类型。电气元件或导线（颜色、截面）选择错误，每个扣4分。 2．在24V 电压下，用已选好的电气元件及导线，按电路图进行接线。接线处露铜超出标准2mm，每处扣1分；接线松动，每处扣1分；接地线少接，每处扣4分。 3．检查电路。要求正确使用电工仪表检查电路，确保不存在安全隐患，操作规范，工位整洁。不符合要求每项扣2分。 4．电动机点动、连续运行、停止。通电（与电源连接前未进行有效验电）不成功、跳闸、熔断器烧毁、损坏设备、违反安全操作规范，符合以上任意一项，该项记0分，并终止整个实操考试
	问答	20	简述短路保护和过负荷保护的区别。 根据回答情况扣分

根据工作任务及评分标准可以明确，操作三相异步电动机的控制电路接线需要掌握的知识包括如下内容。

（1）三相异步电动机的结构、原理。

（2）三相异步电动机的启动、制动、调速的控制方法及控制原理。

（3）三相异步电动机的故障及检修方法。

需要掌握的技能包括如下内容。

（1）能够正确分析三相异步电动机的工作原理。

（2）能够正确分析三相异步电动机的启动、制动和调速原理。

（3）能够根据三相异步电动机的控制电路要求选择合适的控制元件。

（4）能够根据三相异步电动机的控制电路进行正确接线。

（5）能够正确分析和处理三相异步电动机的故障。

5.1　三相异步电动机的基本结构和工作原理

1．三相异步电动机的基本结构

三相异步电动机主要由定子、转子、机座等组成，其组成结构如图 5.2 所示。

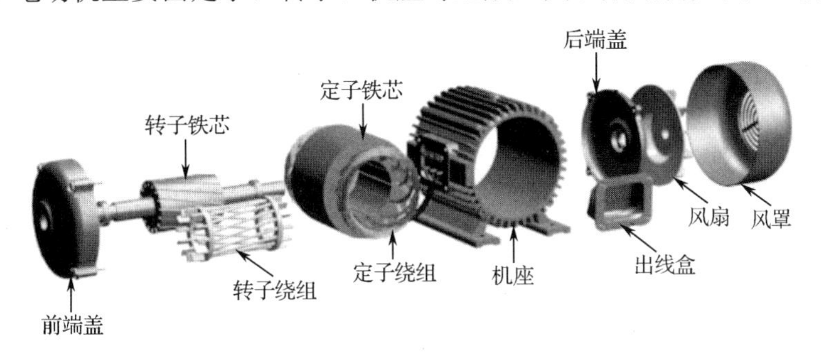

图 5.2　三相异步电动机的组成结构

1）定子

三相异步电动机的定子如图 5.3 所示。定子由定子铁芯、定子绕组和机座组成。定子铁芯是主磁路的一部分，由 0.5mm 厚的硅钢片叠压而成，定子铁芯内表面开槽，槽中放有绕组。定子绕组是电动机的电路部分。机座起固定和支撑作用。

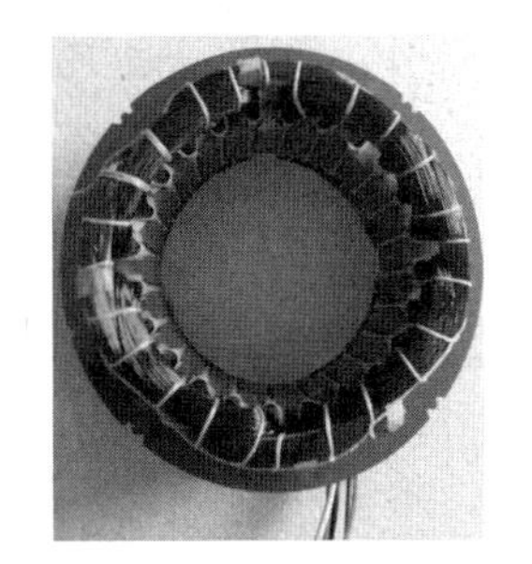

图 5.3　三相异步电动机的定子

2）转子

三相异步电动机的转子如图 5.4 所示，转子分为鼠笼式转子和绕线式转子两种。转子由转子铁芯、转子绕组和转轴等部件组成。转子铁芯是主磁路的一部分，由 0.5mm 厚的硅钢片叠压而成。转子铁芯表面开槽，槽中铸铝，端环固定。转子绕组由铸造铝笼条组成，也称为转子导条，也分为三相，空间位置互差 120°，这三相通过滑环（集电环）与外电路连接，形成闭合回路。

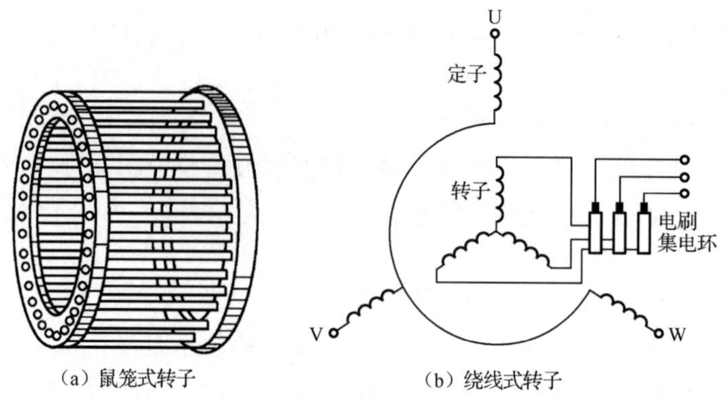

（a）鼠笼式转子　　（b）绕线式转子

图 5.4　三相异步电动机的转子

3）气隙

定、转子铁芯之间有很小的气隙，中小型电动机的气隙宽度一般为 0.2～2mm。气隙越大，电动机的功率因数越低。但气隙过小，装配困难且运转不安全。

4）其他部分

三相异步电动机除了定子、转子，还包括端盖、风扇等。端盖起防护作用，在端盖上还装有轴承，用以支撑转轴。风扇则用来通风，冷却电动机。

2．三相异步电动机的工作原理

三相异步电动机定子的 A、B、C 三相绕组在空间位置上互差 120°，某结构完全一样，内圈部分是转子，转子表面开槽，槽中放有转子导条，转子绕组是自身闭合的，当电动机工作的时候，在定子的 A、B、C 三相绕组中通以三相对称的交流电，在电动机内部将产生一个以同步转速 n_1 旋转的旋转磁场，假设旋转磁场有一对磁极（N 极、S 极），按照逆时针方向旋转，此时转子导条处于磁场的相对运动中，就会产生感应电动势，由于转子导条自身是闭合的回路，因此，转子导条中会形成电流，使转子导条成为载流导体，载流导体在磁场中会受到电磁力的作用。通过左手定则可以判定，所有转子导条都会受到电磁力的作用，使得转子连续旋转。可以判断，转子的旋转方向跟旋转磁场的旋转方向是相同的，从而使电动机将输入的电能转化为机械能输出，拖动生产机械运动。三相异步电动机的工作原理示意图如图 5.5 所示。

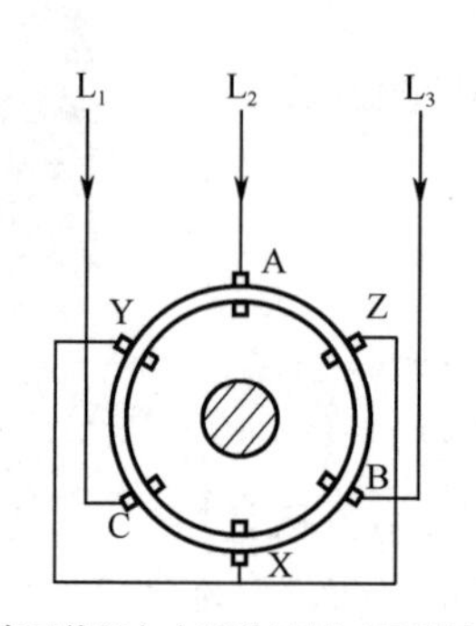

（a）定子绕组与电源的连接（星形连接）

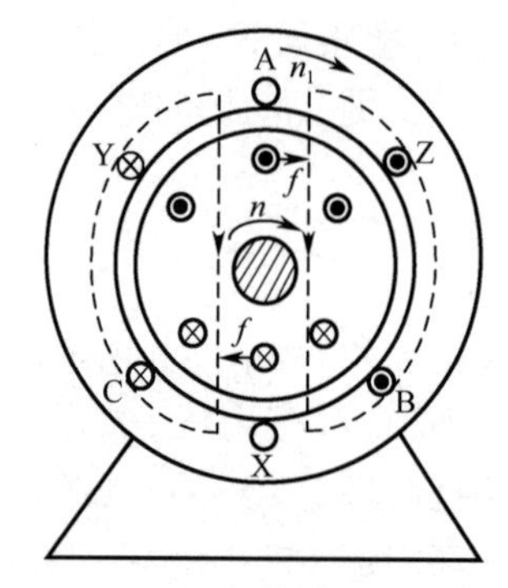

（b）工作原理

图 5.5　三相异步电动机的工作原理示意图

由前述分析可得以下结论。

① 异步电动机利用电磁感应原理工作。

② 定子上有三相对称绕组，转子为鼠笼式或绕线式，且接成闭合回路。

③ 在定子的三相对称绕组中通入三相对称交流电流，将在气隙中产生一个旋转磁场，其转速为同步转速 n_1，$n_1=\dfrac{60f_1}{p}$。

④ 转子导条在旋转磁场的作用下，由右手定则可以判定转子导条内产生的感应电动势和感应电流的方向。

⑤ 感应电流与旋转磁场作用产生电磁力，其方向由左手定则判定。

⑥ 电磁力形成的电磁转矩驱动转子旋转，转子转速为 n。

⑦ 转子旋转方向与旋转磁场旋转方向相同，转子转速 $n<n_1$。

⑧ 由于 n 与 n_1 之间的差异，异步电动机由此得名。

⑨ 同步转速 n_1 与转子转速 n 之差称为转差 n_1-n。

⑩ 转差（n_1-n）与同步转速 n_1 之比称为转差率 s，$s=\dfrac{n_1-n}{n_1}$。

⑪ 转子静止时，$n=0$，$s=1$；转子以同步转速旋转时，$n=n_1$，$s=0$；异步电动机正常运行时，$0<n<n_1$，$0<s<1$。

⑫ 异步电动机以额定功率运行时，转差率 s 一般为 0.02～0.06。

⑬ 我国电网频率 f_1=50Hz，则根据同步转速 n_1 的公式可得到 n_1 与电动机磁极对数 p 的关系为

$$n_1=\frac{60f_1}{p}=\frac{3000}{p}$$

三相异步电动机磁极对数与同步转速的关系如表 5.2 所示。

表 5.2　三相异步电动机磁极对数与同步转速的关系

磁 极 对 数	同步转速 n_1/（r/min）
1	3000
2	1500
3	1000
4	750
5	600

⑭ 旋转磁场方向由电源相序决定，改变电源相序，就可以改变电动机转子的旋转方向。

5.2　三相异步电动机的绕组和铭牌数据

1．绕组的相关概念

三相异步电动机定子绕组应三相对称，且能获得尽可能大的旋转磁势，能满足磁极对数的要求。绕组有双层绕组、单层绕组之分，双层绕组在槽内安放，如图 5.6 所示。双层

绕组分为叠绕组和波绕组，绕组线圈数与定子槽数相等。单层绕组分为同心式绕组、链式绕组和交叉式绕组等。

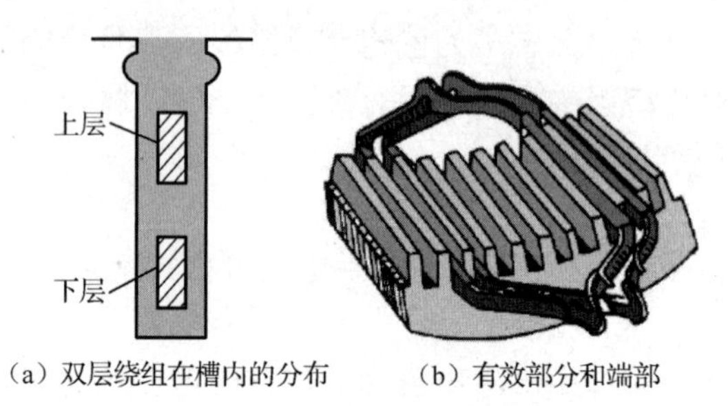

（a）双层绕组在槽内的分布　（b）有效部分和端部

图 5.6　双层绕组安放示意图

2．绕组的相关参数

（1）极距（τ）：定子铁芯内圈每极所占的圆周长度或槽数。

$$\tau = \frac{\pi D_i}{2p} \text{ 或 } \tau = \frac{Z}{2p}$$

式中，D_i为铁芯内圈直径，p为磁极对数，Z为槽数。

（2）电角度：定子绕组切割一对磁极磁场，感应电动势变化一个周期，即 360°电角度。

一个定子圆周的几何角度（机械角度）为 360°，对于磁极对数为p的电动机，其一个定子圆周的电角度为p×360°，因此有

$$\text{电角度} = p \times \text{机械角度}$$

（3）线圈节距：一个线圈的两个有效边所跨的槽数，用y_1表示。一般要求线圈节距y_1等于或接近极距τ，以获得最大电势。

整距线圈$y_1=\tau$，短距线圈$y_1<\tau$，长距线圈$y_1>\tau$。

（4）槽距电角（α）：定子铁芯相邻两槽对应点之间的电角度。

$$\alpha = \frac{p \times 360^\circ}{Z}$$

（5）每极每相槽数（q）：每相绕组在每极下连续占有的槽数。

$$q = \frac{Z}{2mp}$$

式中，m表示相数。

（6）相带：每极每相槽数q连续占有的区域（用电角度表示），如 60°相带，120°相带。

（7）极相组：把同一相的相邻的q个线圈串联成组。

3．绕组的下线

各种类型的绕组结构差异很大，要使它们下线后有一个对称、合理的端部，必须遵循它们各自特定的规律和步骤来下线。

1）单层链式绕组

单层链式绕组的端部特点是一环扣一环，整个端部的线圈像链条一样重叠，很对称，现以Z=24，2p=4 的单层链式绕组为例进行说明。

图5.7所示为三相4极24槽单层链式绕组下线顺序图，线圈侧的数字是线圈号，铁芯侧的数字是槽号和下线顺序。下线步骤：首先把线圈1的一边嵌入第6槽，它的另一边压在线圈11、12上面，须等到线圈11、12嵌入第2槽、第4槽之后，才能嵌入第1槽，暂时只能吊在定子内（叫作吊把），但要用绝缘纸保护好。然后空一槽（第7槽），将线圈2的一边嵌入第8槽，因为它的另一边要压在线圈12上面，只能暂时吊把，待线圈12嵌入第4槽后，才能嵌入第3槽。接着再空一槽（第9槽），将线圈3的一边嵌入第10槽。因第6槽、第8槽已经嵌入了线圈的一个边，按节距y=5的规则，线圈3的另一边可直接嵌入第5槽，不需要吊把。接着再空一槽，将线圈4的一边嵌入第12槽，另一边嵌入第7槽。以后各个线圈均按此规律下一槽，空一槽。在嵌完线圈11、12的上层边后，将线圈1、2的吊把依次嵌入第1槽、第3槽（也叫收把）。

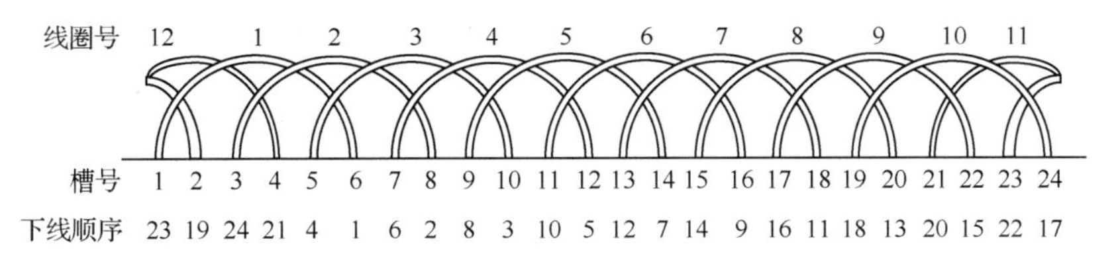

图5.7　三相4极24槽单层链式绕组下线顺序图

综上所述，单层链式绕组的下线规律为下一槽，空一槽，再下一槽，再空一槽，以此类推。开始几个线圈要吊把，吊把线圈数等于每极每相槽数q。

2）单层交叉式绕组

现以Z=36，2p=4的电动机为例说明单层交叉式绕组下线规律。图5.8所示为三相4极36槽单层交叉式绕组下线顺序图。下线步骤：首先将第一组的两个大线圈的下层边嵌入第10槽、第11槽，由于它们的另一边还要压着线圈11、12，暂不能嵌入第2槽、第3槽，故做吊把处理。然后空一槽，将第二组的一个小线圈嵌入第13槽，由于它的上层边要压着线圈12，暂不嵌入第6槽，仍吊把。接着空两槽，将第三组的两个大线圈下层边嵌入第16槽、第17槽。由于第一组、第二组线圈已下入第10槽、第11槽和第13槽，第三组线圈的上层边可按y=8嵌入第8槽和第9槽。接着空一槽，将第四组的一个小线圈嵌入第19槽，它的另一边按y=7的规则直接嵌入第12槽。以后可按上述规则依次往后嵌，待第11组、第12组的线圈嵌完时，将第1组和第2组的吊把收把入槽。

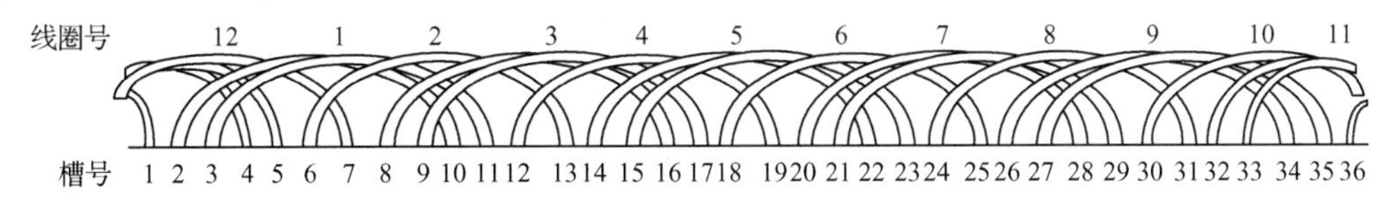

图5.8　三相4极36槽单层交叉式绕组下线顺序图

由此可以总结出单层交叉式绕组的下线规律为下两槽、空一槽，下一槽、空两槽，以此类推。开始几个线圈要吊把，吊把线圈数等于每极每相槽数q（本例中q=3）。

3）单层同心式绕组

两平面单层同心式绕组的下线规则与单层链式绕组有共同点。图 5.9 所示为三相 2 极 24 槽两平面单层同心式绕组下线顺序图。下线步骤：首先把第 2 组线圈的 4 个有效边分别嵌入第 5 槽、第 6 槽、第 11 槽、第 12 槽，然后把第 4 组、第 6 组的各线圈边分别嵌入第 13 槽、第 14 槽、第 19 槽、第 20 槽、第 21 槽、第 22 槽、第 3 槽、第 4 槽。这就完成了下层平面全部线圈的下线。最后把已嵌好的线圈端部稍向下按，适当整形后嵌入上层平面的三组线圈。

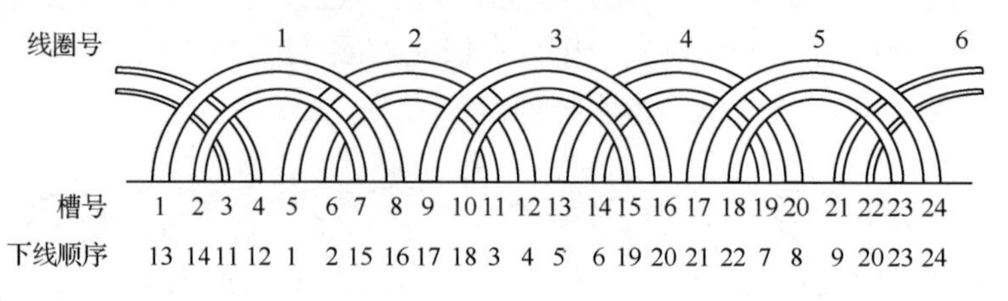

图 5.9 三相 2 极 24 槽两平面单层同心式绕组下线顺序图

4）双层叠绕组

双层叠绕组的端部排列规律是线圈一个压一个，其下线规律较为简单。节距一般选择短节距，以使端部长度变小，省线材。现以 Z=24，$2p$=4，y=1～6 的短距绕组为例说明。图 5.10 所示为三相 4 极 24 槽双层叠绕组下线顺序图。下线步骤：先把线圈 1 的下层边嵌入第 6 槽，它的上层边本应嵌入第 1 槽，但它在第 1 槽中要压在下层的线圈上，而下层线圈 20 的线圈边尚未嵌入第 1 槽，同时它在端部要压住的线圈 21、22、23、24 也未下线，故它的上层边需吊把。然后，不空槽，逐槽嵌入线圈 2、3、4、5 的下层边，它们的上层边都需吊把。直到线圈 6 的下层边嵌入第 11 槽后，它对应的上层边所要压住的各下层线圈已全部嵌入槽内，且第 6 槽的下层边也已嵌入，故可随即把线圈 6 的上层边嵌入第 6 槽，不再吊把。以后各线圈可将两有效边同时嵌入，直至完成下线。

双层叠绕组的下线规律为从任一槽开始，把元件的下层边逐槽依次嵌入；前几个线圈需要吊把，吊把的线圈数等于节距 y。从 y+1 号线圈开始，可同时嵌入上、下两层边，不再吊把。

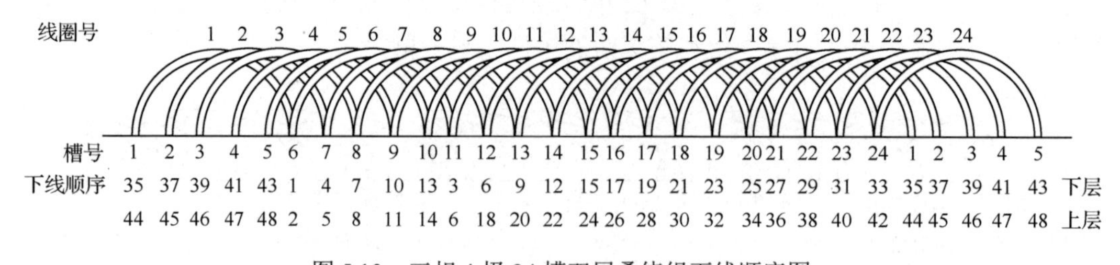

图 5.10 三相 4 极 24 槽双层叠绕组下线顺序图

4．异步电动机的铭牌数据

异步电动机的铭牌数据主要包括以下内容。

（1）额定功率：电动机额定运行时，轴端输出的机械功率。

（2）额定电压：电动机额定运行时，加在定子绕组上的线电压。

（3）额定电流：电动机在额定电压下，轴端输出额定功率时，定子绕组中的线电流。

（4）额定转速：电动机在额定电压、额定电流下且轴端输出额定功率时，转子的转速（r/min）。

（5）额定功率因数：电动机额定运行时，定子边的功率因数。

（6）定子绕组的接法、绝缘等级和温升等。

5.3　三相异步电动机的启动

1．三相异步电动机的启动性能

三相异步电动机的启动性能指启动电流倍数、启动转矩倍数、启动时间、启动设备的可靠性等。

对启动的基本要求是要有足够大的启动转矩，启动电流不能太大。实际直接启动时，定子启动电流可达额定电流的 4～7 倍，启动转矩一般为额定转矩的 80%～200%。启动电流过大会造成电网电压降低、绕组过热从而加速绝缘老化，过大的电磁力会使中、大型异步电动机定子绕组端部变形或鼠笼式转子断条等。

减小启动电流的方法是增大转子阻抗、减小转子电势。绕线式异步电动机采用在转子电路接入外加电阻的方法减小启动电流，鼠笼式异步电动机则采用降低外加电压的方法。

2．三相鼠笼式异步电动机的启动

1）直接启动

直接启动（全压启动）是将电动机的定子绕组直接接到相应的额定电压的电源上的启动方式，如图 5.11 所示。直接启动时的启动电流大，能否直接启动取决于电网容量的大小、电动机的形式、启动次数及线路上允许干扰的程度。允许经常启动的电动机容量应小于供电变压器容量的 20%，不经常启动的电动机的容量应小于供电变压器容量的 30%。

2）降压启动

降压启动由于降低外加电压，从而限制了启动电流，启动转矩也相应减小。降压启动适用于对启动转矩要求不高的场合。一般采用自耦变压器降压启动、星形-三角形（Y-△）降压启动等。

（1）自耦变压器降压启动。

三相异步电动机的自耦变压器降压启动控制电路如图 5.12 所示，可根据不同启动转矩的要求选用不同的抽头，这种启动方式投资大，设备易损坏。

三相异步电动机的三相绕组接成星形，上面有转换开关 S_2，可选择自耦变压器的抽头，实现启动和运行的转换控制。三个抽头分别和三个绕组连接。启动时，开关 S_2 打向启动位置，要根据电动机启动转矩的要求选择启动抽头，这样电动机就可以在降低电源电压的情况下启动了，定子绕组上的电压比额定电压要低，转速逐渐上升，接近额定转速的时候，开关 S_2 打到运行位置，此时定子绕组上的电压为额定电压，这样电动机就可以在额定电压下运行。

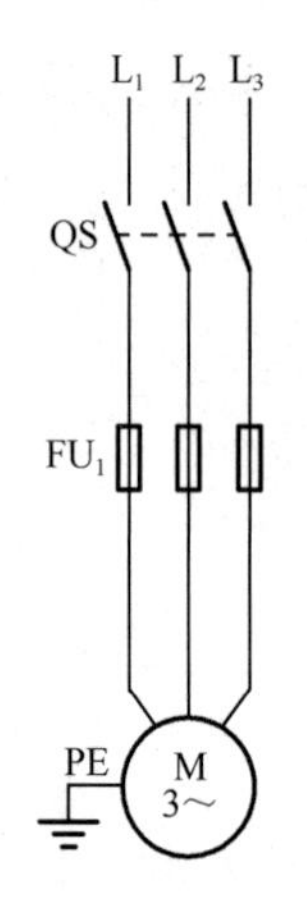

图 5.11　三相异步电动机的直接启动

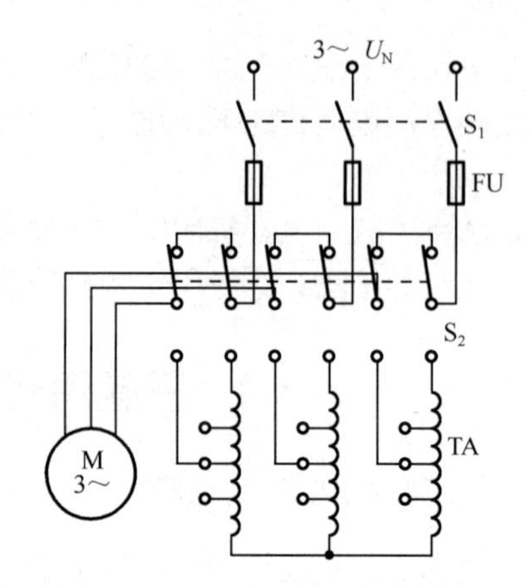

图 5.12　三相异步电动机的自耦变压器降压启动控制电路

（2）星形-三角形降压启动。

星形-三角形降压启动是三相异步电动机正常运行时定子绕组为三角形接法的电动机采用的启动方式，这种启动方式设备简单、成本低、运行可靠。三相异步电动机星形-三角形降压启动控制电路如图 5.13 所示。

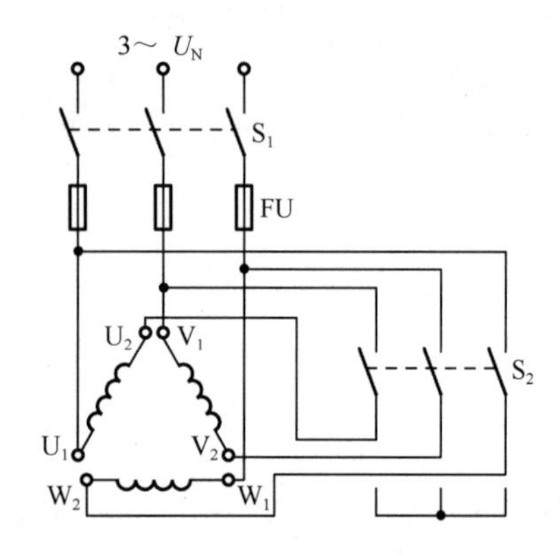

图 5.13　三相异步电动机星形-三角形降压启动控制电路

当转换开关 S_2 打到上端，即△位置，定子绕组接成三角形；当 S_2 打到下端，即 Y 位置，定子绕组接成星形。启动时，合上开关 S_1，S_2 打到下端，定子绕组呈星形连接，此时加到定子绕组上的电压为相电压，相对较小。当电动机启动时，其转速逐渐升高，当接近额定转速时，S_2 打向上端，定子绕组接成三角形，此时加到定子绕组上的电压为线电压，即电动机的额定电压，启动过程结束。

星形连接时的启动电流为

$$I_{\mathrm{stY}}=\frac{\frac{U_{\mathrm{N}}}{\sqrt{3}}}{Z}$$

三角形连接时的启动电流为

$$I_{\mathrm{st\triangle}}=\sqrt{3}\frac{U_{\mathrm{N}}}{Z}$$

启动电流比为

$$\frac{I_{\mathrm{stY}}}{I_{\mathrm{st\triangle}}}=\frac{1}{3}$$

因此，采用星形-三角形降压启动，启动电流可降为三角形接法启动电流的 1/3，启动转矩也降为三角形接法的 1/3。

3．三相绕线式异步电动机的启动

1）转子串接变阻器启动

三相绕线式异步电动机转子串接变阻器启动电路如图 5.14 所示，启动时，串接最大电阻，当转速上升后逐渐切除电阻，限制了启动电流，同时还能增大启动转矩。

在转子绕组中每相串接可变电阻 R_{st} 的情况下，启动时，R_{st} 的阻值调到最大，启动转矩提高，当转速逐渐提高到额定转速时，逐级将串接的电阻切除掉。这种技术较为落后，目前正被逐渐淘汰，属有级调速，设备占地面积大、笨重，常用于重载启动。

2）转子串接频敏变阻器启动

三相绕线式异步电动机转子串接频敏变阻器启动电路如图 5.15 所示，频敏变阻器和三相绕组的三个集电环相连，在电动机启动过程中，转子频率自动降低，当达到额定转速时，频率可达 2～3Hz，频敏变阻器的等值电阻就随着转子频率的降低自动减小，相当于把它切除了，电动机启动完成。

三相绕线式异步电动机转子串接频敏变阻器启动电路在启动过程中能自动切除串接的变阻器，这就克服了串接的变阻器在启动后需要人为切除的不足。当转子转速接近额定转速时，转子频率比较低，频敏变阻器的等值电阻就非常小，相当于自动切除了串接变阻器。这种方法不仅限制了启动电流，还能增大启动转矩，适用于要求频繁启动、启动时间短和启动转矩较大的场合。

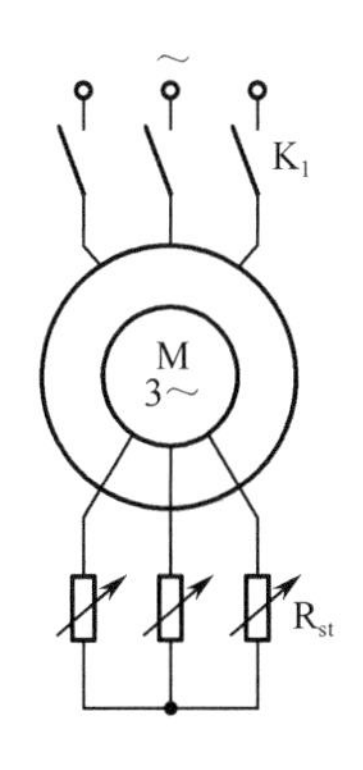

图 5.14　绕线式异步电动机转子串接变阻器启动电路

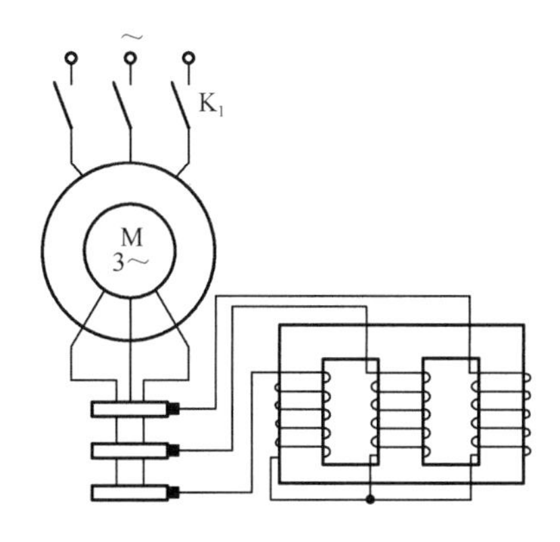

图 5.15　绕线式异步电动机转子串接频敏变阻器启动电路

4．三相异步电动机的软启动

三相异步电动机的软启动采用电子控制电路组成软启动器，能实现三相鼠笼式异步电动机的无级平滑启动，避免在启动瞬间受电流冲击和启动过程中的电压切换。

5.4　三相异步电动机的控制

1．三相异步电动机的单向点动控制电路

要使电动机在按下按钮后启动，松开按钮后停转，即实现点动控制，可设计单向点动控制电路，其原理图如图 5.16 所示。

电路的动作原理如下。

启动：按下按钮 SB_2→接触器 KM 线圈得电→主电路中接触器 KM 常开主触头闭合→电动机 M 启动运转。

停止：按下按钮 SB_1→接触器 KM 线圈得电→主电路中接触器 KM 常开主触头闭合→电动机 M 断电停转。

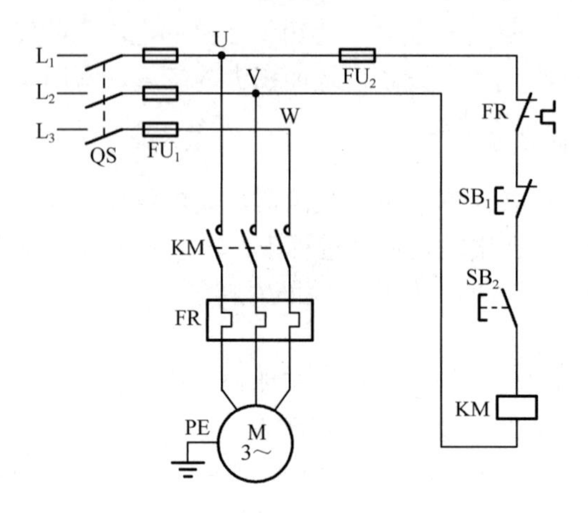

图 5.16　单相点动控制电路原理图

该单相点动控制电路具有一定的保护功能。

（1）低压熔断器起到短路保护作用。

（2）当电动机过负荷运行或断相运行时，会造成电动机绕组过热。若温度超过允许温升，会使电动机的绝缘部分损坏，影响电动机的使用寿命，严重时甚至会烧坏电动机，因此采用热继电器 FR 对电动机进行过负荷保护。当电动机过负荷运行时，串接在主电路中的 FR 的双金属片会因受热而弯曲，使串接在控制电路中的动断触头分断，切断控制电路，接触器 KM 线圈断电，主触头分断，电动机 M 停转，达到过负荷保护的目的。

2．三相异步电动机的单相连续控制电路

要使电动机在按下按钮后启动，松开按钮仍能连续运转，需要在电路中增加自锁电路，具有自锁电路的单相连续控制电路原理图如图 5.17 所示。

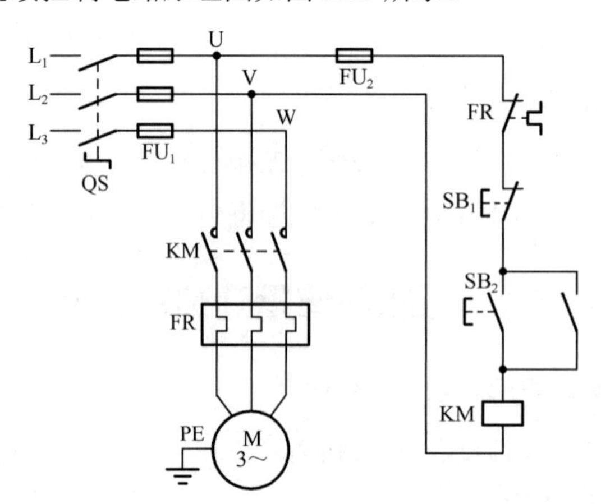

图 5.17　具有自锁电路的单相连续控制电路原理图

电路的动作原理如下。

启动：按下按钮SB_2 → 接触器KM线圈得电 → 主电路中接触器KM常开主触头闭合 → 电动机M启动运转；控制电路中接触器KM常开辅助触头闭合实现自锁

停止：按下按钮SB_1 → 接触器KM线圈断电 → 主电路中接触器KM常开主触头断开 → 电动机断电停转；控制电路中接触器KM常开辅助触头断开

该电路具有的保护功能：

（1）当线路电压下降时，接触器线圈磁通减弱，电磁吸力不足，造成接触器 KM 动合主触头吸合不了，电路不再自锁，同时主触头也分断，实现电动机的欠电压保护。

（2）当电源临时停电后恢复供电时，由于自锁触头已分断，控制回路不会接通，接触器线圈中没有电流流过，主触头不会闭合，电动机不会自行启动运转，可避免意外事故发生，实现失电压保护。

3．三相异步电动机的连续带点动控制电路

要使电动机既具有点动控制功能，又具有连续控制功能，可设计具有两种控制功能的电路，其原理图如图 5.18 所示。

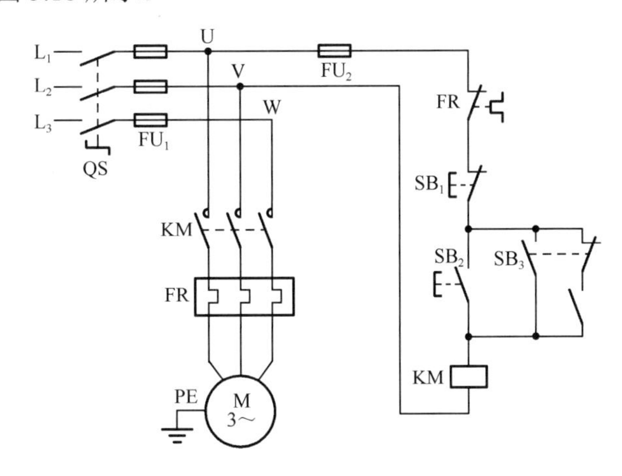

图 5.18　三相异步电动机的连续带点动控制电路原理图

该电路的点动控制和连续控制的动作原理与前面相同，点动控制和连续控制的转换是通过复合按钮 SB_3 实现的。点动控制时，按钮 SB_3 不动作，接触器 KM 辅助触头处于断开状态；连续控制时，按下按钮 SB_3，接触器 KM 辅助触头闭合，当松开按钮 SB_3 时，自锁支路接通，实现连续控制。

4．带互感器的三相异步电动机控制电路

带互感器的三相异步电动机控制电路原理图如图 5.19 所示。

该电路的控制原理与连续控制类似，主电路中通过电流互感器可以测得三相异步电动机的线电流。

5．三相异步电动机的正反转运行控制电路

三相异步电动机的正反转运行控制电路原理图如图 5.20 所示，该电路是接触器连锁正

反转控制电路，其动作原理如下。

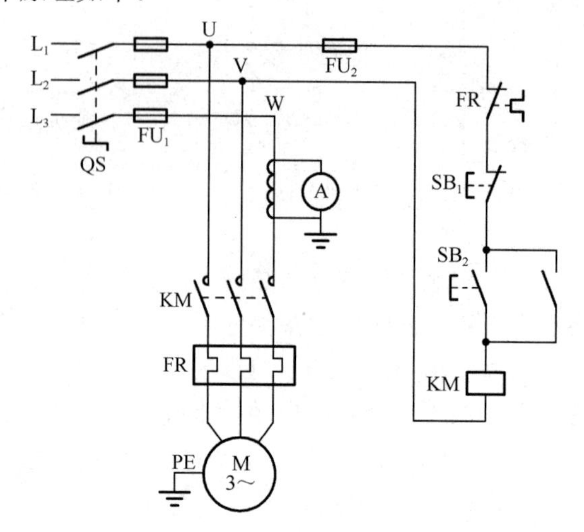

图 5.19　带互感器的三相异步电动机控制电路原理图

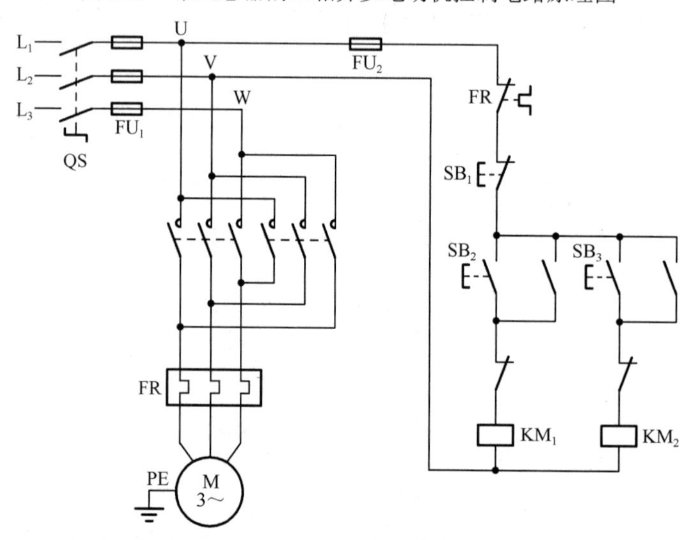

图 5.20　三相异步电动机的正反转运行控制电路原理图

（1）正转控制：合上开关 QS，按下按钮 SB_2，接触器 KM_1 线圈得电，主电路中 KM_1 自锁触头闭合，接触器 KM_2 线圈支路的 KM_1 动断触头断开，实现电气互锁，KM_1 主触头闭合，电动机 M 正转。

电路原理如下。

正转：按下按钮SB_2 → 接触器KM_1线圈得电

- → 主电路中KM_1常开主触头闭合 → 电动机M正转
- → 控制电路中与按钮SB_2并联的KM_1常开辅助触头闭合实现自锁
- → 控制电路中与接触器KM_2线圈串联的KM_1常闭辅助触头断开实现电气互锁

停止：按下按钮SB_1 → 接触器KM_1线圈断电

- → 主电路中KM_1常开主触头断开 → 电动机M停转
- → 控制电路中KM_1常开辅助触头断开
- → 控制电路中KM_1常闭辅助触头闭合

（2）反转控制：先按下按钮 SB_1，接触器 KM_1 线圈断电，KM_1 自锁触头分断，KM_1 互锁触头闭合，KM_1 主触头分断，电动机 M 停转。再按下按钮 SB_3，接触器 KM_2 线圈得电，KM_2 自锁触头闭合，KM_2 互锁触头分断，KM_2 主触头闭合，电动机 M 反转。

停止：按下按钮SB_1 → 接触器KM_2线圈断电 →
- 主电路中KM_2常开主触头断开 → 电动机M停转
- 控制电路中KM_2常开辅助触头断开
- 控制电路中KM_2常闭辅助触头闭合

该控制电路结构简单，但要改变电动机的转向需要先按下停止按钮 SB_1，再按反转按钮 SB_3 才能使电动机反转，操作不便。如果接触器辅助触头误动作，会造成电动机运行故障。

6．星形-三角形减压启动控制电路

1）接触器控制星形-三角形减压启动

接触器控制星形-三角形减压启动控制电路原理图如图 5.21 所示。

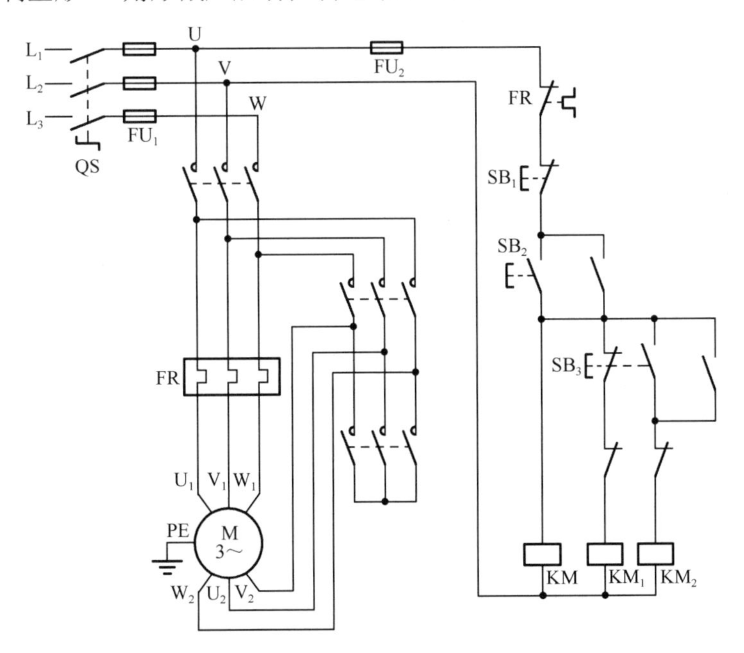

图 5.21　接触器控制星形-三角形减压启动控制电路原理图

星形连接减压启动：合上开关 QS，按下按钮 SB_2，接触器 KM 线圈得电，KM 自锁触头闭合，KM 主触头闭合，同时接触器 KM_1 线圈也得电，KM_1 主触头也闭合，电动机 M 定子绕组接成星形启动。此外，与接触器 KM_2 串联的 KM_1 电气互锁触头分断，确保 KM_2 线圈不会同时得电。

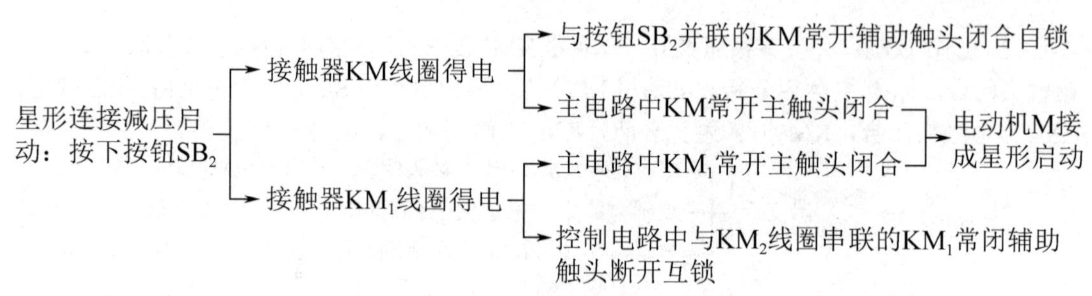

三角形连接全压运行：按下按钮 SB_3，接触器 KM_1 线圈断电，KM_1 主触头分断，KM_1 电气互锁触头闭合，接触器 KM_2 线圈得电，KM_2 自锁触头闭合，KM_2 主触头闭合，电动机 M 定子绕组接成三角形运行。此外，与 KM_1 线圈串联的 KM_2 电气互锁触头分断，确保 KM_1 线圈不会同时得电。

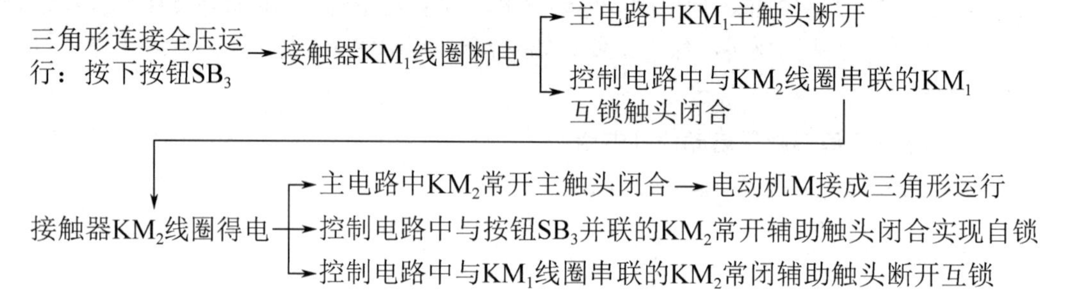

2）时间继电器自动控制的星形-三角形减压启动

时间继电器自动控制的星形-三角形减压启动控制电路原理图如图 5.22 所示。

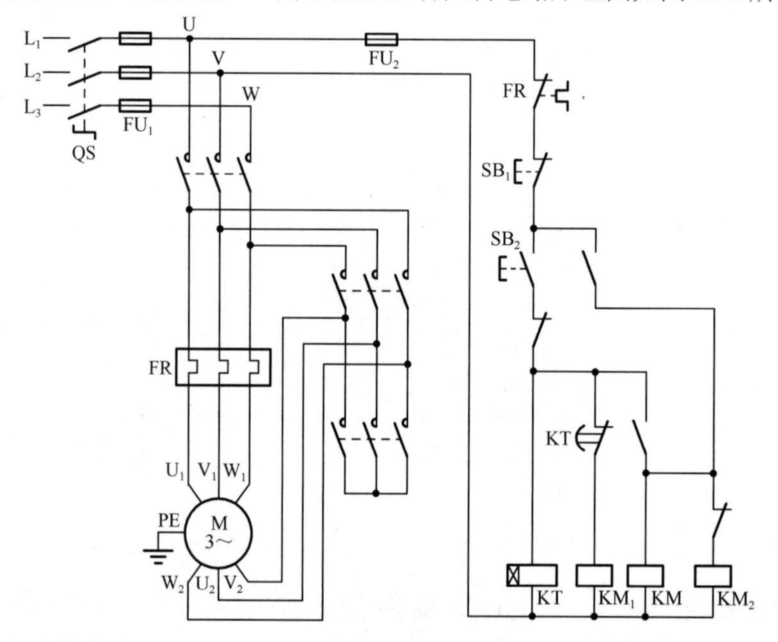

图 5.22　时间继电器自动控制的星形-三角形减压启动控制电路原理图

星形连接减压启动：合上开关 QS，按下按钮 SB_2，接触器 KM_1 线圈得电，KM_1 主触头闭合，同时与接触器 KM 线圈串联的 KM_1 常开触头闭合，KM 线圈得电，KM 自锁触头闭合，KM 主触头闭合，电动机 M 接成星形，启动。同时，与接触器 KM_2 线圈串联的 KM_1 电气互锁触头分断。

三角形连接全压运行：按下按钮 SB_2 时，KT 线圈也得电，KT 常闭触头延时分断，设定时间到时，接触器 KM_1 线圈断电，KM_1 常开触头分断，KT 线圈断电，KM_1 主触头分断，KM_1 电气互锁触头闭合，接触器 KM_2 线圈得电，KM_2 电气互锁触头分断，KM_2 主触头闭合，电动机 M 接成三角形，全压运行。

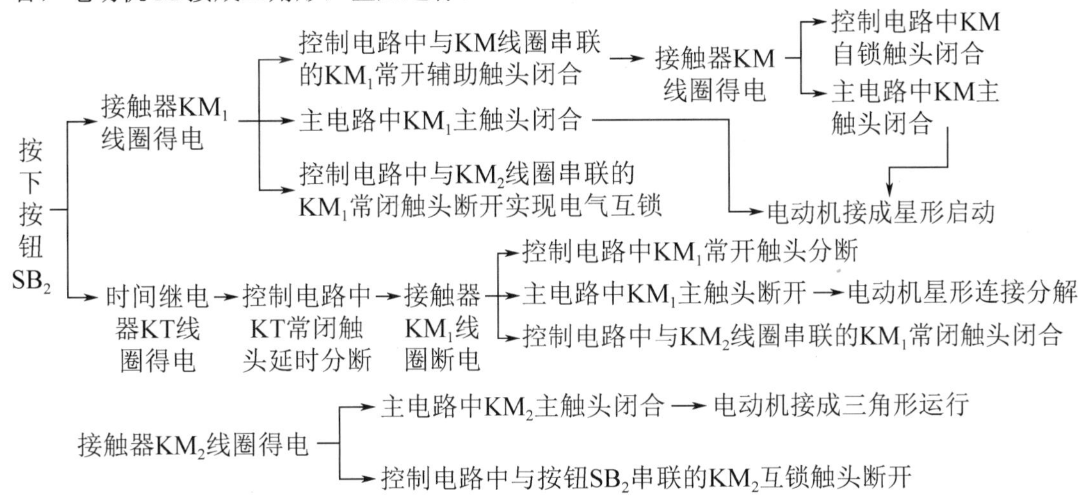

这种电路与按钮 SB_2 串联的接触器 KM_2 常闭辅助触头可防止 KM_2 线圈得电时，按钮 SB_2 误动作造成 KM_1 线圈得电的故障，避免发生电源短路事故。

5.5 三相异步电动机的调速、制动和维护

1. 三相异步电动机的调速

三相异步电动机的调速是指在一定的负荷下，人为改变电动机的转速。调速性能指标有调速范围，调速的平滑性、经济性、稳定性等。

根据异步电动机的转速公式：

$$n=(1-s)n_1=(1-s)\frac{6f_1}{p}$$

可知，改变三相异步电动机转速的方法有三种，即改变电源频率、改变磁极对数、改变转差率。

1）变频调速

可以通过降低或增大电源频率，实现无级平滑调速，调速范围较大。

2）变极调速

改变定子绕组的连接，以改变旋转磁场的磁极对数。但变极调速的平滑性差，属于有级调速，多用于鼠笼式异步电动机。对于绕线式异步电动机，改变定子绕组的连接也必须改变转子绕组的连接，所以一般不采用这种调速方法。

3）变转差率调速

（1）转子串接变阻器调速。

这种调速方法设备简单，控制方便。但调速范围小，调速平滑性差，属于有级调速；转子铜耗增加，调速的经济性差。

（2）绕线式三相异步电动机串级调速。

这种调速方法通过在转子回路串接一个附加的电势，以改变转差率 s，其调速的平滑性较好，能实现无级调速；调速范围不大；调速经济性好。

（3）降低定子电压调速。

这种调速方法调速范围不大，若采用自动控制闭环调速系统，能改善调速性能。

4）电磁调速

采用电磁转差离合器实现调速（在轴上装了一个电磁转差离合器），调速范围大，调速的平滑性好，可实现无级调速，但调速的效率较低。

2．三相异步电动机的制动

由三相异步电动机的工作原理可知，电磁转矩与转子转动方向相反时，电动机处于制动状态。对三相异步电动机进行制动的目的是使系统迅速减速或停车、限制位能性负荷的下降速度。

1）能耗制动

把定子绕组的交流电源切断，并立即按一定方式接到直流电源上，能使电动机快速停转，也能实现低速下放重物。制动转矩的大小与直流电流和转子回路电阻值有关，其控制电路如图 5.23 所示。

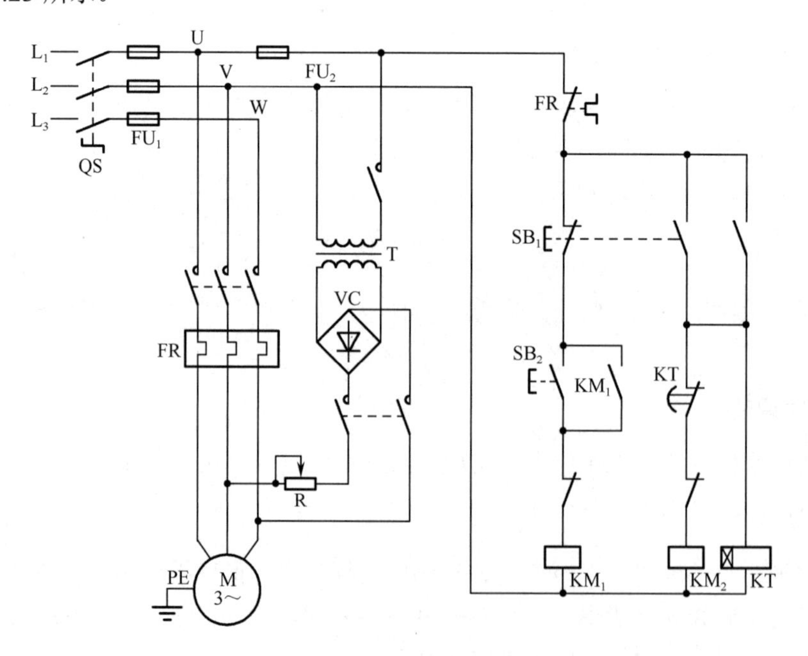

图 5.23　三相异步电动机能耗制动控制电路

启动原理：合上开关 QS，按下按钮 SB_2，接触器 KM_1 线圈得电，KM_1 主触头闭合，电动机启动。

制动原理：按下按钮 SB_1，接触器 KM_1 线圈断电，KM_1 主触头断开，电动机由于惯性继续运转；接触器 KM_2 线圈和 KT 线圈同时得电，KM_2 主触头闭合，电动机定子绕组通入全波整流脉动直流电进行能耗制动；能耗制动结束后，KT 常闭触头延时断开，KM_2 线圈断电，KT 主触头断开全波整流脉动直流电源。

2）回馈制动

当转子转速高于同步转速时，电动机处于回馈制动状态，变极调速和限速下放重物过程中可能出现回馈制动。变极调速改变了同步转速，但转子转速不会立即改变，会出现转子转速高于同步转速的情况，电动机处于回馈制动状态。在下放重物的过程中，由于重物的重力作用，可能使电动机的转速高于同步转速，出现回馈制动情况。回馈制动过程中，电动机向电网回馈电功率，这种制动方式是最经济的。

3）反接制动

（1）定子两相反接制动。

改变定子电流相序，旋转磁场的方向也会改变，电动机转子的转动方向不能改变，此时转子受到的电磁力矩与转动方向相反，电动机处于制动状态。这种制动方法能快速地使电动机减速，制动转矩的大小与转子回路电阻有关，三相异步电动机反接制动控制电路如图 5.24 所示。

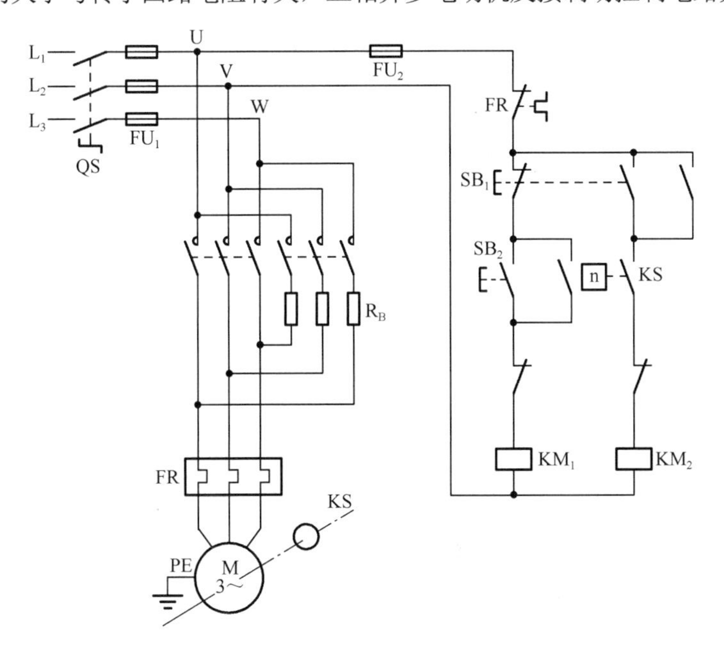

图 5.24　三相异步电动机反接制动控制电路

启动原理：合上开关 QS，按下按钮 SB_2，接触器 KM_1 线圈得电，KM_1 主触头闭合，电动机启动。当电动机转速升高到 120r/min 时，速度继电器 KS 的常开触头闭合，为反接制动做准备。

制动原理：按下按钮 SB_1，接触器 KM_1 线圈断电，接触器 KM_2 线圈得电，KM_2 主触头闭合，串接电阻 R_B 进行反接制动，电动机产生一个反向电磁转矩，即制动转矩，迫使电动机转速迅速下降，当转速降至 120r/min 以下时，速度继电器 KS 的常开触头断开，KM_2 线圈断电，电动机断电，防止反向启动。

（2）倒拉反转制动。

在绕线式异步电动机拖动重物过程中，当转子回路电阻值超过某一数值时，电动机被重物拖动反转，处于制动状态。转子串接电阻的阻值越大，下放重物速度越快。

3. 三相异步电动机的选择

1）选择电动机前的准备

（1）了解负荷的工作类型、转速、需要的功率、调速要求、启动方式、制动方式、反转要求和工作环境条件等。

（2）考虑电动机的机械特性、转速、调速性能、工作定额、启动转矩、最大转矩、电动机类型、铭牌数据、电源容量、电压、相数、绝缘等级、防护形式、安装尺寸等。

2）电动机的种类的选择

（1）在满足生产机械对稳态和动态特性要求前提下，优选结构简单、运行可靠、维护方便、价格低廉的电动机。

（2）检查电动机的机械特性、调速性能、启动性能、电源种类及经济性等是否符合负荷的要求。

3）电动机容量的选择

根据负荷所需的功率和运行情况确定电动机的功率和容量，一般根据一些经验公式计算出所需电动机的功率，选用电动机的功率应大于计算得出的功率，保证有一定的余量。

4. 三相异步电动机的使用与维护

1）使用前的准备工作

检查电动机的外观是否完好，电缆的连接是否正确，调速装置是否符合调速要求，测量绕组相间及绝缘电阻，启动条件是否具备，继电保护装置是否完好，旋转方向是否符合要求等。

2）启动时的注意事项

（1）检查是否符合送电条件。

（2）应试启动一下，观察电动机转动方向等。

（3）不能带负荷拉合刀开关。

（4）在冷状态下允许连续启动两次，在热状态下允许再启动一次。

3）运行中的监视与维护

三相异步电动机运行中的监视包括检查电动机的电流、接线端有无过热、有无异味、轴承的工作情况、进/出口风温等。电动机在运行中，一旦出现故障，应立即切断电源。

5.6　三相异步电动机的常见故障及处理方法

三相异步电动机在日常的运行过程中若使用或维护不当，常会发生一些故障，列举如下。

（1）通电后电动机不转，但无异响，也无异味和冒烟。

（2）通电后电动机不转，熔体烧断，有异味且冒烟。

（3）通电后电动机不转，有嗡嗡声。

（4）电动机启动困难，当电路为额定负荷时，电动机转速低于额定转速较多。

（5）电动机空载电流不平衡，三相相差大。

（6）电动机空载、过负荷时，电流表指针不稳，来回摆动。

（7）电动机空载电流平衡，但数值过大。

（8）电动机运行时有异响。

（9）电动机运行中振动较大，轴承过热，电动机过热甚至冒烟等。

（10）电动机转速过快、过慢等。

总的来说，三相异步电动机的故障一般可分为机械故障和电气故障两部分。机械故障包括轴承、风扇叶、机壳、联轴器、端盖、轴承盖、转轴等故障。电气故障包括各种类型的开关、按钮、熔断器、电刷、定子绕组、转子绕组及启动设备等故障，其中电气故障占总故障的 2/3，机械故障占总故障的 1/3。当三相异步电动机发生故障后，需要对其进行检修，大修时需要进行拆卸，三相异步电动机拆卸工艺过程与装配工艺过程正好是相反的，拆卸顺序如下。

三相异步电动机故障是多种多样的，其产生的原因也各不相同，针对不同故障应采用不同的检修方法。

1．电气故障的检修

1）定子故障检修

三相异步电动机定子绕组是产生旋转磁场的部分，腐蚀性气体的侵入，机械力和电磁力的冲击，电动机在运行中长期过负荷、过电压、欠电压、两相运转，以及绝缘的老化、磨损、过热、受潮等，都会引起定子绕组故障，影响异步电动机的正常运行。定子绕组的故障是多种多样的，其产生的原因也各不相同。

（1）定子绕组接地故障的检修。

三相异步电动机的绝缘电阻较低，虽经加热烘干处理，但绝缘电阻仍很低。若定子绕组已与定子铁芯短接，即绕组接地，则会使电动机的机壳带电，绕组过热，从而导致短路，造成电动机不能正常工作。

① 定子绕组接地的原因。

a．长期备用的电动机，经常由于受潮而使绝缘电阻降低，甚至失去绝缘作用。

b．电动机长期过负荷运行，导致绕组及引线的绝缘老化，降低或丧失绝缘强度引起电击穿，导致绕组接地。绝缘老化现象为绝缘发黑、枯焦、酥脆、皲裂、剥落。

c．绕组制造工艺不良，以致绕组绝缘性能下降。

d．绕组线圈重绕后，在嵌放绕组时因操作不当而损伤绝缘，线圈在槽内松动，端部绑扎不牢，冷却介质中尘粒过多，使电动机在运行中线圈发生振动、摩擦及局部位移而损坏主绝缘，或槽绝缘移位，造成导线与铁芯相碰。

e．铁芯硅钢片凸出或有尖刺等损坏绕组绝缘，或者定子铁芯与转子相摩擦，使铁芯过热，烧毁槽或槽绝缘。

f．绕组端部过长，与端盖相碰。

g．引线绝缘损坏，与机壳相碰。

h．电动机受雷击或电力系统过电压影响，使绕组绝缘击穿损坏。

i．槽内或线圈上附有铁磁物质，在交变磁通作用下产生振动，将绝缘磨穿。若铁磁物质较大，则易产生涡流，引起绝缘局部过热损坏。

② 定子绕组接地故障的检查方法。

a．观察法。

绕组接地故障经常发生在绕组端部或铁芯槽口部分，并且绝缘常有破裂和烧焦发黑的痕迹。因此当拆开电动机后，可先在这些地方寻找接地处。如果引出线和这些地方没有接地的痕迹，那么接地点可能在槽里。

b．兆欧表检查法。

用兆欧表检查时，应根据被测电动机的额定电压来选择兆欧表的等级。500V 以下的低压电动机选用 500V 的兆欧表；3kV 的电动机选用 1000V 的兆欧表；6kV 以上的电动机选用 2500V 的兆欧表。测量时，兆欧表的一端接电动机绕组，另一端接电动机机壳。按 120r/min 的速度摇动手柄，若指针指向零，说明绕组接地；若指针摇摆不定，说明绝缘已被击穿；如果绝缘电阻在 0.5MΩ 以上，说明电动机绝缘正常。

c．万用表检查法。

检测时，先将三相绕组之间的连接线拆开，使各相绕组互不接通。再将万用表的选择开关打到“×10K”挡位上，将一支表笔碰触机壳，另一支表笔分别碰触三相绕组的接线端。若测得的电阻值较大，说明没有接地故障；若测得的电阻值很小或为零，说明该相绕组有接地故障。

d．校验灯检查法。

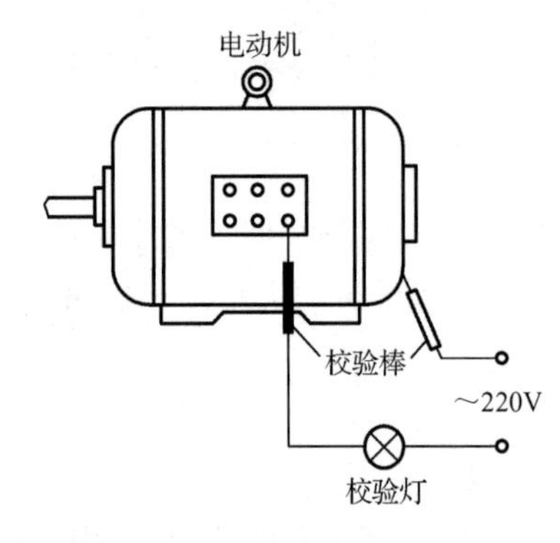

图 5.25　校验灯检查法检查定子绕组的接地故障

将绕组的各接头拆开，用一只 40～100W 的灯泡串接于 220V 相线与绕组之间，如图 5.25 所示。校验棒一端接机壳，另一端依次接三相绕组的接头。若校验灯亮，说明绕组接地；若校验灯微亮，说明绕组绝缘性能变差或漏电。

e．冒烟法。

在电动机的定子铁芯与线圈之间加低电压，并用调压器来调节电压，逐渐升高电压，接地点会很快发热，使绝缘烧焦并冒烟，此时立即切断电源，在接地处做好标记。采用此法时应准确掌握通入电流的大小。一般小型电动机的通入电流不超过额定电流的 2 倍，时间不超过 30s；对于容量较大的电动机，则应通入额定电流的 20%～50%，或者逐渐增大电流到接地处冒烟为止。

f．电流定向法。

将有故障一相绕组的两个头连接起来，如将U相首末端并联加直流电压。电源可用6～12V蓄电池，串联电流表和可调电阻器，如图5.26（a）所示。调节可调电阻器，使电路中电流为额定电流的20%～40%，线圈内的电流方向如图5.26（b）中所示。故障槽内的电流流向接地点。此时若用小磁针在被测绕组的槽口移动，观察小磁针的方向变化，可确定故障的槽号，再在找到的槽上上下移动小磁针，观察小磁针的变化，可找到故障位置。

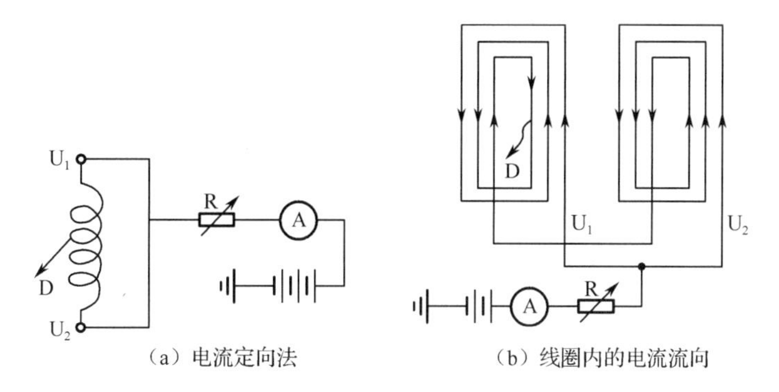

图5.26　电流定向法检查定子绕组接地故障

g．分段淘汰法。

如果接地点位置不易被发现，可采用分段淘汰法进行检查。首先应确定有接地故障的相绕组，然后在相绕组的连接线中间位置剪断或拆开，使该相绕组分成两段，用万用表、兆欧表或校验灯等进行检查，电阻值为零或校验灯亮的一段有接地故障存在。接着把有接地故障这部分再分成两部分，以此类推，分段淘汰，逐步缩小检查范围，最后就可找到接地的线圈，如图5.27所示。

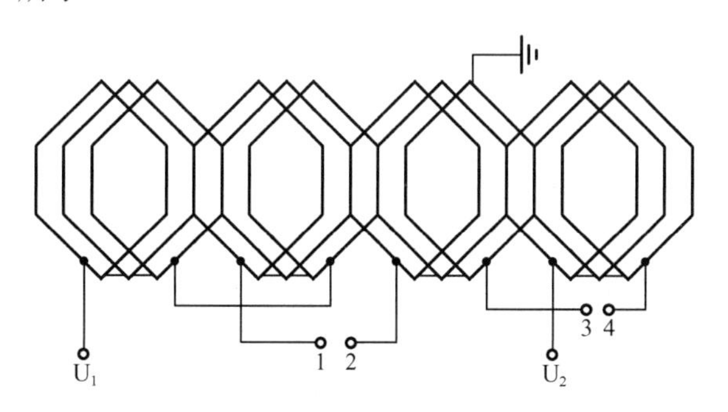

图5.27　分段淘汰法检查定子绕组接地故障

③ 定子绕组接地故障的检修。

当接地点在端部槽口附近且没有严重损伤时，可按下述步骤进行修理。

a．在接地的绕组中通入低压电流加热，待绝缘软化后打出槽楔。

b．先用划线板将槽口的接地点撬开，使导线与铁芯之间产生间隙，再将与电动机绝缘等级相同的绝缘材料剪成适当的尺寸，插入接地点的导线与铁芯之间，最后用小木槌将其轻轻打入。

c．先在接地位置垫放绝缘纸，再将绝缘纸对折起来，最后打入槽楔。

若槽内线圈上层边接地，可按下述步骤检修。

a．在接地的绕组中通入低压电流加热，待绝缘软化后打出槽楔。

b．用划线板将槽机绝缘分开，在接地的一侧，按线圈排列顺序，从槽内翻出一半线圈。

c．使用与电动机绝缘等级相同的绝缘材料，垫放在槽内接地的位置。

d．按线圈排列顺序，把翻出槽外的线圈再嵌入槽内。

e．滴入绝缘漆，通入低压电流加热并烘干。

f．将槽绝缘对折起来，放上对折的绝缘纸，打入槽楔。

若槽内线圈下层边接地，可按下述步骤检修。

a．在线圈内通入低压电流加热。待绝缘软化后撬动接地点，使导线与铁芯之间产生间隙，然后清理接地点，并垫绝缘纸。

b．用校验灯或兆欧表检查故障是否消除。如果接地故障已消除，则按线圈排列顺序将下层边的线圈整理好，再垫放层间绝缘，然后嵌进上层线圈。

c．滴入绝缘漆，通入低压电流加热并烘干。

d．将槽绝缘对折起来，放上对折的绝缘纸，打入槽楔。

若绕组端部接地，可按下述步骤检修。

a．将损坏的绝缘刮掉并清理干净。

b．将电动机定子放入烘房进行加热，使其绝缘软化。

c．用硬木做成的打板对绕组端部进行整形。整形时，用力要适当，以免损坏绕组的绝缘。

d．对于损坏的绕组绝缘，应重新包扎同等级的绝缘材料，并涂绝缘漆，然后进行烘干处理。

（2）定子绕组短路故障的检修。

定子绕组短路是三相异步电动机中经常发生的故障。绕组短路可分为匝间短路和相间短路，其中相间短路包括相邻线圈短路、极相组间短路和两相绕组间短路。匝间短路是指线圈中串联的两个线匝因绝缘层破裂而短路。相间短路是指由于相邻线圈之间绝缘层损坏而造成的短路，一个极相组的两根引线被短接，以及三相绕组中的两相因绝缘损坏而短路。

绕组短路严重时，负荷情况下电动机根本不能启动。若短路匝数少，电动机虽能启动，但电流较大且三相不平衡，导致电磁转矩不平衡，使电动机产生振动，发出“嗡嗡”的响声。短路匝中流过很大的电流，使绕组迅速发热、冒烟并发出焦臭味，严重时甚至会烧坏。

① 定子绕组短路的原因。

a．修理时嵌线操作不熟练，造成绝缘损伤，或在焊接引线时因烙铁温度过高、焊接时间过长而烫坏线圈的绝缘。

b．绕组因年久失修而使绝缘老化，或绕组受潮，未经烘干便直接运行，导致绝缘击穿。

c．电动机长期过负荷，绕组中电流过大，使绝缘老化变脆，绝缘性能降低从而失去绝缘作用。

d．定子绕组线圈之间的连接线或引线绝缘不良。

e．绕组重绕时，绕组端部或双层绕组槽内的相间绝缘没有垫好或击穿损坏。

f．轴承磨损严重，使定子铁芯和转子铁芯相互摩擦产生高热，从而使定子绕组绝缘烧坏。

g．雷击、连续启动次数过多或过电压击穿绝缘。

② 定子绕组短路故障的检查。

a．观察法。

观察绕组绝缘有无烧焦或闻有无浓厚的焦味，可判断绕组有无短路故障。也可先让电动机运转几分钟，再切断电源停车，立即将电动机端盖打开，取出转子，用手触摸绕组的端部，感觉温度较高的部位就是短路线匝的位置。

b．万用表（兆欧表）法。

将三相绕组的头尾全部拆开，用万用表（兆欧表）测量两相绕组间的绝缘电阻，若绝缘电阻为零或很低，表明两相绕组短路。

c．直流电阻法。

当绕组短路情况比较严重时，可用电桥测量各相绕组的直流电阻，直流电阻较小的绕组即短路绕组（一般阻值偏差不超过 5%视为正常）。若电动机绕组为三角形接法，应先拆开一个连接点再进行测量。

d．电压法。

将一相绕组的各极相组连接线的绝缘套管剥开，先在该相绕组的出线端通入 50～100V 的低压交流电或 12～36V 的直流电，然后测量各极相组的电压降，读数较小的为短路绕组，如图 5.28 所示。为进一步确定是哪一只线圈短路，先将低压电源改接在极相组的两端，再在电压表上连接两根套有绝缘的插针，分别刺入每只线圈的两端，其中测得的电压最低的线圈就是短路线圈。

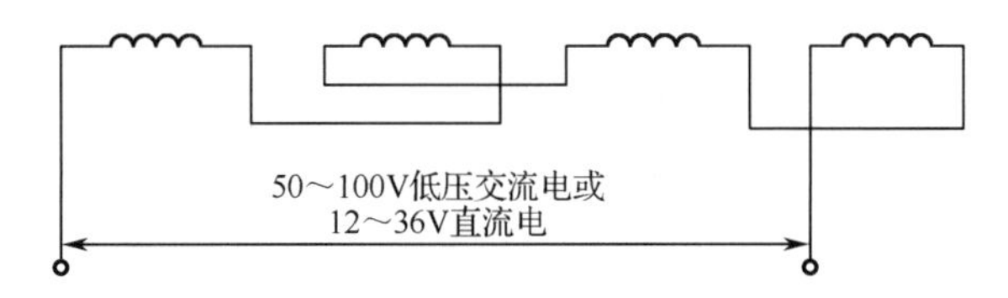

图 5.28　电压法检查定子绕组短路故障

e．电流平衡法。

电流平衡法检查定子绕组短路故障如图 5.29 所示，电源变压器可用 36V 变压器或交流电焊机。每相绕组串接一只电流表，通电后记录电流表的读数，电流大的一相存在短路。

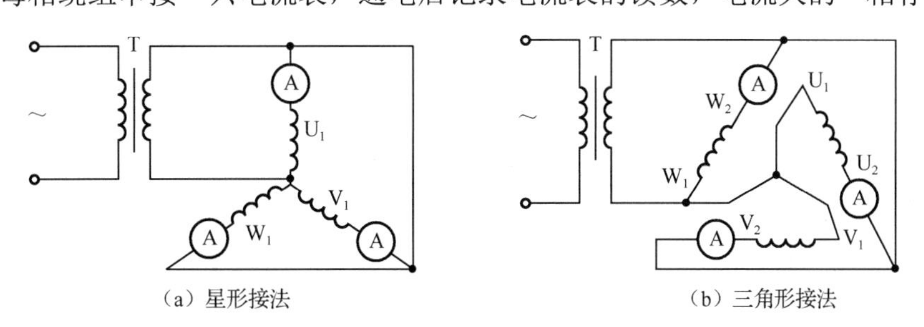

图 5.29　电流平衡法检查定子绕组短路故障

f. 短路侦察器法。

短路侦察器是开口变压器，它与定子铁芯接触的部分做成与定子铁芯相同的弧形，其宽度也与定子齿距相同，如图 5.30 所示。检查方法如下。

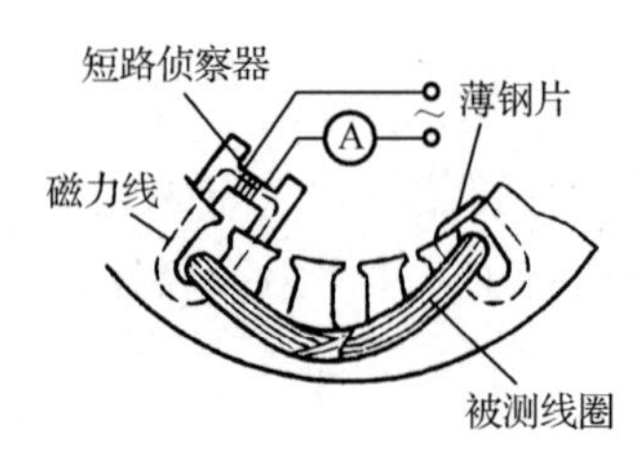

图 5.30 短路侦察器法检查定子绕组短路故障

取出电动机的转子，将短路侦察器的开口部分放在定子铁芯中所要检查的线圈边的槽口上，给短路侦察器通入交流电，这时短路侦察器的铁芯与被测定子铁芯构成磁回路，从而形成一个变压器。短路侦察器的线圈相当于变压器的一次线圈，定子铁芯槽内的线圈相当于变压器的二次线圈。如果短路侦察器处在短路绕组，就近似形成类似一个短路的变压器，这时串接在短路侦察器线圈中的电流表将显示较大的电流值。用这种方法沿着被测电动机的定子铁芯内圈逐槽检查，电流最大的那个线圈就是短路线圈。

如果没有电流表，也可用约 0.6mm 厚的钢片放在被测线圈的另一个槽口，若有短路，则钢片就会产生振动，说明这个线圈就是故障线圈。对于多路并联的绕组，必须将各个并联支路打开，才能用短路侦察器进行测量。

③ 定子绕组短路故障的检修。

a．端部修理法。

如果短路点在线圈端部，是因接线错误而导致的短路，可拆开接头，重新连接。当连接线绝缘套管破裂时，可将绕组适当加热，撬开引线处，重新套好绝缘套管或用绝缘材料垫好。当端部短路时，可在两绕组端部交叠处插入绝缘，将绝缘损坏的导线包上绝缘布。

b．拆修重嵌法。

在故障线圈所在槽的槽楔上，刷涂适量的溶剂（40%的丙酮，35%的甲苯，25%的酒精），约半小时后，抽出槽楔并逐匝取出导线，用聚氯乙烯胶带将绝缘损坏处包扎好，重新嵌回槽中。如果故障在底层导线中，那么必须将妨碍修理操作的邻近上层线圈边的导线取出槽外，待将故障线匝修理完毕后，再依次嵌回槽中。

c．局部调换线圈法。

如果同心绕组的上层线圈损坏，可将绕组适当加热软化，完整地取出损坏的线圈，仿制相同规格的新线圈，嵌到原来的槽中。对于同心式绕组的底层线圈和双层叠绕组线圈的短路故障，可采用“穿绕法”修理。穿绕法较为省工省料，还可以避免损坏其他好的线圈。

d．截除故障点法。

对于匝间短路的线圈，在绕组适当加热后，取下短路线圈的槽楔，并截断短路线圈两边的端部，小心地将导线抽出槽外，接好余下线圈的断头，再进行绝缘处理。

e．去除线圈法或跳接法。

在急需使用电动机，但短时间来不及修复时，可进行跳接处理，即把短路的线圈废弃，跳过不用，用绝缘材料将断头包好。但这种方法会造成电动机三相电磁不平衡，恶化电动机性能，应慎用，事后应及时进行补救。

（3）定子绕组断路故障的检修。

当电动机定子绕组中有一相发生断路且电动机为星形接法时，通电后电动机会发出较大的“嗡嗡”声，启动困难，甚至不能启动，断路相电流为零。当电动机带一定负荷运行时，若突然一相断路，电动机可能还会继续运转，但其他两相电流将增大许多，并发出较大的“嗡嗡”声。对于三角形接法的电动机，虽能自行启动，但三相电流极不平衡，其中一相电流比另外两相约大 70%，且转速低于额定值。采用多根并绕或多支路并联绕组的电动机，其中一根导线断线或一条支路断路并不会造成一相断路，这时用电桥可测得断线或断支路相的电阻值比另外两相大。

① 定子绕组断路的原因。

a. 绕组端部伸在铁芯外面，导线易被碰断，或由于接线头焊接不良，长期运行后脱焊，造成绕组断路。

b. 导线质量低劣，导线截面有局部缩小处，原设计或修理时导线截面积选得偏小，以及嵌线时刮削或弯折损伤导线，运行中通入电流时局部发热产生高温而烧断。

c. 接头脱焊或虚焊，多根并绕或多支路并联绕组断股未及时发现，运行一段时间后发展为一相断路，或受机械力影响断裂及机械碰撞使线圈断路。

d. 绕组内部短路或接地故障没有及时发现，长期过热从而烧断导线。

② 定子绕组断路故障的检查方法。

a. 观察法。

仔细观察绕组端部是否有碰断现象，找出碰断处。由于单相运行而烧毁的电动机，其绕组特征很明显，拆开电动机端盖，看到电动机绕组端部的1/3或2/3的极相组烧黑或变为深棕色，而其中的一相或两相绕组完好或微微变色，这是单相运行造成的。

b. 绝缘测试法。

将电动机出线盒内的连接片取下，用 500V 的兆欧表测各相绕组的电阻值，当电阻值大于该相绕组绝缘电阻时，表明该相绕组存在断路故障，测量方法如图5.31所示。

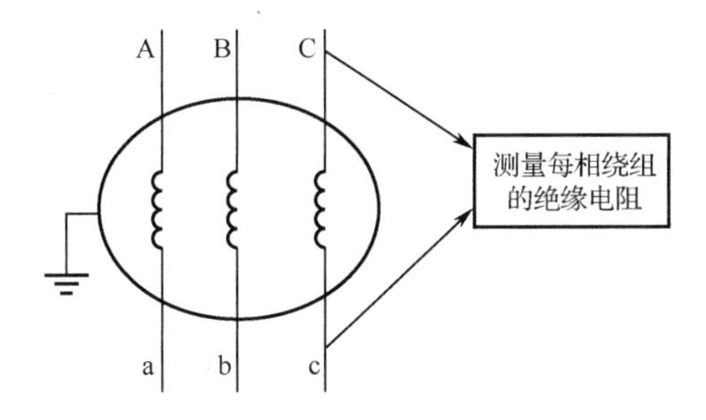

图5.31　万用表法检查定子绕组断路故障

c. 检验灯法。

小灯泡与电池串联，两根引线分别与一相绕组的头尾相连，若有并联支路，拆开并联支路端头的连接线；若有并绕的，则拆开端头，使之互不接通。如果灯不亮，表明绕组有断路故障，测量方法如图5.32所示。

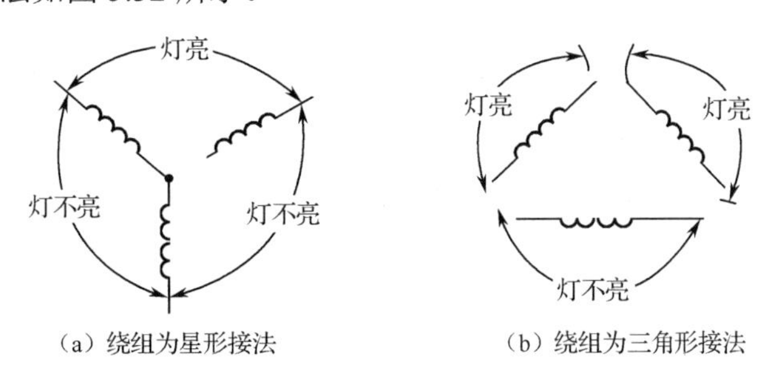

（a）绕组为星形接法　　（b）绕组为三角形接法

图5.32　检验灯法检查定子绕组断路故障

d．三相电流平衡法。

对于 10kW 以上的三相异步电动机，由于其绕组都采用多股导线并绕或多支路并联而成，往往不是一相绕组全部断路，而是一相绕组中的一根、几根导线或一条支路断开，所以检查起来比较麻烦，这种情况下可采用三相电流平衡法来检测。

让三相异步电动机空载运行，用电流表测量三相电流。如果星形连接的定子绕组中有一相部分断路，则断路相的电流较小，如图 5.33（a）所示。如果三角形连接的定子绕组中有一相部分断路，则三相线电流中有两相的线电流较小，如图 5.33（b）所示。

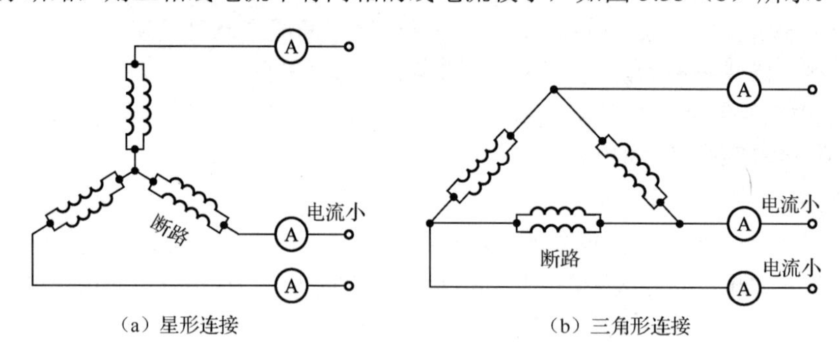

图 5.33　三相电流平衡法检查定子绕组断路故障

e．电阻法。

用直流电桥测量三相绕组的直流电阻，如果三相直流电阻相差大于 2%，电阻值较大的一相为断路相。由于绕组的接线方式不同，因此检查时可分别检查。

每相绕组均有两个引出线，可先用万用表找出各相绕组的首末端，然后用直流电桥分别测量各相绕组的电阻值 R_u、R_v 和 R_w，最后进行比较。

③ 定子绕组断路故障的检修。

a．当绕组导线接头焊接不良时，应先拆下导线接头处包扎的绝缘，断开接头，仔细清理，去除接头上的油污、焊渣及其他杂物。如果原来是锡焊焊接的，就先进行搪锡，再用烙铁重新焊接牢固并包扎绝缘，也可采用电弧焊焊接，既不会损坏绝缘，接头也比较牢固。

b．引线断路时应更换同规格的引线。若引线长度较长，可缩短引线，重新焊接接头。

c．槽内线圈断线的处理。出现该故障时，应先将绕组加热，翻起断路的线圈，然后用合适的导线接好焊牢，包扎绝缘后再嵌回原线槽，封好槽口并刷上绝缘漆。但注意接头处不能在槽内，必须放在槽的两端。此外，也可以调换新线圈。有时遇到电动机急需使用，来不及修理的情况，也可以采取跳接法，直接短接断路的线圈，但此时应降低负荷运行。这对小功率电动机及轻载、低速电动机是比较适用的，是一种应急修理办法，事后应采取适当的补救措施。如果绕组断路严重，就必须拆除绕组重绕。

d．当绕组端部断路时，可采用电吹风对断线处加热，软化后把断头端挑起来，刮掉断头端的绝缘层，随后将两个线端插入玻璃丝漆套管，并顶接在套管的中间位置进行焊接。焊好后包扎相应等级的绝缘，然后涂上绝缘漆晾干。修理时还应注意检查邻近的导线，如有损伤也要进行接线或绝缘处理。如果绕组有多根断线，必须仔细查出哪两根线对应相接，否则接错会形成断路。多根断线的每两个线端的连接方法与上述单根断线的连接方法相同。

2）转子故障的检修

转子材料或制造质量不佳、运行启动频繁、操作不当、急速切换正反转、剧烈冲击等，都会引起转子绕组故障。

① 转子绕组故障原因。

转子绕组故障原因主要是鼠笼式转子断条、端环开裂；绕线式转子绕组击穿、开焊和匝间短路。

② 转子机械故障。

转子机械故障主要有转子断条、铸造缺陷和转子气隙偏心。气隙偏心包括静态偏心（由定子、转子不同心造成）、动态偏心（由转轴弯曲或转子与轴不同心造成）。气隙偏心会降低输出扭矩，导致电动机效率降低，增强振动，降低运行的可靠性，还会造成转子、定子温度升高，损坏电动机。

2．机械故障的检修

三相异步电动机常见的机械故障包括轴承故障、转轴故障、机座故障、端盖故障、铁芯故障、风扇故障。

1）轴承的检修

（1）轴承损坏的原因。

① 轴承的外圈或滚珠破裂：轴承被强力套入转轴，造成轴承与轴配合不当从而损坏轴承。

② 滚珠、钢圈、夹持器变成蓝色：轴承少油、滚珠干磨引起高温，或者轴承加油过多，在高速转动时剧烈搅拌发热，或者在装配时轴或轴承座配合不当及安装时轴不对中。

③ 滚道有凹痕：安装方法不当或皮带拉得太紧所致。

④ 轴承滚道内有金属颗粒：金属材料疲劳或有异物侵入轴承，造成轴承磨损。

⑤ 轴承表面锈蚀：水汽、酸/碱液侵入轴承内部。

（2）轴承检查的方法。

① 听声音。

用螺丝刀顶在电动机的外轴承盖上，仔细听电动机运转的声音，通过轴承滚动所发出的声音来判断轴承故障，如图5.34所示。

a．听到滚动体有不规律的撞击声，说明个别滚珠有破裂现象。

b．听到滚动体有明显的振动声，说明轴承间隙过大，有跑套现象。

c．滚动体声音发哑，音色沉重，说明轴承润滑油太脏，有杂质侵入。

d．听到轴承滚动发出尖锐的声音，说明轴承润滑油过少或干涸。

e．声音单调且均匀，但轴承温度过高，说明轴承润滑油过量或润滑油黏度太大。

f．声音有周期性的忽高忽低，说明电动机的负荷有变化，轻重不一致。

g．对已拆卸并清洗过的轴承，套在手上，用力转动外圈，若听到有不均匀的杂音和有振动感，说明轴承间隙过大。

② 手动检查。

a．用手握住电动机的转轴，用力上下晃动，如图5.35所示，若发现有松动现象，超过定子铁芯和转子铁芯的正常间隙，说明轴承已损坏。

图 5.34　听声音检查轴承故障　　　　图 5.35　手动检查轴承故障

b．用手指捏住轴承外圈，沿着轴向的方向晃动数次，若晃动过大，说明轴承间隙过大。

c．将已拆卸并清洗过的轴承用手握紧，用力摇动，若滚珠在内外圈之间有明显的撞击声，说明轴承间隙过大。

d．轴承有锈迹。可先用 00 号砂纸擦除锈迹，再用汽油清洗干净。对于已破损或钢圈有裂纹的轴承，必须更换相同型号的新轴承。

e．轴承过紧。拆卸轴承，先用 320～400 号砂纸打磨转轴，再正确装配轴承。

f. 轴承过松。轴承过松有两种情况：一种是轴承内圈与转轴配合不紧，俗称跑内套；另一种是轴承外圈与端盖内圈配合不紧，俗称跑外套。处理方法是在转轴和端盖内圈的表面上用冲子冲一些对称的麻点，如图 5.36 所示，以减小轴承与它们之间的距离，增大摩擦力。

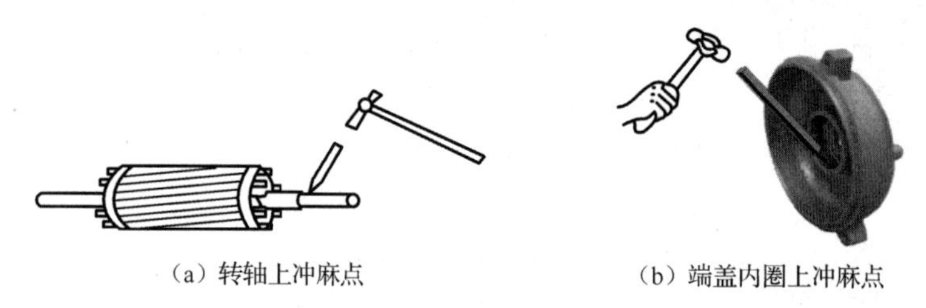

（a）转轴上冲麻点　　　　（b）端盖内圈上冲麻点

图 5.36　轴承过松的处理

③ 温度检查。

用温度计测量正在运行的电动机轴承的温度，若滚动轴承的温度超过 60℃、滑动轴承的温度超过 45℃，说明轴承发热严重，有故障。

④ 测量检查。

用塞尺测量滑动轴承轴颈与衬套之间的间隙，若间隙超过规定值，说明轴承已损坏，如图 5.37 所示。

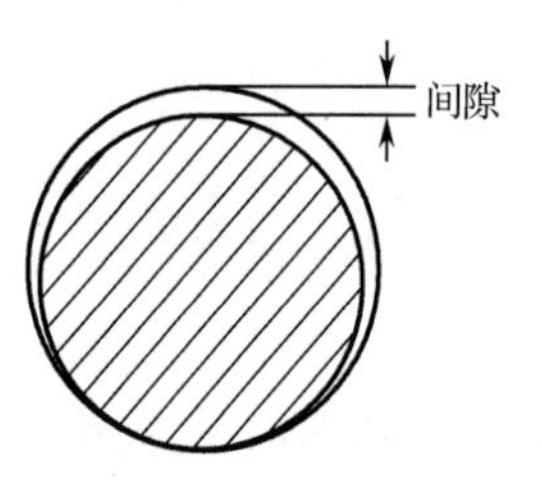

图 5.37　测量轴承轴颈与衬套之间的间隙

2）转轴的检修

电动机的转轴是传递转矩的部件，转轴的加工质量或安装质量不好，都会影响电动机的正常运行，造成严重损害，也会影响生产，造成经济损失。

（1）对转轴的要求。

① 轴的中心线应为直线，不能弯曲。

② 轴径与轴枢表面应平滑，没有凹坑、波纹、刮痕。

③ 键槽的工作表面应平滑、垂直，没有裂痕和毛角。

（2）转轴检修的方法。

① 转轴弯曲。

如图5.38所示，用千分表测量转轴，其弯曲度不得超过0.2mm，否则将轴放在压力机上矫正、矫直。

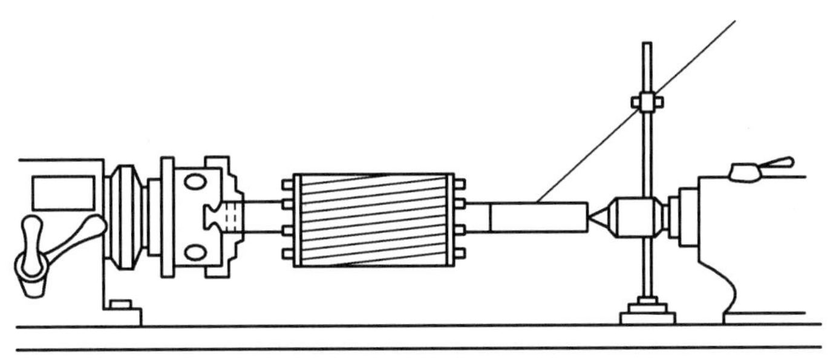

图5.38　用千分表测量转轴

② 键槽磨损。

先在键槽磨损处进行堆焊，再放在车床上重新铣削键槽。

③ 轴颈磨损。

轴颈磨损较轻时，可用电镀法在轴颈处镀一层铬，再磨削至原有尺寸。轴颈磨损较严重时，可在轴颈磨损处进行堆焊，然后放在车床上车削磨光，达到原有尺寸，如图5.39所示。

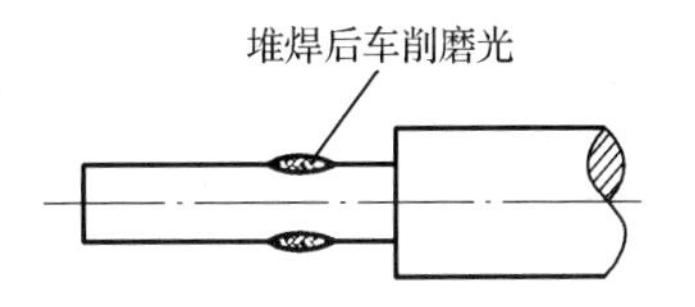

图5.39　轴颈磨损处理

④ 轴有裂纹或断裂。

对有裂纹或断裂的轴，一般需要换新轴。

3）机座的检修

机座一般用铸铁制成，若有裂纹或断裂时，可用铸铁焊条进行焊接，在焊接时应注意不要烫伤定子绕组。

若地脚完全断裂，可用角铁进行修补，如图5.40所示。

4）端盖的检修

（1）端盖破裂修理。

若端盖破裂会影响电动机定子和转子的同心度，可用铸铁焊条进行焊接。

若端盖破裂严重，裂纹较多，不宜电焊时，可用5～7mm厚的钢板修补，如图5.41所示，按修补裂缝所需尺寸割取适当形状的钢板，用螺栓紧固在端盖上。

（2）端盖轴承孔间隙过大修理。

端盖轴承孔间隙超过0.05mm，会造成电动机定子铁芯和转子铁芯相接触，出现扫膛现象。可在装配时用一条宽度等于轴承宽度的薄铜片，垫在轴承外圈与端盖内圈之间，以消除间隙。

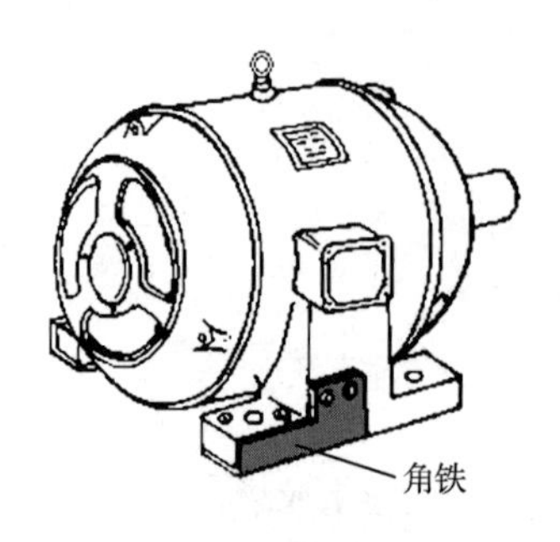

图 5.40　用角铁修补机座

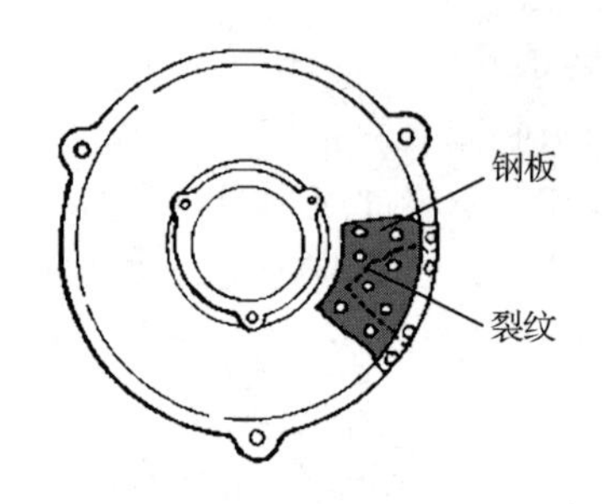

图 5.41　端盖破裂用钢板修补

（3）端盖止口松动修理。

由于端盖拆装频繁或锤击、腐蚀等原因，造成止口表面受伤，影响与机壳的配合。可用锉刀把突出的伤痕锉平，若止口松动，可在止口周围衬垫薄铜皮，也可更换新端盖。

5）铁芯的检修

（1）铁芯表面有擦伤。

由于轴承磨损、轴弯曲和端盖松动等故障，会造成定子铁芯与转子铁芯相接触，在运行过程中相互摩擦、发热，严重时将烧坏铁芯和绕组。修理时先找到原因，予以排除，再用刮刀将擦伤处的毛刺刮掉，并在铁芯表面涂一层薄薄的绝缘漆。

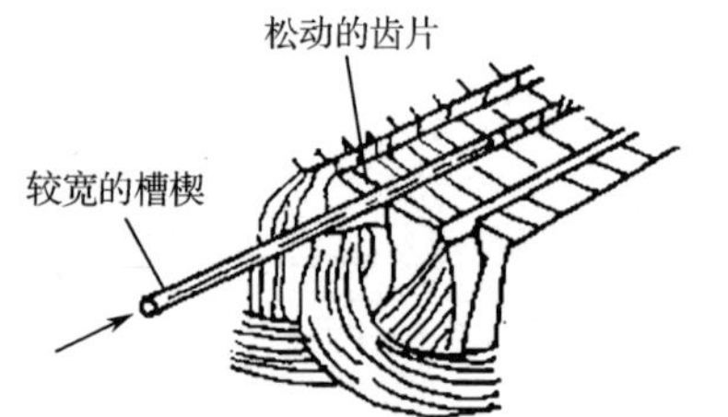

图 5.42　用较宽的槽楔卡紧铁芯齿片

（2）铁芯表面烧伤。

当绕组发生接地故障时，会在槽口处烧坏铁芯，形成凹凸不平的铁芯表面，妨碍嵌线，埋下故障隐患。修理时可用小圆锉把烧坏铁芯表面的熔积物和毛刺锉平。

（3）铁芯齿松动。

在拆除绕组时，易把铁芯在槽口处的齿片拨松，造成齿片振动。修理时可用较宽的槽楔把齿片卡紧，如图 5.42 所示。

6）风扇的检修

封闭式电动机都有风扇，起强迫散热的作用。

（1）风扇叶修理。

风扇分为铸铝风扇和塑料风扇，一般风扇在拆装过程中容易损坏。若风扇叶断裂，则需更换相同规格的新风扇；若塑料风扇有裂纹，可用强力胶把裂纹处粘牢；若铸铝风扇的加紧头松动，可在加紧头与转轴间垫上薄铜皮。

（2）风扇罩修理。

风扇罩受外力作用凹陷时，可拆下风扇罩，在风扇罩里面用铁锤轻轻敲击凹陷处，使其恢复平整。

5.7　工作任务解决

05.单向连续运转电路接线

1. 电路分析

工作任务给定三相异步电动机单向连续运转（带点动控制）电路，其工作原理见 5.4

三相异步电动机的控制。

2. 电气元件及导线的选择

选择的主回路熔断器和熔体的组合：380V，63A（熔断器额定电流），32A（熔体额定电流）。

交流接触器规格：380V，25A。

热继电器：NR2-NR2-25G/Z，13～25A。

主回路导线截面积：4mm^2。

3. 回答问题

短路保护和过负荷保护的区别是什么？

答：（1）保护对象不同。

短路保护：电路发生故障时，瞬间产生极大的电流而切断电源，防止控制线路中的电器损坏，甚至造成事故。

过负荷保护：对电动机运行过程中电流超过额定值而设置的保护。

（2）保护方式不同。

短路保护：常用在线路中串接熔断器或低压断路器。

过负荷保护：常用热继电器作为过负荷保护元件。

（3）保护效果不同。

短路保护：能有效避免电气设备或配电线路因短路所产生的强大电流而出现损坏、电弧、火灾等情况。

过负荷保护：保护电动机等被保护电气设备在运行中不被烧坏。

4. 电路连接

三相异步电动机单向连续运行（带点动控制）的实物接线图如图5.43所示。

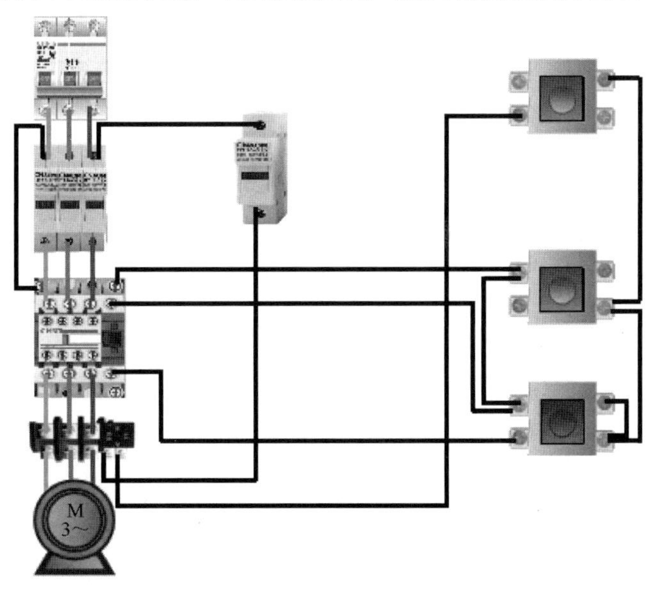

图5.43　三相异步电动机单向连续运行（带点动控制）的实物接线图

拓展任务一

06.控制电路接线

1．任务描述

现在要为一台型号为 Y250M-2 的 380V 三相异步电动机进行带断路器、仪表、电流互感器的接线操作，该电动机额定功率为 45kW，额定电流为 84A。请选择合适的熔断器、交流接触器、热继电器、导线，并根据图 5.44 所示的电路图进行接线。

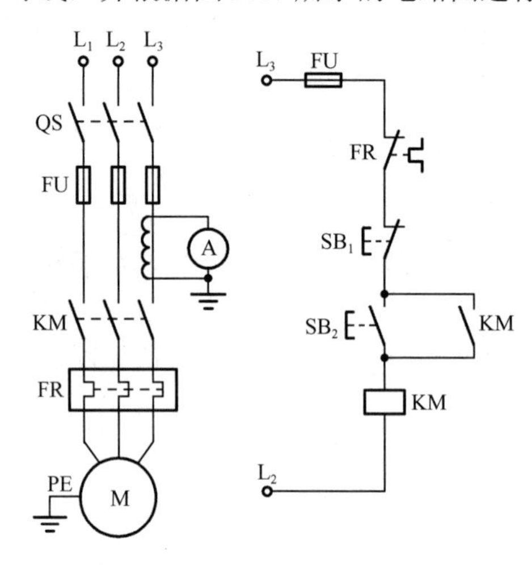

图 5.44　带断路器、仪表、电流互感器的三相异步电动机控制电路

2．评分标准

带断路器、仪表、电流互感器的三相异步电动机控制电路接线评分标准如表 5.3 所示。

表 5.3　带断路器、仪表、电流互感器的三相异步电动机控制电路接线评分标准

考 试 项 目	考 试 内 容	配分/分	评 分 标 准
带断路器、仪表、电流互感器的三相异步电动机控制电路接线（考试时间：30min）	运行操作	80	操作步骤： 1．根据给定的电路图，选择合适的电气元件及导线。电气元件或导线（颜色、截面）选择错误，每处扣 4 分。 2．在 24V 电压下，用已选好的电气元件及导线，按电路图接线。接线处露铜超出标准 2mm，每处扣 1 分；接线松动，每处扣 1 分；接地线少接，每处扣 4 分。 3．检查电路。要求正确使用电工仪表检查电路，确保不存在安全隐患，操作规范，工位整洁。不符合要求，每项扣 2 分。 4．电动机连续运行、停止，电压表和电流表正常显示。 通电（与电源连接前未进行有效验电）不成功、跳闸、熔断器烧毁、损坏设备、违反安全操作规范，符合以上任意一项，该项记 0 分，并终止整个实操考试
	问答	20	1．如何选用电流表、电流互感器？本题 4 分，根据回答完整情况扣分。 2．已知线路电流为 80A，如何选择电流表与电流互感器？本题 4 分，根据回答完整情况扣分

3．电路分析

该电路的工作原理见5.4三相异步电动机的控制。

4．电气元件及导线的选择

主回路熔断器和熔体的组合：380V，250A，125A。
交流接触器规格：380V，95A。
热继电器：NR2-93G/Z，80～93A。
主回路导线截面积：22mm^2。

5．回答问题

（1）如何选用电流表、电流互感器？

答：对于交流电路来说，电流表和电流互感器的选择原则如下。

① 电流表的准确度等级一般不低于2.5级，电气控制盘上的仪表准确度等级不低于1.5级。

② 与仪表连接的电流互感器准确度等级不低于0.5级；仅做电流测量时，1.5级和2.5级的仪表允许使用1.0级的电流互感器；非重要回路的2.5级电流表允许使用3.0级的电流互感器。

③ 选择测量范围时，使电流表和电流互感器的仪表指针指示在仪表量程的1/2～2/3。

④ 对重载启动的电动机和有可能出现短时冲击电流的电气设备和回路，宜采用具有过负荷标度尺的电流表；对工作电流变化范围大的回路，应选用S级的电流互感器。

⑤ 电流互感器额定一次电压不应小于一次回路的额定电压。

⑥ 电流互感器额定二次电流可以是5A或1A，但电流互感器的变流比必须与电流表量程倍率相匹配。

（2）已知线路电流为80A，如何选择电流表与电流互感器？

答：电流互感器考虑选用150A/5A，对应的电流表量程可选0～150A/5A。

6．电路连接

带断路器、仪表、电流互感器的三相异步电动机控制电路实物接线图如图5.45所示。

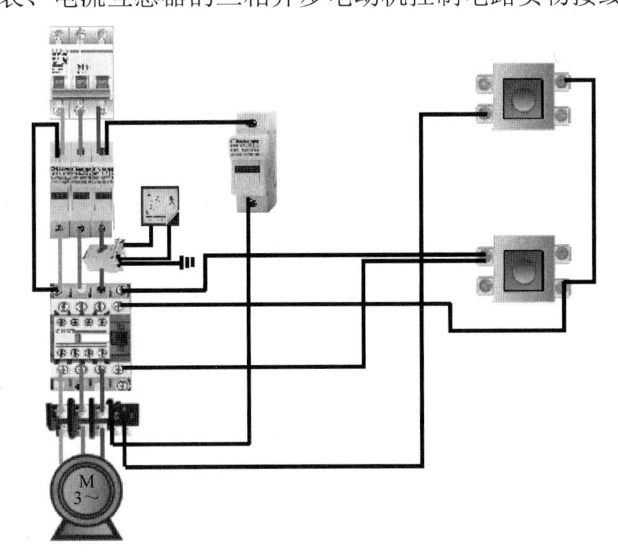

图5.45　带断路器、仪表、电流互感器的三相异步电动机控制电路实物接线图

拓展任务二

1．任务描述

现在要为一台型号为 Y132S1-2 的 380V 三相异步电动机正反转电路进行接线，该电动机额定功率为 5.5kW，额定电流为 11A，请选择合适的熔断器、交流接触器、热继电器、导线，并根据图 5.46 所示的电路图进行接线操作。

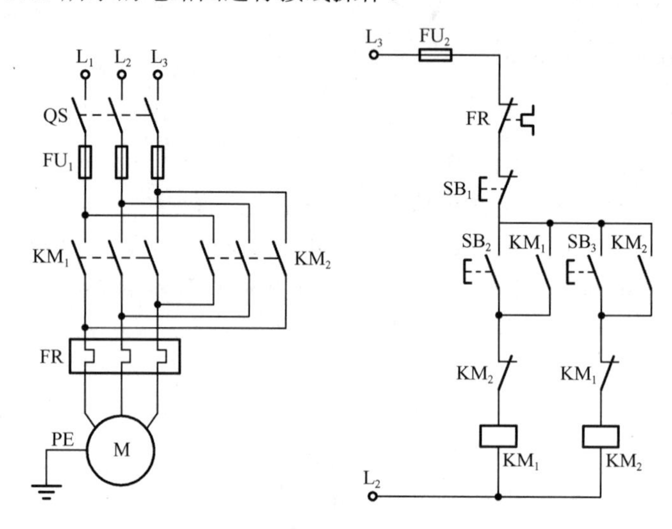

图 5.46　三相异步电动机正反转电路

2．评分标准

三相异步电动机正反转电路接线评分标准如表 5.4 所示。

表 5.4　三相异步电动机正反转电路接线评分标准

考试项目	考试内容	配分/分	评分标准
三相异步电动机正反转电路接线（考试时间：45min）	运行操作	70	操作步骤： 1．根据给定的电路图，选择合适的电气元件及导线。电气元件或导线（颜色、截面）选择错误，每处扣 4 分。 2．在 24V 电压下，用已选好的电气元件及导线，按电路图接线。接线处露铜超出标准 2mm，每处扣 1 分；接线松动，每处扣 1 分；接地线少接，每处扣 4 分。 3．检查电路。要求正确使用电工仪表检查电路，确保不存在安全隐患，操作规范，工位整洁。不符合要求每项扣 2 分。 4．电动机运行。通电（与电源连接前未进行有效验电）不成功、跳闸、熔断器烧毁、损坏设备、违反安全操作规范，符合以上任意一项，该项记 0 分，并终止整个实操考试
	问答	30	1．如何正确使用控制开关？本题 4 分，根据回答完整情况扣分。 2．如何正确选择电动机用的断路器或熔断器的熔体？本题 4 分，根据回答完整情况扣分。 3．如何正确选用保护接地与保护接零？本题 4 分，根据回答完整情况扣分

3. 电路分析

该电路的工作原理见5.4三相异步电动机的控制。

4. 电气元件及导线的选择

主回路熔断器和熔体的组合：380V，20A，16A。
交流接触器规格：380V，12A。
热继电器：NR2-11.5/Z，0.1～13A。
主回路导线截面积：2.5mm^2。

5. 回答问题

（1）如何正确使用控制开关？

答：① 进行完好性检查：外壳应完整无破损；密封盖应密封良好；各接线头连接应牢固、不松动；打开密封盖，内部应清洁、接触点无烧毁；用绝缘棍试压触片，压力应良好。

② 使用注意事项：开关安装在面板上时应布置整齐、排列合理；经常检查，及时除尘；接触不良时，应及时检查并修复；保持触头间清洁；高温场合使用时应在接线螺钉处套上绝缘套管；按钮板和按钮盒必须是金属的，且与机床总接地母线相连，对于悬挂式按钮必须设有专用接地线，不得借用金属管作为接地线。

（2）如何正确选择电动机用的断路器或熔断器的熔体？

答：① 选择断路器方法如下。

a．型号选择保护电动机用。

b．极数选择三极低压断路器。

c．额定电压应大于或等于断路器安装处线路的最大工作电压。

d．额定电流应大于或等于线路的计算电流。

② 选择电动机用的熔断器的熔体方法如下。

保护单台电动机时，熔体的额定电流应大于或等于电动机额定电流的1.5～2.5倍。

（3）如何正确选用保护接地与保护接零？

答：保护接地PE：将在故障情况下可能有危险的对地电压的金属外壳或构架等用接地装置与大地可靠连接，这种接法称为保护接地。保护接地适用于中性点不接地的高、低压电网，也适用于采取了其他安全措施（如装设漏电保护器）的低压电网。

保护接零PEN：将电气设备在正常情况下不带电的金属外壳或构架等用导线与TN-C系统中零线紧密连接，这种连接称为保护接零。但零线必须重复接地。保护接零只适用于中性点直接接地的低压电网。

6. 电路连接

三相异步电动机正反转电路的实物连接图如图5.47所示。

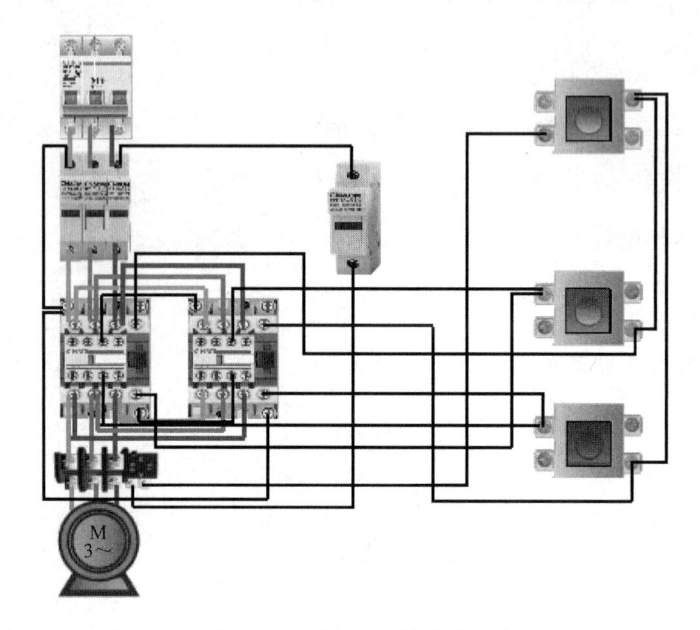

图 5.47　三相异步电动机正反转电路的实物连接图

习　　题

1．简述三相异步电动机的工作原理。
2．三相异步电动机的常见故障有哪些？
3．在三相异步电动机运行维护工作中应注意什么？
4．三相异步电动机不能转动的原因主要有哪些？
5．星形连接的三相异步电动机其中一相断线会有什么后果？

拓展讨论

党的二十大报告指出："我们要增强问题意识，聚焦实践遇到的新问题、改革发展稳定存在的深层次问题、人民群众急难愁盼问题、国际变局中的重大问题、党的建设面临的突出问题，不断提出真正解决问题的新理念新思路新办法。"在电机研发和应用领域，海上永磁直驱风力发电机、兆瓦级大型冲击式转轮、重载工业无人机电机等技术的突破使我国在电机研发的某些领域从"跟跑"走向"并跑""领跑"。请查阅相关资料后回答，在电机研发和应用领域，有哪些技术瓶颈和挑战？有哪些关键技术和发展方向？

工作任务 6　电力变压器绝缘电阻的测量

任务描述

对某线路 102#变压器（10kV/0.4kV）进行绝缘电阻的测量，具体测量项目如下。

（1）高压侧对低压侧及地的绝缘电阻。

（2）低压侧对地的绝缘电阻。

该变压器已停电，在高压进线前端和低压出线后端妥善挂设接地线，并已经做好相关的安全防护措施。试测量变压器绝缘电阻，在测量结束后恢复原样。

任务分析

电力变压器绝缘电阻的测量评分标准如表 6.1 所示。

表 6.1　电力变压器绝缘电阻的测量评分标准

考试项目	考试内容	配分/分	评分标准
电力变压器绝缘电阻的测量	工作准备及检查	30	工作准备：正确选择兆欧表及工具。检查兆欧表，将接线开路，摇动兆欧表手柄至额定转速，指针应指向∞；将接线短路，摇动兆欧表手柄至额定转速，指针应指向 0。每错一项扣 5～15 分。 工作检查：检查电力变压器的实际情况。对电力变压器的高、低压桩头进行验电、放电，确定电力变压器的安全距离；断开与电力变压器桩头的所有接线（包括电力变压器的工作接地线）。每错一项扣 5～15 分
	操作技能	55	接线：将电力变压器高、低压桩头分别短接，测量高压绕组对低压绕组及地的绝缘电阻时，将低压绕组接地，兆欧表 E 端接地，L 端通过测试线接高压绕组，测试线需悬空与接地线分开，反之则相反。操作错误扣 5～20 分。 测量与读数：将兆欧表放于平坦处，用手摇动手柄至转速为 120r/min，匀速转动，指针稳定后读数。操作错误扣 5～15 分。 绝缘表拆线及放电：工作结束后，应先断开 L 端的引线，再停止摇动手柄，利用放电棒对被测绕组进行有效放电，反之相同。操作错误扣 5～20 分
	文明作业	15	清理现场，能按有关规定进行操作；工作完毕后交还工具、仪表，工具、仪表不能损坏。现场清理不干净或未清理扣 5～10 分，未交还工具、仪表扣 2～5 分

根据工作任务及评分标准可以明确，电力变压器绝缘电阻的测量需要掌握的知识包括如下内容。

（1）电力变压器的原理与结构。
（2）电力变压器正常运行及维护。
（3）电力变压器异常运行的故障现象、故障原因及处理方法。
需要掌握的技能包括如下内容。
（1）电力变压器绝缘电阻测量所需安全工具、器具的选择、检查与使用。
（2）兆欧表的使用方法。
（3）电力变压器绝缘电阻测量电路的连接。
（4）电力变压器绝缘电阻的测量方法与步骤。
（5）对电力变压器绝缘电阻的测量数据进行判断、分析。

6.1 电力变压器的工作原理与结构

1．作用

电力变压器是电力系统中非常重要的电气设备。图 6.1 所示为简单的电力系统，从图 6.1 中可以看出，电力变压器在电力系统中发挥了非常重要的升压、降压作用，实现电能合理输送、分配和使用，电力变压器的总容量是发电机总容量的 9 倍以上。电力变压器传输电能的效率很高，中小型电力变压器的效率不低于 95%，大型电力变压器的效率可达 98% 以上。

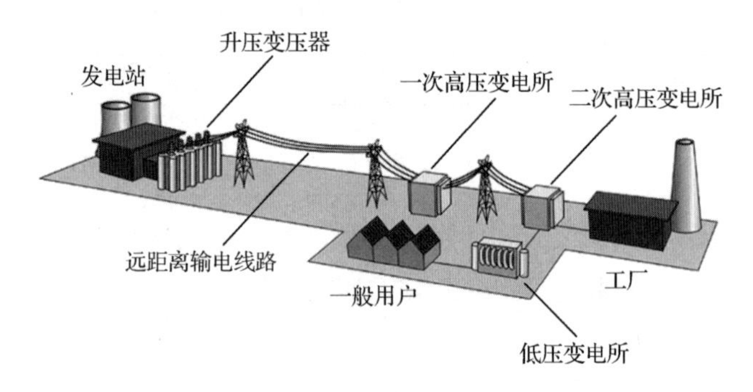

图 6.1　简单的电力系统

2．工作原理

电力变压器的工作原理图如图 6.2 所示，变压器的一次绕组与交流电源接通后，产生交变磁通 Φ，即一次绕组将从电源获得的电能转变为磁能，在铁芯中同时交链一、二次绕组，由于电磁感应作用，分别在一、二次绕组中产生频率相同的感应电动势。如果此时二次绕组接通负荷，在二次绕组感应电动势的作用下，有电流流过负荷，铁芯中的磁能又转换为电能。这就是变压器利用电磁感应将电源的电能传递到负荷的工作原理。

在主磁通的作用下，电力变压器一、二次绕组两侧的线圈分别产生感应电动势，电动势的大小与匝数成正比。电力变压器电流之比与一、二次绕组的匝数成反比，即匝数多的一侧电流小，匝数少的一侧电流大。电力变压器一次绕组侧为额定电压时，其二次绕组侧电压随着负荷电流的大小和功率的变化而变化。

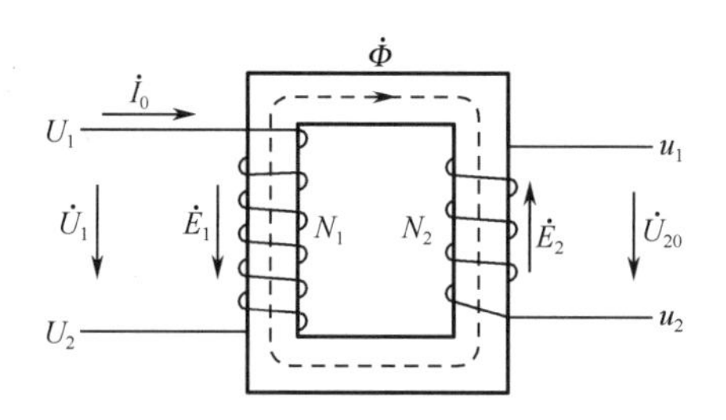

图 6.2　电力变压器的工作原理图

3. 结构

电力变压器的种类不同，其结构也不相同。下面以电力系统中应用最广泛的油浸式电力变压器为例，介绍电力变压器的基本结构。油浸式电力变压器主要由器身、油箱、冷却装置、保护装置、绝缘套管五部分组成，如图 6.3 所示。

油浸式电力变压器
- 器身
  - 绕组
  - 铁芯
  - 绝缘
  - 分接开关
  - 引线（包括引线夹件等）
- 油箱
  - 油箱本体
  - 附件（包括储油柜、油门闸阀等）
- 冷却装置（包括散热器、风扇、油泵等）
- 保护装置（包括气体继电器、吸湿器、净油器等）
- 绝缘套管

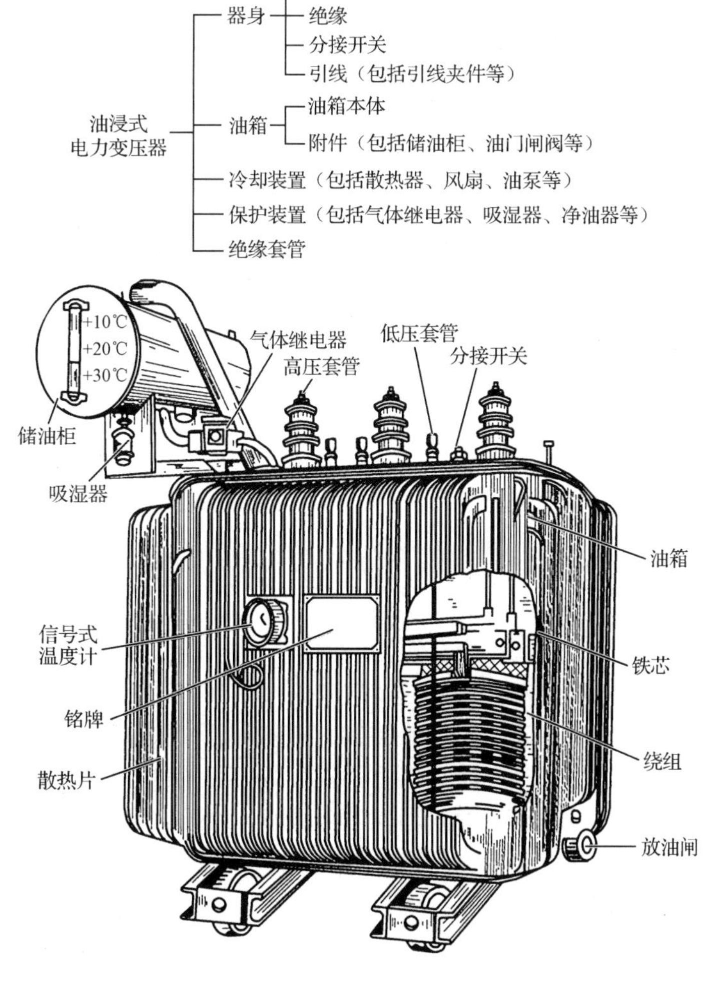

图 6.3　油浸式电力变压器的结构

1）器身

变压器器身包括绕组、铁芯、绝缘、分接开关、引线。

（1）绕组。

绕组是变压器建立磁场和传输电能的电路部分，是变压器最基本的组成部分，主要由高压绕组、低压绕组、对地绝缘层（主绝缘）、高/低压绕组之间绝缘件、燕尾垫块、撑条构成的油道、高压引线、低压引线等构成。

不同容量、不同电压等级的电力变压器，绕组形式也不一样。一般电力变压器中常采用同心式绕组和交叠式绕组。

同心式绕组是把高压绕组与低压绕组套在同一个铁芯上，一般将低压绕组放在里边，高压绕组套在外边，以便进行绝缘处理，电压调节也方便。同心式绕组结构简单、绕制方便，故被广泛采用。按照绕制方法的不同，同心式绕组又可分为圆筒式、螺旋式、连续式、纠结式等几种结构，同心式绕组如图 6.4（a）所示。

交叠式绕组是将高压绕组及低压绕组分成若干个线饼，沿着铁芯柱交替排列。为了便于绝缘处理，一般最上层和最下层安放低压绕组，这种形式的绕组绝缘较复杂、包扎工作量较大。它的优点是力学性能较好，引出线的布置和焊接比较方便、漏电抗较小，一般用于 35kV 及以下的电炉变压器、电阻焊机（如点焊机、滚焊机和对焊机）变压器等。交叠式绕组如图 6.4（b）所示。

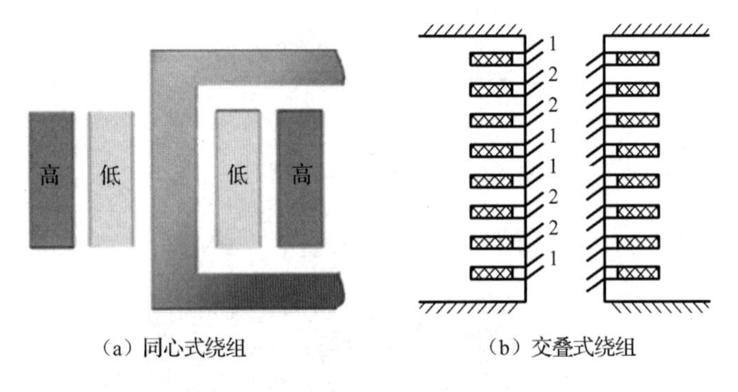

（a）同心式绕组　　（b）交叠式绕组

图 6.4　电力变压器的绕组

（2）铁芯。

铁芯是变压器的骨架，构成电力变压器的磁路，是电能与磁能转换和传递的媒介，带有绝缘的一次绕组、二次绕组都套在铁芯上，为提高磁路的磁导率和降低铁芯内的涡流损耗，铁芯通常为 0.35mm 厚，表面绝缘的硅钢片冲剪成几种不同尺寸，并在表面涂 0.01～0.13mm 厚的绝缘漆，烘干后按一定规则叠装而成。铁芯分为铁芯柱和铁轭两部分，铁芯柱上套绕组，铁轭将铁芯连接起来，使之形成闭合磁路。为防止运行中电力变压器铁芯、夹件、压圈等金属部件感应悬浮电位过高而造成放电，这些部件均需单点接地。为了方便试验和故障查找，大型电力变压器一般将铁芯和夹件分别通过两个套管引出接地。

（3）绝缘。

电力变压器的绝缘材料主要是电瓷、电工层压木板及绝缘纸板。电力变压器的绝缘结构分为外绝缘和内绝缘两种：外绝缘指的是油箱外部的绝缘，主要是一次绕组、二次绕组引出线的瓷套管，它构成了相与相之间和相对地的绝缘；内绝缘指的是油箱内部的绝缘，主要是绕组绝缘、内部引线的绝缘及分接开关的绝缘等。

绕组绝缘又可分为主绝缘和纵绝缘两种。主绝缘指的是绕组与绕组、绕组与铁芯及油箱间的绝缘；纵绝缘指的是同一绕组匝间及层间的绝缘。

（4）分接开关。

电力变压器的分接开关是用来调整电压的，在电力变压器的高压绕组上设置调整绕组匝数的分接头，当变换分接头时就减少或增加了一部分线匝，改变了电力变压器绕组的匝数比，从而改变电力变压器的变压比，因此电力变压器的输出电压也就改变了，达到了调整电压的目的。从高压绕组引出分接头的原因一方面是同心式高压绕组常套在外面，引出分接头方便；另一方面是高压侧电流小，引出的分接引线和分接开关的载流部分截面积小，开关接触部分也容易处理。

电力变压器的调压方式有无励磁调压和有载调压两种。无励磁调压是把电力变压器各侧都与电网断开，在电力变压器无励磁情况下变换绕组的分接头；有载调压是使电力变压器在不断开负荷的情况下变换绕组分接头进行的调压。简单来说，需停电后才能调整分接头电压的称为无励磁调压；可以带电调整分接头电压的称为有载调压。

① 无励磁调压。

电力变压器无励磁分接开关的额定电压范围较窄，调节级数较少。额定调压范围用电力变压器额定电压的百分数表示：±5%或±2×2.5%，分别表示有3个分接头或5个分接头。无励磁调压电力变压器在切换分接头运行时，其额定容量不变。电力变压器调节挡位时，应根据输出电压的高低，调节分接开关到相应位置，调节分接开关的基本原则是“高往高调，低往低调”。

当电力变压器的输出电压低于允许值，即需要高电压时，把分接开关位置由1挡调到2挡，或由2挡调到3挡，以此类推。

当电力变压器的输出电压高于允许值，即需要低电压时，把分接开关位置由2挡调到1挡，或由3挡调到2挡，以此类推。

例如：对一个有5个分接头，即有5个挡位的电力变压器，其额定变压比为10 000/4000，当电力变压器挡位为3挡时，高压绕组电压为10 000V，变压比为10 000/400=25，低压侧绕组电压为400V；若把挡位调整为4挡，高压绕组电压为10 000×（1−2.5%）=9750V，则变压比为9750/400=24.375，此时低压侧绕组的电压为10 000/24.375≈410.3V，此时电压侧绕组的电压比挡位为3挡时的电压增大了。

电力变压器调节分接开关操作步骤如下。

a．先停电，断开电力变压器低压侧负荷后，用绝缘棒拉开高压侧跌落式熔断器，再做好必要的安全措施。

b．拧开电力变压器上的分接开关保护盖，将定位销置于空挡位置。

c．调节挡位时，应根据输出电压的高低，调节分接开关到相应位置。调节分接开关的基本原则：当电力变压器输出电压低于允许值时，把分接开关位置由1挡调到2挡，或由2挡调到3挡；当电力变压器输出电压高于允许值时，把分接开关位置由3挡调到2挡，或由2挡调到1挡。

d．调节挡位后，用直流电桥测量各相绕组的直流电阻，若发现各绕组之间直流电阻相差大于 2%，必须重新调整，否则运行后，动静触头会因接触不好而发热，甚至放电，损坏电力变压器。

e．确认无误再送电，查看电压情况。

切换分接开关注意事项：切换前应将电力变压器停电，做好安全措施；三相必须同时切换，且处于同一挡位；切换时应来回多切换几次，最后切到指定挡位，防止由于氧化膜影响接触效果；切换后须测量三相直流电阻。

② 有载调压。

有载调压是在带负荷情况下，切换电力变压器的分接开关，以达到调节电压的目的。有载调压开关由分接选择器、切换开关及操作机构等部分组成，如图 6.5 所示。供电力变压器在带负荷情况下调整电压。有载调压开关上部是切换开关，下部是分接选择器。变换分接头时，选择开关的触头在没有电流通过的情况下动作；切换开关的触头在通过电流的情况下动作，经过一个过渡电阻器过渡，从一个挡位转换到另一个挡位。切换开关和过渡电阻器装在绝缘筒内。操作机构经过垂直轴、齿轮盒和绝缘水平轴与有载调压开关相连，这样就可以从外部操作有载调压开关。有载调压开关是一种先进的有载分接开关，应用比较广泛。

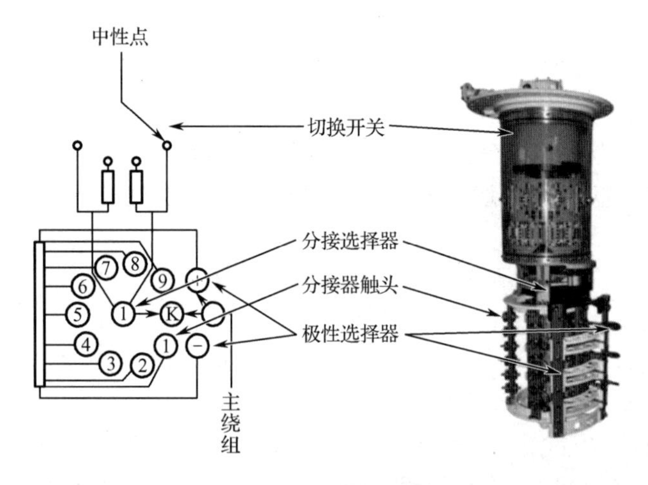

图 6.5　有载调压开关结构

2）油箱

（1）油箱本体。

油箱是油浸式电力变压器的外壳，电力变压器的铁芯和绕组置于油箱内，油箱内注满电力变压器油。常见的油箱有箱式油箱和钟罩式油箱两种类型。箱式油箱一般用于中小型电力变压器，钟罩式油箱用于大型电力变压器。电力变压器中油的作用就是绝缘和冷却。为防止电力变压器油老化，必须采取措施防止油受潮，减少油与空气的接触。电力变压器换油时要注意油号，如 25#油是指电力变压器油的凝固点为−25℃。

（2）储油柜。

储油柜又称为油枕，当电力变压器油的体积随着油温的变化增大或减小时，储油柜起着储油、补油的作用，以保证电力变压器油箱内经常充满油，储油柜的体积一般为电力变压器总油量的 8%～10%。

储油柜上装有油位计，现在一般采用磁力油位计，电力变压器的油位计和电力变压器油的温度相对应，用以监视电力变压器油位的变化，储油柜的结构如图 6.6 所示，若温度升高，油位也会随之升高。

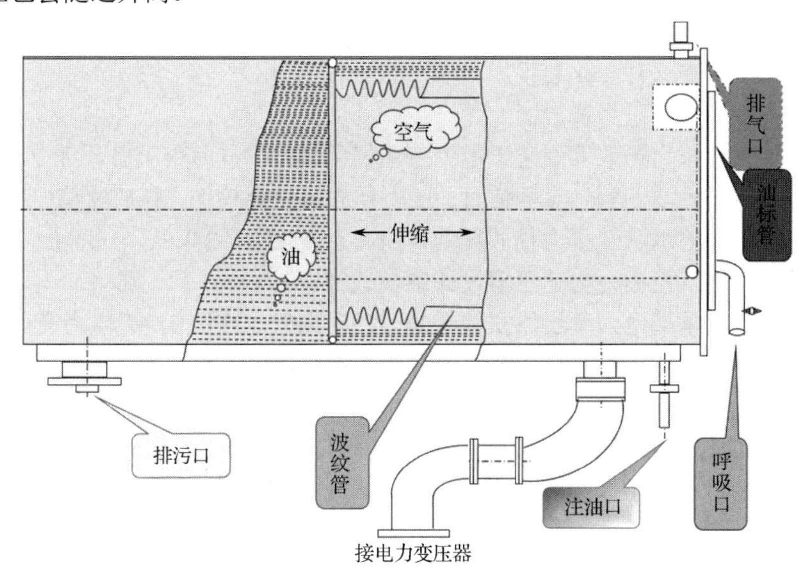

图 6.6　储油柜的结构

3）冷却装置

电力变压器运行时产生的铜损、铁损等损耗都会转变为热量，使电力变压器对应部位的温度升高。电力变压器的冷却方式是由冷却介质和循环方式决定的。油浸式电力变压器分为油箱内部冷却和油箱外部冷却两种方式。

电力变压器的冷却方式有油浸自冷（ONAN）、油浸风冷（ONAF）、强迫油循环风冷（OFAF）、强迫油循环水冷（OFWF）。

目前有些变压器采用冷控系统，根据电力变压器运行时的温度或负荷高低，手动或自动控制冷却设备的运行，从而使电力变压器的运行温度控制在安全范围内。

4）保护装置

（1）气体继电器。

气体继电器又名瓦斯继电器，是电力变压器的一种气体保护装置，有 1%～1.5%的倾斜角度，以使气体能流到气体继电器内。当电力变压器内部因热故障、电故障引起温度过高、短路放电时，电力变压器油会分解产生气体或造成油流冲击，气体继电器的接点就会动作，给出信号或自动切除电力变压器。

（2）吸湿器。

吸湿器又名呼吸器，如图 6.7 所示，其作用是提供电力变压器在温度变化时内部气体出入的通道，解除正常运行中气体因温度变化对油箱造成的压力。吸湿器内装有吸附剂——硅胶，在电力变压器温度下降时对吸进的气体去除潮气，硅胶干燥时呈蓝色，受潮后呈粉红色。储油柜内的绝缘油通过吸湿器与大气连通，内部吸附剂吸收空气中的水分和杂质，以保持绝缘油的良好性能。吸湿器内的干燥剂变色超过总数的一半时应及时更换。

图 6.7 吸湿器

（3）净油器。

净油器又名热虹吸器，其外形为用钢板焊接成圆筒形的小油罐，罐内也装有硅胶或活性氧化铝吸附剂。当油因温度变化而上下流动经过净油器时，净油器会吸取油中水分、渣滓、酸、氧化物等。3150kVA 及以上电力变压器均有这种净化装置。

（4）压力释放器。

压力释放器安装于电力变压器的顶部。电力变压器一旦出现故障，油箱内压力增加到一定数值时，压力释放器就会动作，释放油箱内压力，从而保护油箱本身。压力释放器动作压力有 15kPa、25kPa、35kPa、55kPa 等各种规格，根据电力变压器设计参数选择。

早期电力变压器安装的是一种防爆管，作用相当于电力变压器的压力释放器，同样起到安全阀的作用。防爆管装在油箱上盖上，由一个喇叭形管子与大气相通，管口用薄膜玻璃板或酚醛纸板封住。为防止正常情况下防爆管内油面升高使管内气压上升而造成防爆薄膜松动、破损及引起气体继电器误动作，在防爆管与储油柜之间用一个小管连接，以使两处压力相等。

（5）散热器。

散热器分为片式散热器和扁管散热器。

片式散热器是用板料厚度为 1mm 的波形冲片，由上、下集油盒或油管焊接组成的。20kVA 以下的油浸式电力变压器，平顶油箱的散热面已足够；50～200kVA 的油浸式电力变压器可采用固定片式散热器；200～6300kVA 的油浸式电力变压器，可采用可拆片式散热器，散热器通过法兰盘固定在油箱壁上。

扁管散热器分为自冷式和风冷式两种，自冷式扁管散热器只在集油盒单面焊接扁管，风冷式扁管散热器有 88 管、100 管、120 管三种。扁管散热器在集油盒两侧焊接，为了加强冷却效果，每只扁管散热器下安装两台电风扇，不吹风时，散热量为额定散热量的 60%左右。

（6）冷却器。

当电力变压器上层油温与下层油温产生温差时，通过冷却器形成油温对流，使热油经冷却器冷却后流回油箱，起到降低电力变压器温度的作用。冷却器有强油风冷却器、新型大容量风冷却器、强油水冷却器等。

（7）温度计。

大型电力变压器都装有测量上层油温的带电接点的测温装置，它装在电力变压器油箱外，便于运行人员监视电力变压器的油温情况。温度计由温包、导管和压力计组成，如图 6.8 所示。将温包插入箱盖上注有油的安装座，使油的温度能均匀地传给温包，温包中的气体随温度变化而胀缩，产生压力，使压力计指针转动，指示温度。电力变压器的温度计除了指示电力变压器上层油温和绕组温度，还可作为控制回路的硬接点，启动或停用冷却器，发出温度过高的报警信号。

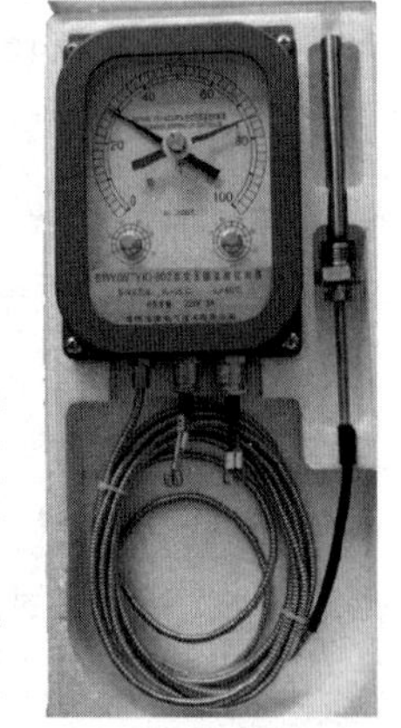

图 6.8 温度计

5）绝缘套管

绝缘套管是油浸式电力变压器箱外的主要绝缘装置，如图 6.9 所示。电力变压器绕组的引出线必须穿过绝缘套管，使引出线之间及引出线与电力变压器外壳之间绝缘，同时起到固定引出线的作用。绝缘套管一般是瓷制的，它的结构取决于它的电压等级。

10kV 以下的电力变压器使用单瓷制绝缘套管，瓷套内为空气绝缘或电力变压器油绝缘，中间穿过一根导电铜杆。

110kV 及以上的电力变压器一般采用全密封油浸纸绝缘电容式套管。套管内注有电力变压器油，不与电力变压器本体连通。

图 6.9　电力变压器绝缘套管

6.2　电力变压器的分类

电力变压器的种类很多，分类方法主要有六种。

1. 按功能分

按功能不同，电力变压器分为升压变压器和降压变压器两大类。工厂变电所都采用降压变压器。终端变电所用的降压变压器，也称为配电变压器。

2. 按容量系列分

按容量系列不同，电力变压器分为 R8 容量系列和 R10 容量系列两大类。R8 容量系列指容量等级是按容量的约 1.33 倍递增的，我国老的变压器容量等级采用此系列，如 100kVA、135kVA、180kVA、240kVA、320kVA、420kVA、560kVA、750kVA、1000kVA 等。R10 容量系列指容量等级是按容量的约 1.26 倍数递增的。R10 系列的容量等级较密，便于合理选用，是 IEC（国际电工委员会）推荐采用的。我国新的变压器容量等级采用此系列，如 100kVA、125kVA、160kVA、200kVA、250kVA、315kVA、400kVA、500kVA、630kVA、800kVA、1000kVA。

3. 按相数分

按相数不同，电力变压器分为单相和三相两大类。单相电力变压器用于单相负荷和三相电力变压器组，三相电力变压器用于三相系统升压、降压。工厂变电所通常采用三相电力变压器。

4. 按调压方式分

按调压方式不同，电力变压器分为无载调压（又称为无励磁调压）和有载调压两大类。

工厂变电所大多数采用无励磁调压电力变压器。

5．按绕组结构分

按绕组结构不同，电力变压器分为单绕组自耦变压器、双绕组变压器、三绕组变压器。单绕组自耦变压器用于连接不同电压的电力系统，可作为普通的升压变压器或降压变压器使用；双绕组变压器用于连接电力系统中的两个电压等级；三绕组变压器一般用于电力系统区域的变电站中，连接三个电压等级。工厂变电所大多采用双绕组变压器。

6．按绕组绝缘及冷却方式分类

按绕组绝缘及冷却方式不同，电力变压器分为油浸式变压器、干式变压器和充气式（SF_6）变压器等。其中油浸式变压器又分为油浸自冷式变压器、油浸风冷式变压器、油浸水冷式变压器和强迫油循环冷却式变压器等。工厂变电所大多采用油浸自冷式变压器。

干式变压器是将绕组和铁芯用环氧树脂等绝缘材料浇注或浸渍再包封的变压器，依靠空气对流进行冷却。

充气式变压器指变压器的磁路（铁芯）与绕组均位于一个充有绝缘气体的外壳内，一般情况下采用 SF_6 气体，所以又称为气体绝缘变压器。

6.3　电力变压器的型号

电力变压器的型号是电力变压器分类特征的代号，由 12 个部分组成。型号及含义如下。

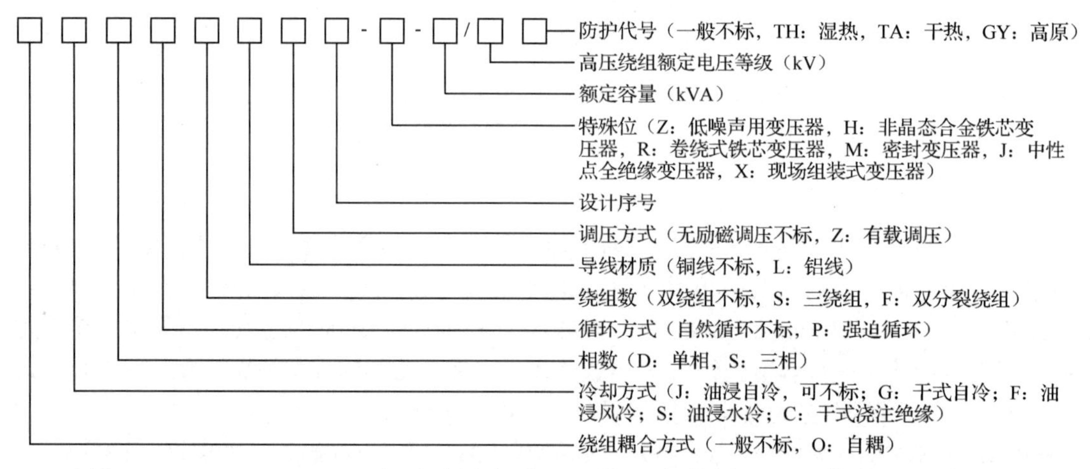

例如：S11-M-R-160/10，表示油浸自冷、三相、自然循环、双绕组、铜线、无励磁调压、密封、卷绕式铁芯变压器，其额定容量为 160kVA，额定电压为 10kV，一般地区使用“，11”为其设计序号。

S11-M-GY-400/10，表示油浸自冷、三相、自然循环、双绕组、铜线、无励磁调压、密封变压器，其额定容量为 400kVA，额定电压为 10kV，高原地区使用“，11”为其设计序号。

6.4　电力变压器的运行

1. 温度与温升

1）允许温度

当电力变压器运行时，绕组和铁芯的损耗会使电力变压器发热，绕组损耗又称为铜损，与电力变压器的负荷电流的平方成正比，额定情况下，其有功损耗约等于电力变压器的短路损耗 P_0。铁芯损耗又称铁损，其大小由电力变压器的额定电压决定，不随电力变压器的负荷电流变化而改变，额定情况下，其有功损耗约等于电力变压器的空载损耗 P_k。

在电力变压器长期运行中，如果温度过高，其绝缘材料原有的绝缘性能将会不断降低，温度越高，绝缘老化越快，当电力变压器的绝缘材料的工作温度超过其允许的长期工作的最高温度时，温度每升高 6℃，其使用寿命将缩短一半。电力变压器的绝缘老化最终导致绝缘失效，绝缘故障造成的事故占电力变压器事故的 85%，因此电力变压器运行时应确保温度不能过高，一般通过监测上层油温来监控电力变压器的绕组温度。

电力变压器运行规程规定，在最高环境温度为 40℃的情况下，A 级绝缘的电力变压器绕组的最高允许温度为 105℃，因为绕组的平均温度约比上层油温高 10℃，所以上层油温最高允许温度为 95℃，为防止电力变压器油质劣化过快，上层油温不宜经常超过 85℃，具体数值如表 6.2 所示。

表 6.2　电力变压器的允许温度和允许温升

冷 却 方 式	环境温度/℃	长期允许的上层油温/℃	最高上层油温/℃	允许温升/℃
自冷、风冷	40	85	95	55
强迫油循环风冷	40	75	85	45
强迫油循环水冷	40	75	85	45

2）允许温升

电力变压器的允许温升是指电力变压器的上层油温与周围环境温度的差值，温升的极限值为允许温升。温升反映的是电力变压器绝缘材料能承受的热量的允许空间，即在原有基础上还能再承受多少。不同冷却方式的电力变压器的允许温升如表 6.2 所示。

运行中的电力变压器，不仅要监视上层油温，还要监视上层油温升。电力变压器在任何环境下运行，其温度、温升均不得超过允许值。在电力变压器运行中若发现有一个值超出规定值，应立即向调度人员汇报，采取限负荷措施。

2. 允许电压

电力变压器运行时若电源电压升高，电力变压器允许通过的有功功率将会降低，磁通增大，铁芯饱和，使电力变压器的电压和磁通波形发生畸变。相电势由正弦波变为尖顶波，这对电力变压器的绝缘有一定的损害。因此，电力变压器的外加电源电压应尽量按电力变压器的额定电压运行。运行中的电力变压器，正常电压不得超过额定电压的 5%，最高电压不得超过额定电压的 10%。

3．允许过负荷

电力变压器的过负荷是指电力变压器运行时，传输的功率超过电力变压器的额定功率。过负荷分为正常过负荷、事故过负荷两种类型。

1）正常过负荷

正常过负荷是指系统在正常情况下，以不损害电力变压器绕组绝缘和使用寿命为前提的过负荷。根据电力变压器绝缘等值老化原则，在电力变压器低负荷运行时的绝缘寿命可以弥补过负荷时的绝缘寿命损失，从而使电力变压器的正常使用寿命不变，因此，电力变压器允许正常过负荷运行。

电力变压器正常过负荷的注意事项。

（1）存在较大缺陷的电力变压器，如冷却系统不正常、严重漏油、色谱分析异常等，不允许过负荷运行。

（2）全天满负荷运行的电力变压器不宜过负荷运行。

（3）电力变压器在过负荷运行前，应启动全部冷却器。

（4）密切监视电力变压器的上层油温。

（5）对有载调压电力变压器，在过负荷程度较大时，应尽量避免使用有载调压装置调节分接头。

2）事故过负荷

事故过负荷是指在系统发生事故时，在不限制发电厂的情况下保证用户的供电，允许电力变压器短时间过负荷。

事故过负荷时，电力变压器负荷和绝缘温度均会超过允许值，绝缘老化速度将比正常运行时更快，使用寿命会缩短。所以，事故过负荷以保证用户不中断供电为前提，是以牺牲电力变压器的使用寿命为代价的过负荷。

由于事故过负荷的发生概率低，平常电力变压器又多在欠负荷下运行，所以短时间内事故过负荷运行对绕组绝缘寿命无显著影响，因此，在电力系统发生事故的情况下，允许电力变压器事故过负荷运行。

4．电力变压器的投入与运行

1）电力变压器的投入

电力变压器的投入运行前应进行下列检查。

（1）本体清洁，各部分无渗油、漏油现象。

（2）储油柜及充油套管的油色、油位正常。

（3）套管清洁，无裂纹及放电痕迹，引线接头良好。

（4）温度计冷却装置完好，外壳接地良好。

（5）电压等级为1000V以上的绕组使用2500V兆欧表，1000V以下的绕组使用1000V兆欧表。0.4kV及以下的变压器使用500V兆欧表，且绝缘电阻≥0.5MΩ。

（6）电力变压器的投入和切断必须使用开关，不得使用刀闸进行。

（7）严禁用低压侧开关侧倒充电。

2）电力变压器的正常运行

电力变压器正常运行包括以下几个方面。

（1）电力变压器完好。本体完好，无任何缺陷；辅助设备（如冷却装置、调压装置、套管、气体继电器、储油柜、压力释放器、吸湿器、净油器等）完好无损，其状态符合电力变压器的运行要求；电力变压器各种电气性能符合规定，电力变压器油的各项指标符合标准，电力变压器运行时的油位、油色正常，运行声音正常。

（2）电力变压器运行参数满足要求。电力变压器运行时的电压、电流、电容量、温度、温升等满足要求；冷却装置工作电压、控制回路工作电压也满足要求。

（3）电力变压器各类保护装置处于正常运行状态。储油柜、吸湿器、净油器、压力释放器、气体继电器及其他保护装置均处于正常运行状态。

（4）电力变压器运行环境符合要求。电力变压器铁芯及外壳接地良好；各连接头紧固；各侧避雷器正常工作；电力变压器周围无易燃易爆及其他杂物；电力变压器的消防设施齐全。

（5）各部分油位正常。各阀门的开闭位置正确，油的简化试验和绝缘试验合格。

（6）电力变压器的外壳应有良好的接地装置，接地电阻应合格。

（7）各侧分接开关应符合电网运行要求，有载调压装置电动、手动操作均应正常，指标指示（包括控制盘上的指示）和实际位置相符。

（8）基座牢固稳定，轮子应有可靠的制动装置。

（9）测量信号及控制回路的接线正确；各种保护均应进行实际传动试验，动作应正确；规定值应符合电网运行要求；保护连接片（压板）应在投入运行位置。

（10）冷却风扇通电试运行良好，风扇自启动装置规定值应正确，并进行实际传动。

（11）吸湿器应装有合格的干燥剂，无堵塞现象。

（12）主电力变压器引线对地和线间距离应合格，各部导线接头应紧固良好，并贴有示温蜡片。

（13）电力变压器的防雷保护应符合要求。

（14）防爆管内部无存油，玻璃应完整，其呼吸小孔螺线位置应正确。

（15）电力变压器的安装坡度应合格。

（16）电力变压器的相位和接线组别满足电网运行要求，并进行核相工作，相色漆应标识正确、明显。

（17）温度计及测温回路完整、良好。

（18）套管油封的放油小阀门和气体继电器放气阀门无堵塞现象。

（19）电力变压器上无遗留物，邻近的临时设施应拆除，永久设施应布置完毕并清扫现场。

6.5　电力变压器的监控与维护

1）正常运行的监控

电力变压器运行时，运行值班人员应根据控制盘上的仪表（有功表、无功表、电流表、电压表、温度计等仪表）来监控电力变压器的运行情况，使负荷电流不超过额定值，电压不得过高，温度在允许范围内，并要求每小时记录一次仪表指示值。对无温度遥测装置的电力变压器，要在巡视检查时抄录电力变压器上层油温。若电力变压器过负荷运行，除了应积极采取措施（如改变电力变压器运行方式或降低负荷），还应加强监控，并在运行记录簿中记录过负荷情况。

2）正常巡视

运行值班人员应定期对电力变压器及其附属设备进行全面检查，每班至少一次（发电厂低压变压器每天检查一次），每周进行一次夜间检查，正常巡视检查项目如下。

（1）电力变压器声音应正常。

电力变压器正常运行时，由于电流、磁通的变化，铁芯和绕组发生振动，发出“嗡嗡”声。正常时声音是均匀而轻快的，如果有故障，就会发生不正常的声响。电力变压器不正常声音判断如表 6.3 所示。

表 6.3　电力变压器不正常声音判断

声 音 特 征	可能的缺陷
声音比平时沉重	过负荷或低压线路有短路障碍
声音尖锐	高压线路电压过高
声音嘈杂	内部结构松动
爆裂声	绕组或铁芯绝缘击穿放电
其他杂音	跌落式熔断器触头接触不良，调压开关位置不正确，接触不良

（2）储油柜和充油套管的油位、油色应正常，各部位无渗油、漏油现象。

（3）上层油温应正常。电力变压器的冷却方式不同，其上层油温也不同，但上层油温不应超过规定值。运行值班人员巡视检查时，除了注意上层油温不超过规定值，还应根据当时的负荷情况、环境温度及冷却装置投入情况，与以往的数据进行比较，以判断引起温度升高的原因。

（4）电力变压器套管应清洁，无破损、裂纹和放电痕迹。

（5）引线接头接触应良好。各引线接头应无变色、过热、发红现象，接头接触处的示温蜡片无熔化现象。用快速红外线测温仪测量接触处温度，温度不得超过 70℃。

（6）吸湿器应完好、畅通，硅胶无变色。油封吸湿器的油位应正常。

（7）防爆门隔膜应完好无裂纹。

（8）冷却器运行正常。按规定启用冷却器组，其分布应合理，油泵和风扇无异常声音和明显振动，温度正常，风向和油的流向正确，冷却器的油流继电器应指示在“流动位置”，各冷却器的阀门应全部开启，强油风冷或水冷装置中油和水的压力、流量应符合规定，冷却器出水不应有油。

（9）气体继电器内应充满油，无气体存在。继电器与储油柜间连接阀门应打开。

（10）电力变压器铁芯接地线和外壳接地线应无断线，接地良好，用钳形电流表测量铁芯接地线电流应不大于 0.5A。

（11）调压分接头位置指示应正确，各调压分接头的位置应一致。

（12）电控箱和机构箱内各种电器装置应完好，位置和状态正确，箱壳密封良好。

（13）高、低压熔体应完好，熔体熔断的原因如表 6.4 所示。

表 6.4　熔体熔断的原因

高压熔体熔断原因	低压熔体熔断原因
电力变压器内部绝缘击穿	低压线路短路
雷击	电力变压器过负荷
高压套管破裂或击穿	低压用电设备绝缘损坏
高压引线短路	熔体选择不当
低压引线短路	熔体质量不好或安装时受损
高压熔体选择不当	
高压熔体质量不好或安装时受损	

3）特殊巡视

当系统发生短路故障或天气突然发生变化（如大风、大雨、大雪及气温骤冷、骤热等），运行值班人员应对电力变压器及其附属设备进行重点检查。电力变压器特殊巡视检查项目如下。

（1）电力变压器或系统发生短路后的检查。检查电力变压器有无爆裂、移位、变形、焦味、烧伤、闪络及喷油，油色是否变黑，油温是否正常，电气连接部分有无发热、熔断现象，瓷质外绝缘有无破裂，接地线有无烧断。

（2）大风、雷雨、冰雹后的检查。检查引线有无断路现象，设备上有无存积杂物，瓷套管有无放电闪络痕迹及破裂现象。

（3）浓雾、小雨、小雪时的检查。检查瓷套管表面有无放电闪络现象，各引线接头发热部位在小雨中或小雪后有无水蒸气上升或积雪融化现象，导电部分有无冰柱，若有应及时清除。

（4）气温骤变时的检查。气温骤冷或骤热时，检查储油柜油位和瓷套管油位是否正常，油温和温升是否正常，连接引线有无变形、断股或接头发热、发红等现象。

（5）过负荷运行时的检查。检查并记录负荷电流，检查油温和油位的变化，电力变压器的声音是否正常，结构是否发热，示温蜡片有无熔化现象，冷却器投入数量是否足够，运行是否正常，防爆膜、压力释放器是否动作。

（6）新投入或经大修的电力变压器投入运行后的检查。在 4h 内，应每小时巡视检查一次，除了正常巡视项目，还应增加的检查内容有：①电力变压器的声音是否正常，若发现响声特别大、不均匀或有放电声，则认为内部有故障。②油位变化应正常，随着温度的升高应略有上升；③用手触摸每一组冷却器，温度应正常，说明冷却器的相关阀门已打开。④油温变化应正常，电力变压器带负荷后，油温应缓慢上升。

6.6 电力变压器的异常运行

电力变压器的异常运行主要表现在：声音异常、油温异常、油色异常、油位异常、过负荷、不对称运行、冷却装置故障及轻瓦斯保护动作报警等。当出现以上异常现象时，应按运行规程规定，采取相应的措施将其消除，并将处理过程记录在异常运行记录簿上。

1．声音异常

电力变压器运行时，应发出均匀的“嗡嗡”声。这是因为交流电流通过电力变压器绕组时，在铁芯中产生周期性变化的交变磁通，随着磁通的变化，引起铁芯的振动而发出均匀的“嗡嗡”声。如果电力变压器产生不均匀的声音或其他异常声音，都属于电力变压器声音异常。

引起声音异常的原因有以下几点。

（1）电力变压器过负荷。过负荷使电力变压器发出沉重的“嗡嗡”声。

（2）电力变压器负荷急剧变化。例如，系统中的大动力设备（如电弧炉、汞弧整流器等）启动，使电力变压器的负荷急剧变化，电力变压器发出较重的“嗡嗡”声，或随负荷的急剧变化，电力变压器发出“咯咯咯”的突发间歇声。

（3）系统短路。系统发生短路时，电力变压器流过的短路电流使电力变压器发出很大的噪声。若出现上述情况，运行值班人员应对电力变压器加强监控。

（4）电网发生过电压。例如，中性点不接地系统发生单相接地或系统产生铁磁谐振时，致使电网发生过电压，使电力变压器发出时粗时细的噪声。这时可结合电压表的指示做综合判断。

（5）电力变压器铁芯夹紧件松动。铁芯夹紧件松动使螺栓、螺丝、夹件、铁芯松动，使电力变压器发出“叮叮当当”的锤击声和“呼呼”的类似刮风的声音。此时电力变压器油位、油色、油温均正常，运行值班人员应加强监控，待大修时处理。

（6）内部故障放电打火。内部接头焊接或接触不良，分接开关接触不良，铁芯接地线断开故障，使电力变压器发出“哧哧”或“劈啪”的放电声。此时，电力变压器应停电处理。

（7）绕组绝缘击穿或匝间短路。例如，绕组绝缘击穿，电力变压器的声音中夹杂不均匀的爆裂声；绕组匝间短路处严重局部过热，电力变压器油局部沸腾，使电力变压器的声音中夹杂有“咕噜咕噜”的沸腾声。此时，应将电力变压器做停电处理。

（8）外界气候引起的放电。例如，大雾、阴雨天气或夜间，电力变压器套管处可能有蓝色的电晕或火花，发出“嘶嘶”或“嗤嗤”的声音，这说明瓷件脏污严重或设备线卡接触不良，此情况应加强监视，待停电时处理。

2．油温异常

在正常负荷和正常冷却条件下，电力变压器上层油温较平时高出 10℃以上，或电力变压器负荷不变而油温不断上升，若发生以上现象，则认为电力变压器油温异常。电力变压器油温异常可能是下列原因造成的。

（1）电力变压器内部故障。绕组匝间短路或层间短路，绕组对围屏放电，内部引线接头发热，铁芯多点接地使涡流增大而过热等都会造成油温异常，这时应将电力变压器做停电处理并检修。

（2）冷却装置运行异常。潜油泵停运，风扇损坏停转，散热器管道积垢使冷却效果不良，散热器阀门未打开等都会造成油温异常。此时，在电力变压器不停电状态下，可对冷却装置的部分缺陷进行处理，或按规程规定调整电力变压器负荷至相应值。

3．油色异常

电力变压器油有新油和运行油两种。新油呈亮黄色，运行油呈透明微黄色。运行值班人员巡视时，若发现电力变压器油位计中油的颜色发生变化，应取样分析化验。当化验发现油内含有炭粒或水分、酸价增高、闪光点降低、绝缘强度降低时，说明油质已急剧下降，容易发生内部绕组对电力变压器外壳的击穿事故。此时，该电力变压器应停止运行。若运行中电力变压器油色骤然变化，油内出现碳质并有其他异常现象时，应立即停用该电力变压器。

4．油位异常

为了监控电力变压器的油位，电力变压器的储油柜上装有玻璃管油位计或磁针式油位计。当储油柜采用玻璃管油位计时，储油柜上标有油位监控线，分别指示环境温度为-20℃、+20℃、+40℃时电力变压器正常的油位。如果储油柜采用磁针式油位计，在不同环境温度下指针应停留的位置由制造厂提供的油位-温度曲线确定。

在正常情况下，电力变压器运行时，其油位随电力变压器油温的变化而变化，而油温取决于电力变压器所带的负荷、周围环境温度和冷却装置运行情况。电力变压器油位异常有如下两种表现形式。

（1）油位过高。油位因油温升高而超出最高油位线，有时因油位到顶而看不到油位。油位过高的原因有：电力变压器的冷却器运行异常，使电力变压器油温升高，油受热膨胀，造成油位上升；电力变压器加油时，油位偏高较多，一旦环境温度明显上升，就会引起油位过高。如果油位过高是因为冷却器运行异常引起的，应检查冷却器表面有无积灰堵塞，油管上、下阀门是否打开，管道是否堵塞，风扇、潜油泵运转是否正常，冷却介质温度是否合适，流量是否足够。如果油位过高是由加油过多引起的，应放油至适当高度；若油位看不到，并判断油位确实高出最高油位线，应放油至适当高度。

（2）油位过低。当电力变压器油位较当时油温对应的油位显著下降，油位在最低油位线以下或看不见油时，判断为油位过低。造成油位过低的原因有：

① 设备长期漏油或大量运行油，使油量减少。

② 检修人员因维修或试验工作放油后，没有填充储油柜。

③ 气温过低，储油柜储油量不足或储油柜设计容积小，不能满足运行要求等。

油位过低，会造成轻瓦斯保护动作，若为浮子式继电器，还会造成重瓦斯保护跳闸。严重缺油时，电力变压器铁芯和绕组会暴露在空气中，这不仅容易使电力变压器受潮降低绝缘能力，还可能造成绝缘击穿。因此，电力变压器油位过低或油位明显降低时，应尽快补油至正常油位。如果因漏油严重使油位明显降低，应禁止将瓦斯保护由“跳闸”位置改为“信号”位置，消除漏油故障，并使油位恢复正常。若大量漏油，油位低至气体继电器以下或继续下降，应立即停用该电力变压器。

5．过负荷

运行中的电力变压器过负荷时，警铃响，出现“过负荷”和“温度高”光字牌信号，可能会出现电流表指示超过额定值，有功、无功表指示增大等现象。运行值班人员发现上述现象时，可按如下原则处理。

（1）停止警铃报警，向值班长汇报，并做好记录。

（2）及时调整运行方式，调整负荷的分配，如有备用电力变压器，应立即投入使用。

（3）当过负荷为正常过负荷或事故过负荷时，按过负荷倍数确定允许运行时间。若超过允许运行时间，应立即减负荷，并加强对电力变压器温度的监控。

（4）在过负荷运行时间内，应对电力变压器及其相关系统进行全面检查，发现异常应立即处理。

6．不对称运行

电力变压器不对称运行，会造成电力变压器容量降低，同时，对电力变压器工作条件也会造成影响。因此，当电力变压器不对称运行时，应分析原因，并针对故障原因做相应的处理。

运行中的电力变压器，造成不对称运行的原因如下。

（1）三相负荷不一致造成电力变压器不对称运行，如电力变压器带有大功率的单相电炉、电气机车、电焊电力变压器等。

（2）三台单相电力变压器组成的三相电力变压器，当其中一台损坏而用不同参数的电力变压器来代替时，造成电流和电压不对称。

（3）电力变压器两相运行，如三相电力变压器一相绕组故障；三相电力变压器某侧断路器两相断开；三相电力变压器的分接头接触不良；三台单相电力变压器组成三相电力变压器，其中一台电力变压器故障，只剩两台单相电力变压器运行等。

7．冷却装置故障

电力变压器冷却装置的常见故障有冷却装置工作电源全部中断、部分冷却装置电源中断、潜油泵故障或风扇故障使部分冷却装置停运、电力变压器冷却水中断。当冷却装置故障时，电力变压器发出“备用冷却器投入”和“冷却器全停”信号。

冷却装置故障的一般原因如下。

（1）供电电源熔断器熔断或供电电源母线故障。

（2）冷却装置工作电源开关跳闸。

（3）单台冷却器的电源自动开关跳闸或潜油泵和风扇的熔断器熔断。

（4）潜油泵、风扇损坏或连接管道漏油。

当冷却装置发生故障时，可能迫使电力变压器降低容量运行，严重者可能使电力变压器停运，甚至烧坏电力变压器。因此，当冷却装置发生故障时，应针对故障原因，迅速处理。

对于油浸风冷式电力变压器，当风扇电源故障时，应立即调整电力变压器所带的负荷，使其不超过额定容量的70%。当单台风扇发生故障时，可不降低电力变压器的负荷。

对于强迫油循环风冷式电力变压器，若冷却装置电源全部中断，应设法在10min内恢复一路或两路电源。在处理期间，可适当降低负荷，并对电力变压器上层油温及储油柜油位严密监控。因为冷却装置电源全停时，电力变压器油温和油位会急剧上升，有可能出现油从储油柜中溢出或防爆管跑油现象。如果10min内冷却装置电源能恢复，那么当冷却装置恢复正常运行后，储油柜油位又会急剧下降。此时，若油位下降到−20℃以下并继续下降，应立即停用重瓦斯保护。若10min内冷却装置电源不能恢复，则立即停用该电力变压器。

8．轻瓦斯保护动作报警

电力变压器装有气体继电器，重瓦斯保护反映电力变压器内部短路故障，动作为跳闸；轻瓦斯保护反映电力变压器内部轻微故障，动作为发出报警信号。由于种种原因，电力变压器内部会产生少量气体，这些气体积聚在气体继电器内，聚积的气体达一定数量后，轻瓦斯保护动作报警（电铃响，“轻瓦斯动作”光字牌亮），提醒运行值班人员分析处理。

轻瓦斯保护动作可能的原因有：电力变压器内部轻微故障，如局部绝缘水平降低而出现间隙放电及漏电，产生少量气体；空气进入电力变压器内，如滤油系统、加油系统或冷却装置不严密，导致空气进入电力变压器从而聚积在气体继电器内；电力变压器油位降低，当低于气体继电器时，空气进入气体继电器内；二次回路故障，如直流系统发生两点接地或气体继电器引线绝缘不良，引起误报警。

运行中的电力变压器发生轻瓦斯保护报警时，运行值班人员应立即报告当值调度人员，复归信号，并进行分析和现场检查，根据电力变压器现场外部检查结果和气体继电器内气体取样分析结果做相应的处理。

（1）检查电力变压器油位。如果是电力变压器油位过低引起的，就设法消除油位过低故障，并恢复正常油位。

（2）检查电力变压器本体及强油循环冷却装置是否漏油。如果漏油，可能有空气进入，应消除漏油故障。

（3）检查电力变压器的负荷、温度和声音的变化，判断内部是否有轻微故障。

（4）如果气体继电器内无气体，则考虑二次回路故障造成误报警。此时，应将重瓦斯保护由“跳闸”位置改为“信号”位置，并由继电保护工作人员检查处理，正常后再将重瓦斯保护由“信号”位置改为“跳闸”位置。

（5）检查电力变压器外部是否正常，当轻瓦斯保护报警由气体继电器内气体聚积引起时，应记录气体数量和报警时间，并收集气体进行化验鉴定，根据气体鉴定的结果再做出相应处理。

① 无色、无味、不可燃的气体是空气。应放出空气，并注意下次发出信号的时间间隔。若间隔逐渐缩短，应切换备用电力变压器供电。短期内查不出原因，应停用该电力变压器。

② 气体为可燃气体且色谱分析不正常时，说明电力变压器内部有故障，应停用该电力变压器。

③ 气体为淡灰色、有强烈臭味且可燃时，说明电力变压器内绝缘材料故障，即纸或纸板烧损，应停用该电力变压器。

④ 气体为黑色、易燃烧时，说明油故障可能是铁芯烧坏，或内部发生闪络引起油分解，

应停用该电力变压器。

⑤ 气体为微黄色，且燃烧困难时，可能是电力变压器内木质材料故障，应停用该电力变压器。

⑥ 如果在调节电力变压器有载调压分接头过程中伴随轻瓦斯保护报警，可能是有载调压分接头连接开关的平衡电阻被烧坏，应停止调节，停用该电力变压器。

6.7 电力变压器的事故处理

1．常见的故障部位

1）绕组的主绝缘和匝间绝缘故障

电力变压器绕组的主绝缘和匝间绝缘是容易发生故障的部位。其主要原因有：由于长期过负荷运行、散热条件差、使用年限长，使电力变压器绕组绝缘老化脆裂，抗电强度大大降低；电力变压器多次受短路冲击，使绕组受力变形，隐藏着绝缘缺陷，一旦遇有电压波动就有可能将绝缘击穿；电力变压器油中进水，使绝缘强度大大降低而不能承受允许的电压，造成绝缘击穿；在高压绕组加强段或低压绕组部位，因统包绝缘膨胀，使油道阻塞，影响散热，进而使绕组绝缘因过热而老化，发生击穿短路；由于防雷设施不完善，在大气过电压作用下，发生绝缘击穿等。

2）套管引出线绝缘故障

电力变压器引出线通过电力变压器套管内腔引出与外部电路相连，引出线是靠套管支撑和绝缘的。如果套管上端帽罩封闭不严进水，使引出线主绝缘受潮而击穿，或者电力变压器严重缺油，使油箱内引线暴露在空气中，造成引出线闪络。

3）铁芯绝缘故障

电力变压器铁芯由硅钢片叠装而成，硅钢片之间有绝缘漆膜。如果硅钢片紧固不好，会使漆膜破坏产生涡流而发生局部过热。同理，夹紧铁芯的穿芯螺丝、压铁等部件，若绝缘破坏也会发生过热现象。此外，若电力变压器内残留有铁屑或焊渣，使铁芯两点或多点接地，都会造成铁芯故障。

4）套管闪络和爆炸

电力变压器高压侧（110kV 及以上）一般使用电容套管，如果瓷质不良可能有沙眼或裂纹；电容芯子制造上有缺陷，内部游离放电；套管密封不好，有漏油现象；套管积垢严重等故障都可能使套管发生闪络和爆炸。

5）分接开关故障

电力变压器分接开关是电力变压器常见的故障部位之一。分接开关分无载调压和有载调压两种，常见故障的原因如下。

（1）无载分接开关：由于长时间靠压力接触，会出现弹簧压力不足、滚轮压力不均等现象，使分接开关连接部分的有效接触面积减小，以及连接处接触部分镀银层磨损脱落，引起分接开关在运行中发热损坏；分接开关接触不良，引出线连接和焊接不良，经受不住短路电流的冲击而造成分接开关被短路电流烧坏；由于管理不善，调乱分接头或工作大意造成分接开关事故。

（2）有载分接开关：带有载分接开关的电力变压器，分接开关的油箱与电力变压器油箱一般是互不相通的。若分接开关油箱严重缺油，则分接开关在切换中会发生短路故障，使分接开关烧坏。为此，运行中应分别监视两油箱油位是否正常。分接开关机构故障有：分接开关卡塞，停在过程位置上，造成分接开关烧坏；分接开关油箱密封不严而渗水、漏油；多年不进行油的检查化验净化，因此油脏污，致使分接开关的绝缘强度大大下降，以致造成故障；分接开关切换机构调整不好，触头烧毛，严重时部分熔化，从而产生电弧，引起故障。

2. 重瓦斯保护动作的处理

在电力变压器运行中，由于电力变压器内部发生故障或继电保护装置及二次回路故障，引起重瓦斯保护动作，使断路器跳闸。重瓦斯保护动作跳闸时，中央事故音响动作，发出电笛声，电力变压器各侧断路器绿色指示灯亮，“重瓦斯动作”和“掉牌未复归”光字牌亮，重瓦斯信号灯亮，电力变压器表指示为零。此时，运行值班人员对电力变压器应进行如下检查和处理。

（1）检查油位、油温、油色有无异常，检查防爆管是否破裂喷油，检查吸湿器、套管有无异常，电力变压器外壳有无变形。

（2）立即取气样和油样做色谱分析。

（3）根据电力变压器跳闸时的现象（如系统有无冲击，电压有无波动）、外部检查及色谱分析结果判断故障性质，找出原因。在重瓦斯保护动作原因未查清之前，不得合闸送电。

（4）如果经检查未发现任何异常，确系二次回路故障引起误动作，可投入差动保护及过流保护，将重瓦斯保护改置“信号”位置或退出，试送电一次，并加强监控。

3. 自动跳闸的处理

当运行中的电力变压器自动跳闸时，运行值班人员应迅速做出如下处理。

（1）当电力变压器各侧断路器自动跳闸后，将跳闸断路器的控制开关调至跳闸后的位置，并迅速投入备用电力变压器，调整运行方式和负荷分配，维持运行系统及其设备处于正常状态。

（2）检查铭牌属于何种保护动作及动作是否正确。

（3）了解系统有无故障及故障性质。

（4）若属以下情况并经领导同意，可不经检查试送电：人为误碰保护使断路器跳闸；保护明显误动作跳闸；电力变压器仅低压过流或限时过流保护动作，同时跳闸电力变压器下一级设备故障而其保护未动作，且故障已切除。但只允许试送电一次。

（5）如属差动保护、重瓦斯保护或电流速断保护动作，故障时有冲击现象，则需对电力变压器及其系统进行详细检查，停电并测量绝缘。在未查清原因之前，禁止将电力变压器投入运行。这时，无论系统有无备用电源，都不允许强送电。

4. 电力变压器着火

在电力变压器运行时，由于电力变压器套管破损或闪络，使油在储油柜油压的作用下流出，并在电力变压器顶盖上燃烧。电力变压器内部发生故障，使油燃烧并使外壳破裂等。电力变压器着火，应迅速做出如下处理。

（1）断开电力变压器各侧断路器，切断各侧电源，并迅速投入备用电力变压器，恢复供电。

（2）停止冷却装置运行。

（3）主电力变压器及高压厂用电力变压器着火时，应先解列发电机。

（4）若油在电力变压器顶盖上燃烧，应打开下部事故放油门放油至适当位置；若电力变压器内部故障引起着火，则不能放油，以防电力变压器爆炸。

（5）迅速用灭火装置灭火，如用干粉灭火器或泡沫灭火器灭火。必要时拨打消防电话请消防队来灭火。

6.8 电力变压器的检修

电力变压器发生故障后，应对电力变压器进行检修，通常电力变压器一年要进行1～2次检修，检修时应停电，在确保检修安全的同时，也能确保检修质量，达到提高供电稳定性的目的。

1．大修

电力变压器大修是指在停电状态下对电力变压器本体排油、吊罩（吊芯）或打开油箱内部进行检修，以及对主要组、部件进行拆解检修工作。运行中的电力变压器，当发现异常状况或经试验判明有内部故障时，应进行大修。电力变压器大修周期一般应在10年以上。

大修的项目包括以下内容。

（1）绕组、引线的检修。

（2）铁芯、铁芯紧固件（穿心螺杆、夹件、拉带、绑带等）、压钉、压板及接地片的检修。

（3）油箱、磁（电）屏蔽及升高座的装置检修，套管检修。

（4）冷却装置的拆解检修，包括冷却器、油泵、油流继电器、水泵、压差继电器、风扇、阀门及管道等。

（5）安全保护装置的检修及校验，包括压力释放装置、气体继电器、速动油压继电器、控制阀等。

（6）油保护装置的拆解检修，包括储油柜、吸湿器、净油器等。

（7）测温装置的校验：包括压力式温度计、电阻温度计、棒形温度计等。

（8）操作控制箱的检修和试验。

（9）无励磁分接开关或有载分接开关的检修。

（10）全部阀门和放气塞的检修。

（11）全部密封胶垫的更换。

（12）必要时对器身绝缘进行干燥处理。

（13）电力变压器油的处理。

（14）清扫油箱并喷涂油漆。

（15）检查接地系统。

（16）大修的试验和试运行。

2．小修

电力变压器小修是在停电状态下对电力变压器箱体及组、部件进行的检修。小修的项目包括如下内容。

（1）处理已发现的缺陷。

（2）放出储油柜积污器中的污油。

（3）检修油位计，包括调整油位。

（4）检修冷却油泵、风扇，必要时清洗冷却器管道。

（5）检修安全保护装置。

（6）检修油保护装置（净油器、吸湿器）。

（7）检修测温装置。

（8）检修调压装置、测量装置及控制箱，并进行调试。

（9）检修全部阀门和放气塞，检查全部密封装置，处理渗漏油。

（10）检修套管和导电接头（包括套管将军帽）。

（11）检修接地系统。

（12）清扫油箱和附件，必要时进行补漆。

（13）按有关规程规定进行测量和试验。

3．状态检修

电力变压器的状态检修是指基于现有离线或在线监测、检测手段，通过对交接验收、生产运行、附件运行、检修记录、预防试验等资料进行综合分析，从而得到变压器各个时期的状态参数，进而推测出各阶段的劣化速率及劣化趋势，判断系统绝缘状况。从发展上来看，状态检修是一项非常有效的举措，它不仅能更好地贯彻“安全第一，预防为主”的方针，而且可以避免计划检修中的一些盲目性，实现减人增效，进一步提高企业的经济效益和社会效益。国家电网公司《变压器状态检修导则》和《变压器状态评价导则》将变压器的状态分为正常、可疑、可靠性下降及危险四种状态，并提出了相应的处理方法，如表 6.5 所示。

表 6.5　变压器状态评估的主要特征及对策

变压器状态	主 要 特 征	对　　策
正常	运行试验数据正常或其中个别试验参数稍有下降，但稳定	保持正常巡视和预试
可疑	在试验周期内，发现某些参数异常，反映变压器可能存在异常，但仍有很多不确定因素	对个别项目缩短试验周期，加强监控
可靠性下降	预防性试验或跟踪试验证实变压器存在故障，并已确定原因和部位，且判断该故障短期内不会引发事故	对停电检修的限期做好计划
危险	试验数据或运行参数表明，运行时会随时发生事故	紧急停运处理

6.9 工作任务解决

08.绝缘电阻的测量

由于电力变压器内部结构复杂，电场和热场分布不均匀，事故率比较高。因此，需要对变压器进行定期（通常为1～3年）的绝缘预防性试验。对变压器绝缘电阻进行测试是绝缘预防性试验中一个非常重要的试验项目，通过测量电力变压器的绝缘电阻可以灵敏地查出整体受潮、部件表面受潮或脏污及贯穿性缺陷等故障。

1．变压器绝缘试验的步骤

（1）选择试验用的仪器。

（2）按照作业任务要求正确选择安全用具，做好个人防护工作。

（3）遵循安全操作规程，按照操作步骤正确操作。

（4）操作结束后，对设备进行检查。

2．变压器绝缘测量的相关规定

新安装或检修后及长期停用（3周及以上）的电力变压器运行前应测量绝缘电阻。

（1）电压等级为1000V及以上的绕组使用2500V的兆欧表，1000V以下的绕组用1000V的兆欧表。电阻值规定（20℃）：3～10kV为300MΩ，20～35kV为400MΩ，63～220kV为800MΩ，500kV为3000MΩ。0.4kV及以下的变压器用500V的兆欧表，且绝缘电阻≥0.5MΩ。

（2）当电阻值低于前次值的50%时，通知检修处理，必要时测量变压器的介质损耗和吸收比，吸收比R60/R15≥1.3。

（3）两次测得的数值换算到同一温度下比较，这次电阻值与上次电阻值相比不得降低30%，否则视为不合格。

（4）10kV且容量在4000kVA以下的配电变压器一般不测，以60s电阻值为准。

（5）10kV配电变压器绝缘电阻的最低合格值与温度有关，如表6.6所示。

表6.6　10/0.4kV电力变压器绝缘电阻要求

温度/℃		0	10	20	30	40	50	60	70	80	90
高低压绕组之间及高压绕组与外壳之间的测定值/MΩ	良好值	2000	900	450	225	120	64	36	19	12	8
	允许值	1500	600	300	150	80	43	24	13	8	5
低压绕组与外壳之间的测定值/MΩ	良好值	120	60	30	15	8	5	4	2	2	2
	允许值	80	40	20	10	5	3	2	1	1	1

（6）测量电力变压器的绝缘电阻时，采用空闲绕组接地的方法，其优点是可以测出被测部分对接地部分和不同电压部分间的绝缘状态，且能避免各绕组中剩余电荷造成的测量误差。

3．正确测量

（1）按设备的电压等级选择兆欧表，高压对低压及地的绝缘电阻选用2500V的兆欧表，低压对地的绝缘电阻选用 500V 的兆欧表。

（2）按照作业任务要求正确选择和检查工作服、绝缘靴（鞋）、安全帽、保护接地线、高压验电器、低压验电器、兆欧表、测试线等。

① 工作服。

工作服外观完好，没有油污、破损，表面干燥。检查完成后，穿上工作服。

② 绝缘手套。

12kV 的绝缘手套外观完好，没有油污、破损，内衬干燥，气密性试验合格，有产品合格证与检验合格证，均在检验有效期内，电压等级与任务要求相适应。两只绝缘手套都要进行检查。

③ 安全帽。

安全帽外观完好，没有油污、破损，帽衬、帽绳完好，帽箍灵活，有产品合格证与检验合格证，均在检验有效期内。检查完成后，正确佩戴安全帽。

④ 绝缘靴（鞋）。

绝缘靴外观良好，无破损老化，鞋底无裂纹、伤痕、老化，内部干燥，有产品合格证与检验合格证，均在检验有效期内，电压等级与任务要求相适应。

⑤ 携带型接地线。

10kV 携带型接地线外观完好，工作部分、手握部分完好，25mm^2 接地线外观完好，无断股、断线，线夹完好，螺丝紧固，接头连接无松动，有产品合格证与检验合格证，均在检验有效期内。

⑥ 高压验电器。

10kV 高压验电器外观完好，没有油污、破损，手握部分、工作部分、伸缩部分完好，有产品合格证与检验合格证，均在检验有效期内，在已知的同等级带电设备下试验确认合格。

⑦ 低压验电器。

低压验电器外观完好，无损伤、裂纹、变形，手握部分、工作部分、伸缩部分完好，有产品合格证与检验合格证，均在检验有效期内，在已知的同等级带电设备下试验确认合格。

⑧ 放电棒。

10kV 高压放电棒外观完好，接地线、接地夹头完好，放电杆无破损、断裂，伸缩部分完好，有产品合格证与检验合格证，均在检验有效期内。

⑨ 兆欧表。

a．兆欧表外观完好，有合格标签，外壳完整，玻璃无破损，指针无卡阻，接线齐全、完好。

b．兆欧表开路和短路试验合格：测量前，先将兆欧表进行一次开路试验和短路试验，检查兆欧表是否良好。如果将两连接线开路摇动手柄，指针应指在∞（无穷大）处，此时若把两连线头瞬间短接一下（要半圈），指针应指在 0 处，说明兆欧表良好，否则说明兆欧表有误差。

（3）测量绝缘电阻以前，应切断被测设备的电源，并且要进行三相验电、短路放电，放电的目的是保障人和设备的安全，并且保证测量结果的准确性。

（4）兆欧表的连线应是绝缘良好的两条分开的单根线，两根连线不能缠绞在一起，不使连线与地面擦触，以免因连线绝缘不良引起测量误差。

（5）测量高压绕组对低压绕组及地（壳）的绝缘电阻的接线方法：将高压绕组三相引出端 1U、1V、1W 用裸铜线短接，以备接兆欧表 L 端；将低压绕组引出端 2U、2V、2W、N 及地（外壳）用裸铜线短接，接在兆欧表 E 端；必要时，为减少表面泄漏影响测量值，可用裸铜线在高压侧瓷套管的瓷裙上缠绕几匝后，再用绝缘导线接在兆欧表 G 端。

（6）测量低压绕组对地（壳）的绝缘电阻的接线方法：将二次绕组引出端 2U、2V、2W、N 用裸铜线短接，以备接兆欧表 L 端；将高压绕组三相引出端 U、V、W 及地（外壳）用裸铜线短接，接在兆欧表 E 端；必要时，为了减少表面泄漏影响测量值，可用裸铜线在低压侧瓷套管的瓷裙上缠绕几匝后，再用绝缘导线接在兆欧表 G 端。

（7）在测量时，将兆欧表置于水平位置，一手按着兆欧表外壳（以防兆欧表振动），一手摇手柄。当表针指向 0 时，应立即停止摇动，以免烧坏兆欧表。以转速为 120r/min 匀速摇动兆欧表的手柄，指针稳定后（大约 1min）将兆欧表 L 端搭接至被测端，指针稳定后读数。

（8）读取数据后，先撤出 L 端测线，再停止摇动兆欧表手柄。

（9）每次测量结束后都要用放电棒将变压器对地放电。

（10）记录数据，按照表 6.6 的 10/0.4kV 电力变压器绝缘电阻的要求值，对变压器的绝缘性能进行判断。

【拓展任务】变压器分接开关调整

09.变压器分接开关调整

1. 任务描述

某线路 103#10/0.4kV 变压器用户端电压长期偏高，现在变压器处于运行状态，请调整 103#10/0.4kV 变压器分接开关，使变压器用户端电压正常。

2. 评分标准

该任务评分标准如表 6.7 所示。

表 6.7 变压器分接开关调整评分标准

序号	考试项目	考试内容	配分/分	评分标准
1	变压器分接开关调整	工作准备	15	工作前准备：穿工作服，穿绝缘鞋，正确戴好安全帽。每错一项扣 2～5 分。 按照作业任务要求正确填写操作票，操作票填写不规范，视情况扣 2～5 分。 选择满足施工要求的工具、器具、施工材料。每错一项扣 2～5 分
		操作技能	80	调节分接开关：接头调节不符合检修工艺要求扣 5～20 分；处理方法及工具使用不正确，错一项扣 5～10 分；连接不牢固扣 5～10 分。 测量直流电阻：操作不熟练扣 10 分，未按正确顺序操作扣 10～30 分。 结果分析：未正确判断扣 10 分

续表

序号	考试项目	考试内容	配分/分	评分标准
		文明作业	5	清理现场，交还工具、器具，按有关规定进行操作。现场未清理或清理不干净扣2～5分
2	否决项	否决项说明	扣除该项分数	操作票填写不正确，考生该项得0分，并终止该项目的考试

3. 工作准备

（1）组织准备。

① 按要求签发操作票。

② 填写操作票，模拟板试操作准确无误。

③ 确认工作负责人和监护人。

④ 如需减轻负荷，应提前通知受影响的用户。

（2）物质准备。

① 准备安全用具（绝缘棒、放电棒、绝缘手套、临时接地线、绝缘靴、标志牌、高压验电器、低压验电器）。

② 万用表及直流单臂电桥。

③ 其他用具及材料（临时用导线、电工工具等）。

（3）安全准备。

根据操作票步骤，将变压器退出运行，达到检修状态。

倒闸操作票

单位：衢州职业技术学院　　　　编号：2310002

<table>
<tr><td>发令人</td><td></td><td>收令人</td><td></td><td>发令时间</td><td>年__月__日__时__分</td></tr>
<tr><td>操作开始时间</td><td colspan="3">年__月__日__时__分</td><td>操作结束时间</td><td>年__月__日__时__分</td></tr>
<tr><td colspan="6">（　）监护人操作　　（　）单人操作　　（　）监护下操作</td></tr>
<tr><td colspan="6">操作任务：变压器分接开关调整</td></tr>
<tr><td>顺序</td><td colspan="4">操作项目</td><td>执行</td></tr>
<tr><td>1</td><td colspan="4">检查测量所用的安全用具</td><td></td></tr>
<tr><td>2</td><td colspan="4">确认低压侧负荷已转移</td><td></td></tr>
<tr><td>3</td><td colspan="4">断开低压侧断路器</td><td></td></tr>
<tr><td>4</td><td colspan="4">断开高压侧跌落式熔断器，检查是否处于断开状态</td><td></td></tr>
<tr><td>5</td><td colspan="4">对变压器低压侧验明无电压、放电，装设接地线</td><td></td></tr>
<tr><td>6</td><td colspan="4">对变压器高压侧验明无电压、放电，装设接地线</td><td></td></tr>
<tr><td>7</td><td colspan="4">拆除变压器两侧引线</td><td></td></tr>
<tr><td>8</td><td colspan="4">调节分接开关</td><td></td></tr>
<tr><td>9</td><td colspan="4">测量直流电阻</td><td></td></tr>
<tr><td>10</td><td colspan="4">恢复变压器两侧引线</td><td></td></tr>
</table>

续表

顺　序	操 作 项 目	执　行
11	拆除变压器高压侧接地线	
12	拆除变压器低压侧接地线	
13	合上高压侧跌落式熔断器，检查闭合状态	
14	合上低压侧断路器	
备注：		

操作人：＿＿＿＿＿＿　　监护人：＿＿＿＿＿＿　　值班负责人（值长）：＿＿＿＿＿＿

4. 切换操作

（1）执行安全技术措施，将运行中的变压器停电、验电、放电，挂好临时接地线、标志牌等。

（2）拆除一次高压侧接线。

（3）取下操作手柄护罩，松开或提起分接开关的定位销（或螺栓）。

（4）转动开关手柄至所需的挡位，首先提起分接开关的定位销，按拟定调整方案的方向旋转，然后在接近拟定位置时，左右旋转旋钮，使动、静触点可靠接触，最后锁定分接开关旋钮，这就是“一提二扭三锁定”法则。在切换分接开关时，必须来回转动分接开关手柄数十次，以消除触头表面的氧化膜和油垢，使其接触良好。转动分接开关手柄的原则是“高往高调，低往低调”。

（5）用万用表测量一次绕组各分头的直流电阻（线间电阻），并做好记录，测试前后应放电。

（6）用单臂电桥精确测量一次绕组绕的直流电阻（线间电阻）R_{uv}、R_{vw}、R_{wu}，并做好记录，测试前后应放电。

① 测试前先打开检流计锁扣，调节调零器使指针指零。

② 用粗短导线将被测电阻接到相应部位，并将接线柱拧紧。

③ 根据被测电阻的大致值（可用万用表粗测），选择适当的比例臂。比例臂的选择一定要保证比较臂的 4 个挡都能用上，以确保测试结果有 4 位有效值。

④ 测试时应先按下电源按钮 B，再按下检流计按钮 G，观察检流计指针的偏转情况。指针向“+”方向偏转，需增大比较臂阻值。反之则减小比较臂阻值。如此反复进行，直至电桥平衡，指针指零。在调节过程中不能将检流计按钮锁住，只有当检流计指针已接近零时，才能将按钮锁住（调节过程中采用试探按压）。

⑤ 电桥平衡后，根据比例臂和比较臂的示值，计算被测电阻的阻值：

被测电阻值（R）=比例臂示值（K）×比较臂示值（R'）

⑥ 测试完毕应先松开检流计按钮 G，再松开电源按钮 B，特别是在测试具有电感元件电路的过程中，更应注意这一点。否则，在电源突然断开时产生的自感电动势，可能会损坏检流计。

（7）记录直流电阻读数时，应同时记录当时的环境温度和湿度，便于比较不同时期的测试结果，分析误差和偏差的原因。容量在 1600kVA 及以下的三相变压器直流电阻的不平衡率，即测量值中最大值与最小值之差与三相平均值之比不超过 2%。且直流电阻与同温度下产品出厂实测数值比较，变化不应大于 2%。

（8）计算结果确认合格后，锁定定位销，将护罩装好并紧固，恢复变压器原接线。

（9）执行操作票，拆除临时接地线及标志牌，分接开关调整完成后，检查工作面确无遗留物，接线可靠，各电气距离满足运行标准，征得工作负责人同意后，方能拆除接地线。应先拆高压、后拆低压，先拆远侧、后拆近侧。拆除接地线时应戴绝缘手套。

（10）按操作票进行变压器送电操作。

① 对配电变压器两侧引线进行安装，要先高压，后低压。引线安装前，分清中性线、相线及其相序。引线安装时，各连接点连接要紧固。

② 进行恢复送电，恢复送电应分试送电和正式送电两个步骤。试送电是对配电变压器的空载送电，其目的是验证分接开关调整工作的效果，避免配电变压器分接开关调整后电压质量更加恶化。正式送电，即分接开关调整试送电，经配电变压器二次侧电压测试合格后，分接开关调整工序完成送电。

（11）送电后检查三相电压是否正常。

习　　题

1. 电力变压器的主要组成部件有哪些？
2. 电力变压器油的主要作用是什么？
3. 电力变压器调压装置的作用是什么？
4. 电力变压器在运行中温度异常升高，可能是由哪些原因引起的？
5. 电力变压器大修后应进行的电气试验有哪些？

拓展讨论

党的二十大报告中指出：“我们提出并贯彻新发展理念，着力推进高质量发展，推动构建新发展格局，实施供给侧结构性改革，制定一系列具有全局性意义的区域重大战略，我国经济实力实现历史性跃升。”和“我们加快推进科技自立自强，全社会研发经费支出从一万亿元增加到二万八千亿元，居世界第二位，研发人员总量居世界首位。”在特高压领域，我们曾经落后西方 40 年，如今我们从落后发展为赶超。我国的科研工作者在特高压技术的研究之路上，从零开始埋头苦干，不断突破技术难关，从白手起家到国之重器，一步一步走到世界领先位置。请查阅相关资料说说我国在±800kV 特高压换流变压器、1000kV 特高压交流变压器等领域突破了哪些技术难关？创造了哪些世界纪录？

工作任务 7　10kV 高压成套配电装置的巡视检查

任务描述

巡视正在运行的 10kV 高压成套配电装置。

任务分析

10kV 高压成套配电装置的巡视检查评分标准如表 7.1 所示。

表 7.1　10kV 高压成套配电装置的巡视检查评分标准

考 试 项 目	考 试 内 容	配分/分	评 分 标 准
10kV 高压成套配电装置的巡视检查	安全意识	20	首先准备好该项操作所需的安全用具，并进行检验，未准备所需的安全用具或未检验扣 3～10 分。 未做好个人防护，即戴安全帽、戴绝缘手套和穿绝缘靴，扣 2～10 分
	操作技能	60	遵守电气安全规程，巡视高压配电室，核对设备的名称、位置、编号，未正确说出设备所处的状态及运行方式，扣 3～15 分；未正确说出高压配电室的运行检查及维护要点，扣 5～15 分；未正确说出高压开关柜所有指示灯及控制开关的作用，扣 5～10 分。熟知高压开关设备正常运行的气象条件，在特殊气象条件下如何确保设备正常运行，依据熟知程度扣 0～10 分，超时扣 5～10 分
	填写运行日志	20	根据当前设备运行情况，正确填写高压配电室运行日志。错一项扣 3 分

根据工作任务及评分标准可以明确，10kV 高压成套配电装置的巡视检查需要掌握的知识包括如下内容。

（1）高压成套配电装置的组成结构。

（2）高压断路器的结构及作用。

（3）高压断路器的运行维护与检修。

（4）高压隔离开关的结构及其作用。

（5）高压隔离开关的运行维护与检修。

（6）高压负荷开关的结构及其作用。

（7）高压负荷开关运行维护与检修。

需要掌握的技能包括如下内容。

（1）能够明确高压开关柜的巡视要点，并进行正确巡视。

（2）能够正确说明断路器的作用，并对其运行进行分析。

（3）能够正确说明隔离开关的作用，并对其运行进行分析。

（4）能够正确说明负荷开关的作用，并对其运行进行分析。

7.1　高压成套配电装置

高压成套配电装置是制造厂成套供应的设备，由制造厂预先按照主接线要求，将每一回路的高、低压电器（包括控制电器、保护电器、测量电器），如断路器、隔离开关、互感器等，以及母线、载流导体、绝缘子等装配在封闭或半封闭的金属柜中，构成各单元电路分柜（又称间隔）。安装时，按主接线方式，将各单元电路分柜组合起来，就构成整个配电装置。高压成套配电装置主要包括进线柜、计量柜、PT 柜、出线柜、联络柜、隔离柜等。

1. 进线柜

进线柜是从外部引进电源的开关柜，一般是从供电网络引入 10kV 电源，10kV 电源经过开关柜将电能送到 10kV 母线，这个开关柜就是进线柜。主要由真空断路器、隔离开关、三组三线圈电流互感器、避雷器、带电显示器、电压互感器、导线等组成。进线柜一般配有真空断路器，以实现电路开断，真空断路器具备短路、防过流等保护功能，同时配有隔离开关以保护检修人员的安全，另外进线柜还配备电流互感器、电压互感器以计量电流、电压。因此进线柜具备了保护、计量、监控等，可以实现更多综合功能。

2. 计量柜

计量柜主要由电流互感器、熔断器、电压互感器、带电显示器等组成，采用高供高计方式，通过电流互感器、电压互感器、电能表等计量装置用电情况及反映负荷的用电量。安装在用户处的计量装置，由用户负责保护完好，装置本身不被损坏或丢失。

3. PT 柜

PT 柜主要由电压互感器、隔离开关、熔断器、避雷器等组成，主要用于电压测量、提供操作电源及继电保护等。

4. 出线柜

出线柜是母线分配电能的开关柜，将电能送至电力变压器，由三组三线圈电流互感器、隔离开关、断路器、刀闸、带电显示装置等组成，用于分配电能，即将主电源分配到各个用电支路开关上去，对各支路进行过流、过负荷保护，以及接通、断开支路电源。

5. 联络柜

联络柜也叫母线分段柜，是用来连接两段母线的设备，在单母线分段、双母线系统中常常要用到母线联络柜，以满足用户选择不同运行方式的要求或保证在故障情况下有选择地切除负荷。联络柜主要由隔离开关、断路器、电流互感器、带电显示装置等组成，一般起联络母线的作用。当两路电源同时送电的时候联络柜从中间断开（两路不同的电源，通常不能重合），当其中某一段电源因事故而停电或断电的时候，联络柜自动接通，以保障用户用电，而当原来停电的那一端恢复通电时候，联络柜自动断开，处于原来的备用状态。

6．隔离柜

隔离柜由断路器、隔离开关、接地开关、电流互感器、电压互感器、避雷器、 带电显示装置等组成。主要用来隔离两段母线或隔离受电设备与供电设备，它可以给工作人员提供一个可见的断点，以便检修和维护作业。

由高压成套配电装置的结构组成可以看出，各单元电路分柜的主要高压设备包括高压断路器、高压隔离开关、高压负荷开关、互感器、避雷器等。

7.2 高压断路器

高压断路器是电力系统中最重要的电气设备之一。它具有完善的灭弧装置和高速传动机构，能够关合、承载和开断运行状态下的正常电流，并能在规定时间内关合、承载和开断规定的异样电流（短路电流、过负荷电流），以完成主接线运行方式的改变，以及尽快切除故障电路。

1．高压断路器的作用及基本要求

1）作用

控制作用：根据需要，将部分电力设备或线路投入或退出运行，以改变电网运行方式或将部分设备恢复（停止）供电。

保护作用：当电力设备或线路发生故障时，通过继电保护装置作用于断路器，将故障部分快速切除，保证电网安全可靠运行。

安全隔离作用：设备检修时，断开断路器和隔离开关，可将电气设备与电源隔离，保证工作人员的安全。

2）基本要求

分闸状态应有良好的绝缘性。在规定的环境条件下，能承受对地电压及一相内断口间的电压。

在开断规定的短路电流时，应有足够的开断能力和尽可能短的开断时间，一般在开断临时性故障后，要能进行重合闸。

在接通规定的短路电流时，短时间内断路器的触头不能产生熔焊等情况。在制造厂规定的技术条件下，高压断路器能长期可靠地工作，有一定的机械寿命和电气寿命。此外，高压断路器还应有结构简单、安装及检修方便、体积小、质量轻等特点。

2．高压断路器类型

1）根据安装地点分类

根据安装地点不同，高压断路器可分为户内高压断路器和户外高压断路器两种类型。

2）根据灭弧介质分类

根据灭弧介质不同，高压断路器可分为油断路器、真空断路器、SF_6断路器。

① 油断路器。

在多油断路器中，油不仅作为灭弧介质，还作为绝缘介质，因此用油量多，体积大。

少油断路器导电部分间（相与相或相与地）的绝缘利用空气和陶瓷或有机绝缘材料作为绝缘材料，它的灭弧室装在绝缘筒或不接地的金属筒中，变压器油只用作灭弧和触头间的绝缘，因此用油量少、体积小、耗钢材少、检修周期短。户外少油高压断路器受气候影响大，配套性差，用于 6～220kV（20kV 以下户内、35kV 及以上户外）的电力系统。目前在发电厂和变电所中，油断路器已很少被采用，逐渐被其他断路器所替代。图 7.1 所示为 SW2-63/1250 户外高压少油断路器。

② 真空断路器。

真空断路器利用真空度为 6.6×10^{-2}Pa 以上的高真空作为内绝缘和灭弧介质。它的优点是可以频繁操作，维护工作量小、体积小等。真空断路器用于灭弧的动、静触头封在真空泡内，利用真空作为绝缘和灭弧介质，因而带来了其他类型断路器无法比拟的优点。国际上一些工业发达的国家，都致力于真空断路器的开发和应用。一些著名的电气制造公司，如美国的通用电气公司，德国的西门子公司，日本的东芝、日立公司，英国的通一电气公司等都有规模庞大的真空断路器研究机构和制造工厂。在中压等级的断路器中，这些国家的真空断路器的生产量达到 50%以上。在我国，真空断路器的生产使用可以说是刚刚起步，就显示了强大的生命力，在电压等级较低（3～35kV）、要求频繁操作、户内装设的场合，真空断路器作为今后一个时期的方向性产品是毋庸置疑的。图 7.2 所示为 ZN63(VS1)-12/630-20 户内真空断路器。

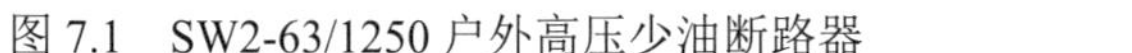

图 7.1　SW2-63/1250 户外高压少油断路器　　图 7.2　ZN63(VS1)-12/630-20 户内真空断路器

③ SF_6断路器。

SF_6断路器采用具有优良的灭弧能力和绝缘能力的 SF_6 气体作为灭弧介质，具有开断能力强、动作快、体积小等优点。但其金属消耗多，价格较贵。SF_6断路器也是近几年来发展起来的一种新型断路器。可是 SF_6气体价格昂贵，SF_6断路器结构复杂，且需要气体回收装置。同样 SF_6断路器存在一个泄漏问题，泄漏出的 SF_6 气体与空气作用生成的低氟化硫有毒，会对人体造成伤害。但是 SF_6 断路器的缺点正在被克服，今后 110kV 以上的高压系统中，SF_6 断路器是主要的发展方向。图 7.3 所示为 LW8-40.5 户外高压 SF_6 断路器。

3. 高压断路器的基本结构

高压断路器由开断元件、绝缘支撑元件、传动元件、基座和操动机构组成，如图 7.4 所示。

图 7.3　LW8-40.5 户外高压 SF_6 断路器

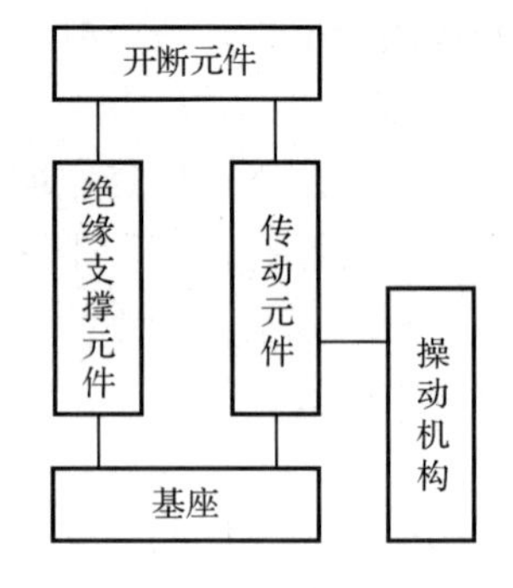

图 7.4　高压断路器的基本结构组成

（1）开断元件：包括导电回路、动静触头和灭弧装置，用来开断、关合电路和隔离电源。

（2）绝缘支撑元件：包括瓷柱、瓷套管和绝缘套管。用来支撑开关的器身，承受开断元件的操动力及各种外力，保证开断元件对地绝缘。

（3）传动元件：包括连杆、拐臂、齿轮、液压或气压管道。用来将操作命令和操作机构提供的动能传递给通断元件，即动触头。

（4）基座：用来支撑和固定开关电器各部分。

（5）操动机构：向通断元件提供分、合闸的能量，实现开关分、合闸。由磁、液压、弹簧、气动等作为动力。

4. 高压断路器的型号

高压断路器的型号由七部分组成，各部分含义如下。

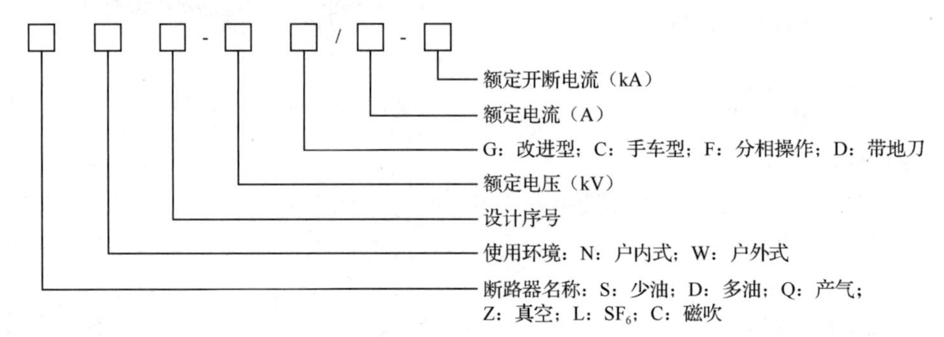

例如：SN4-20G/8000-30 表示户内改进型少油断路器，其设计序号为 4，额定电压为 20kV，额定电流为 8000A，额定开断电流为 30kA。

5. 高压断路器的允许运行方式

在规定的外部环境条件下，可以长期连续通过额定电流及开断铭牌规定的短路电流，此时，断路器的磁件、压力、温度及机械部分均应处于良好状态。

1）运行参数

正常运行电压不超过铭牌的最高工作电压，负荷电流不超过额定电流，事故状态下负荷电流不超过额定值的 10%，且时间不宜超过 4 小时；通过的短路电流应满足动稳定性和热稳定性要求，开断电流和开断容量均不得超过铭牌额定值。

2）运行温度

断路器本体与引线的运行温度不超过允许值。

① 油断路器：允许温升不超过 40～60℃。

② SF_6 断路器：导体允许温升不超过 65℃，外壳允许温升不超过 30℃。

③ 真空断路器：动静触头主导电回路的温升在长期通电情况下不应超过规定值。

3）开断次数

装有自动重合闸的油断路器，切断 3 次后应停用重合闸，切断 4 次后应大修。SF_6 断路器不同型号的允许开断次数差别很大，按制造厂规定：FA4 型开断额定值为 1500 次，开断 100%的短路 14 次，开断 50%的短路 90 次以上；真空断路器，3AF 型可开断额定短路电流 100 次，可开断额定电流 2000 次以上。

4）操动机构

电磁操动机构：合闸电源稳定，脱扣线圈的动作电压在规定值范围内。

弹簧操动机构：分、合闸后能够自动再次储能。

液压或气动操动机构：工作压力在规定范围内。压力降低要防止慢合闸、慢分闸。油位在正常范围，避免有大量空气存在。

5）运行压力

气体介质（空气、SF_6）运行压力在规定的允许范围内调节，以免影响开断性能和绝缘性能，降低到确定数值闭锁并发出信号。

6）绝缘电阻

绝缘电阻反映断路器的绝缘缺陷，投入运行前在合闸状态下测量导电部分对地绝缘电阻和分闸状态下测量断口之间的绝缘电阻。油断路器、SF_6 断路器、真空断路器的绝缘电阻都有具体规定。

6. 高压断路器的操作

1）操作规定

① 断路器检修停运一周以上，在送电前（检修后）要做远方分、合闸试验，以确保断

路器在断开短路电流后可以正常合闸，电气性能正常。

② 当断路器非全相分合时，应尽快使断路器恢复对称状态（三相全断或全合）。当分闸操作发生非全相分闸时，应立即切断控制电源，手动操作将拒动相分闸。当合闸操作发生非全相合闸时，应立即将已合上的断路器断开，在查明原因后，可重新合闸操作一次，如仍不正常，不应再次合闸。

③ 全部断路器禁止带电状态手动进行分、合闸，或带电就地操作按钮分、合闸。

④ 当液压机构油压异样分、合闸闭锁时，不准擅自解除，防止慢分、慢合造成爆炸。

2）操作方法

① 用控制开关进行远方电动分、合闸操作，应操作到位，停留时间适当，以信号灯亮、熄为准，防止分、合闸失灵。

② 由微机限制的断路器应通过微机进行分、合闸。

③ 检查断路器位置：仪表、信号灯、就地信号。

7. 高压断路器的巡视检查

1）巡视检查项目

（1）油断路器的巡视检查项目。

① 油位应在两条红线之间、油色正常，正常运行时的油色透亮不发黑，新油为淡黄色，运行后的油呈浅红色。

② 油位计应无裂纹，橡皮垫无腐蚀、软化，无沉淀物。

③ 引线接头接触良好无过热，螺丝完整，无搭挂杂物。

④ 瓷套管应清洁，无破损、裂纹、放电烧痕。

⑤ 分合闸位置指示正确，与当时实际运行工况相符。

⑥ 设备接地线无断股，不松动。

⑦ 设备标识安全、明显、正确。

（2）SF_6断路器巡视检查项目。

① 套管不脏污，无破损、裂痕及闪络放电现象。

② 连接部分无过热现象，如有应停电退出，消退后方可接着运行。

③ 内部无异响（漏气声、振动声）及异臭。

④ 壳体及操作机构完整，不锈蚀，各类配管及阀门无损伤、锈蚀，开闭位置正确，管道的绝缘法兰绝缘支持良好。

⑤ 分、合闸位置指示正确，其指示与当时实际运行工况相符。

⑥ SF_6气压保持在额定表压，SF_6气体正常压力为0.4～0.6MPa，如压力下降，表明有漏气现象，应刚好查出泄漏位置并进行消退，否则将危及人身及设备平安。

⑦ 监控SF_6气体中的含水量。当水分较多时，SF_6气体会水解成有毒的腐蚀性气体。

（3）真空断路器的巡视检查项目。

① 分合位置指示正确，其指示应与当时实际运行工况相符。

② 支持绝缘子无异样、裂痕、损伤，表面光滑。

③ 真空灭弧室无异样（包括无异响）。

④ 金属框架或底座无严重锈蚀、变形。

⑤ 可视察部位的连接螺栓无松动，轴销无脱落或变形。

⑥ 接地良好。

⑦ 引线接触部位或有示温蜡片的部位无过热现象，引线驰度适中。

（4）弹簧操动机构的巡视检查项目。

① 箱门平整，开启灵敏，关闭紧密。

② 断路器在运行状态时，储能电动机的电源开关或熔断器应在投入位置，不得随意拉开。

③ 检查储能电动机，行程开关触点无卡住和变形，分合闸线圈无冒烟异味。

④ 断路器开关在分闸备用状态时，分闸连杆应复归，分闸锁扣到位，合闸弹簧应储能。

⑤ 防潮加热器良好。

⑥ 运行中的断路器应每隔6个月用万用表检查其操作熔断器的良好情况。

（5）液压操动机构巡视检查项目。

① 机构箱门平整，开启灵敏，关闭紧密，箱内无异味。

② 油箱油阀正常，无渗漏油。

③ 液压指示在允许范围内。

④ 加热器正常。

⑤ 每天记录油泵启动次数。

（6）电磁操动机构巡视检查项目。

① 箱门平整，开启灵敏，关闭紧密。

② 合闸线圈及合闸接触器线圈无冒烟异味。

③ 直流电源回路接线端无松动或锈蚀。

2）运行巡视

（1）运行的一般规定。

① 断路器运行开断故障次数应写入变电站现场专用规程。

② 断路器应具备远方和就地两种操作方式。

③ 断路器应有完整的铭牌，规范的运行编号和名称，相色标志明显，其金属支架、底座应可靠接地。

（2）本体规定。

① 压力异常导致断路器分、合闸闭锁时，不准擅自解除闭锁进行操作。

② 定期检查断路器金属法兰与瓷件胶装部位防水密封胶的完好性，必要时重新补涂防水密封胶。

（3）操动机构规定。

① 液压（气动）操动机构的油、气系统应无渗漏，油位、压力应符合厂家规定。

② 弹簧操动机构手动储能与电动储能之间联锁应完备，手动储能时必须使用专用工具，手动储能前应断开储能电源。

（4）停运规定。

某些特殊情况下，高压断路器需要紧急申请停运。

① 导电回路部件有严重过热或打火，SF_6断路器严重漏气，真空断路器的灭弧室有裂纹或放电声，落地罐式断路器防爆膜变形或损坏，液压、气动操动机构失电压等情况。

运维人员应立即汇报调控人员申请设备停运，停运前应远离设备。

② 出现下列情况之一，断路器跳闸后不得试送：有线路带电检修；断路器开断电流次数达到规定次数；断路器铭牌标称容量接近或小于安装地点的母线短路容量。

3）巡视

高压断路器的巡视包括例行巡视、全面巡视、熄灯巡视和特殊巡视。

（1）例行巡视。

本体外观清洁，无异味、异响；分、合闸指示正确，与实际位置相符；传动部分无明显变形、锈蚀，轴销齐全；操动机构各项指标正常；接地线标志完好；接地线可见部分连接完整可靠；接地螺栓紧固，无放电痕迹，无锈蚀、变形现象。

（2）全面巡视。

全面巡视是在例行巡视基础上增加以下巡视项目：抄录断路器油位、SF_6气体压力、液压（气动）操动机构压力、断路器动作次数、操动机构电动机动作次数等数据。

（3）熄灯巡视。

重点检查引线、接头、线夹有无发热现象，外绝缘有无放电现象。

（4）特殊巡视。

新安装的断路器、A/B 类检修后投运的断路器、长期停用的断路器投入运行 72 小时内，应增加巡视次数（不少于 3 次），巡视项目按照全面巡视执行。

异常天气、高峰负荷期间、故障跳闸后的巡视。

8．高压断路器的维护

1）断路器本体（地电位）锈蚀

对断路器本体（地电位）的初发性锈蚀，用钢丝刷、砂布、刨刀、棉纱将锈蚀部位处理干净，使表面露出明显的金属光泽，无锈蚀、起皮现象。

处理时应保证人与设备间有足够的安全距离。

2）指示灯更换

指示灯不能正确反映设备正常状态时，应予以检查，确定为指示灯故障时应选用相同规格型号的指示灯进行更换。

更换完成后，应检查指示灯指示与设备实际状态是否相符。

3）储能空开更换

发现储能空开故障时，应选用相同型号的储能空开进行更换。更换后检查相序是否正确，确认无误后方可投入运行。

4）红外检测

精确测温周期如下。

1000kV：1 周；330～750kV：1 个月；220kV：3 个月；110（66）kV：半年；35kV 及

以下：1 年；新投运的断路器：1 周内（但应超过 24 小时）。

配置智能机器人巡检系统的变电站，可由智能机器人完成红外普测和精确测温，由专业人员进行复核。

9．高压断路器的故障及处理

1）油断路器

少油断路器的故障现象、原因及处理方法如表 7.2 所示。

表 7.2 少油断路器的故障现象、原因及处理方法

故障现象	故障原因	处理方法
油断路器的操作机构合不上闸	熔断器熔体熔断无直流电源，使操作机构合不上闸	检查并排除故障后更换相同规格的熔体
	合闸线圈由于操作频繁，温度过高，甚至烧坏	减少操作次数，当合闸线圈温度超过 65℃时，停止操作，待线圈温度降低到 65℃以下时再进行操作
	直流电压低于合闸线圈的额定电压，导致合闸时虽然机构能动作，但不能合闸	调高直流电源电压，满足合闸线圈的用电电压
	合闸线圈内部铜套不圆、不光滑或铁芯有毛刺而卡住	将铜套进行修整，去掉铁芯毛刺，并进行调整，以排除卡阻
	合闸线圈内的套筒安装不当或变形，影响合闸线圈铁芯的冲击行程	重新安装，手动操作试验，观察铁芯的冲击行程并调整
	合闸线圈铁芯顶杆太短，定位螺钉松动，使铁芯顶杆松动变位引起操作机构合不上闸	调整滚轮与支持架间的间隙，并紧固螺钉
	辅助开关触点接触不良，使操作机构合不上闸	调整辅助开关拐臂与连杆的角度及拉杆与连杆的长度，或更换触点
	操作机构安装不当，使机构卡住不能复位	检查各轴及连板有无卡住，若有则进行相应的处理
油断路器的操作机构不能分闸	分闸线圈无直流电压或电压过低	检查调整直流电源电压，达到合闸线圈的使用电压
	辅助触点接触不良或触点未切换	调整辅助开关或更换触点
	分闸铁芯被剩磁吸住	将铁顶杆换成黄铜杆，而黄铜杆必须与铁芯用销子紧固
	分闸铁芯挂在其周围的凸缘	将铁心周围凸缘的棱角进行修正，使铁芯不致被挂住
	分闸线圈烧坏	找出原因并更换线圈
	分闸线圈内部铜套不圆、不光滑，铁芯有毛刺而卡住	对铜套进行修整，去除铁芯毛刺
	连板轴孔磨损，销孔太大使转动机构变位	检查连板轴孔的公差是否符合要求，超过时必须更换
	轴销窜出，连杆断裂或开焊	手动打回冲击铁芯使开关分开，再检查连杆、轴销的衔接部分，进行更换或焊接
	定位螺钉松动变位，使传动机构卡住	将受双连板击打的螺钉调换方向或加设销紧螺母，以免螺钉松动变位

续表

故障现象	故障原因	处理方法
基座转轴油封漏油	基座中的油封配合太紧将油封挤破	更换油封圈且配合不宜太紧
	转轴上有毛刺将油封圈的内圈划破	去掉转轴上的毛刺，并更换油封圈
	基座孔端面加工粗糙，粗糙度差	用砂布对转轴和孔进行抛光处理
	油封圈未压紧	在外面紧固压紧油封圈
	油封变形、磨损或骨架橡胶油封有气孔、裂纹破损	拆下检查并更换油封圈
	断路器断开短路电流时，断路器本身内油压力增高，使油沿轴冲出，造成漏油	可选用双口油封以增加油封的抗压力
放油阀漏油	放油阀的螺钉孔平面有残漆及表面凹凸不平	用锉刀将螺孔表面修平，并将红纤维板垫片换成油封圈，使螺钉旋紧时沟槽处保证可靠密封
	放油阀失灵	将放油阀的尼龙堵头换成金属堵头，或更换新的放油阀
基座缓冲器油封漏油	油封圈与油封配合太紧：油封圈压缩后出现永久变形导致密封不严；油封圈与油封配合太松；油封压缩量小使油封圈压不紧而造成漏油	更换油封圈，使油封圈压缩到原来尺寸的2/5～1/2为宜，并在油封圈表面涂以少量密封膏来防止加工表面有微小孔引起漏油
大绝缘筒上下端油封漏油	油封圈断裂或移位	更换油封圈或移动位置
	油封圈与油封槽尺寸配合太紧，被压缩后产生永久变形，甚至压碎	选用尺寸合适的油封圈或将油封槽重新按油封圈的大小进行加工
油位计渗漏油	油位计安装位置不当，使油封圈的切孔位置不合适或未压紧	将油位计重新安装，适当压紧油封圈
	油位计破碎及附件玻璃管端口不平或破裂	更换油位计及附件
油箱焊缝渗漏油	受环境、温度等的影响，焊缝出现开裂和砂眼	对油箱焊缝渗漏油应采取补焊的方法，补焊时应将油箱内的油放干净，并做好防火措施，避免残油炭化燃烧引起事故
动静触点超程过大或三相合闸不一致	超行程过大	可调节拉杆的长度与油缓冲器塞杆的高度来达到要求
	三相合闸不一致	可调节绝缘拉杆长度来满足同期性，合闸时三相动、静触点不一致程度不得超过3mm
导电部分接地	引出、引入导电杆绝缘不良或少油断路器支持绝缘子污秽及拉式绝缘子绝缘不良	清扫或清洗瓷套或绝缘子，涂上防污涂料或采用爬电距离大的瓷套或绝缘子
	拉杆螺钉松脱，导电触点碰到油箱，或软铜片折断触及箱壁	紧固拉杆螺钉或顶丝，开关在分、合闸时不要将软铜片受压打折或过于拉紧
	检修后接地线忘记拆除	严格按规程操作，送电前必须有专人检查并拆除接地线
分、合闸速度不符合要求	分、合闸速度同时减慢	重新装配或注入润滑油
	分、合闸速度减慢或加快	调整分闸弹簧、压缩弹簧、合闸缓慢弹簧等触头
操动机构在电压偏低时不能分闸	定位止钉位置太低	调整止钉位置
	脱扣器松动	紧固脱扣器
	脱扣器铁芯动作不灵活	调整脱扣器的方向

续表

故障现象	故障原因	处理方法
	分闸电压偏低	当分闸线圈的电压低于60%时，应调整到65%以上
	各传动部分不灵活	检查并加润滑油
操动机构在电压偏低时不能合闸	辅助开关切换过早	调整辅助开关的连杆长度，使主触点接触后再切换
	合闸电压偏低	加大电源容量或增大回路导线截面，以减小线路电压降
	各传动部分不灵活	进行检查并加润滑油
操动机构的分、合闸线圈烧坏	电压过高	降低电源电压
	线圈绝缘老化或受潮	更换线圈或将线圈进行干燥
	辅助开关的触点未断开，线圈长时间通电	调整辅助开关，能准确无误地进行切换
	铁芯卡住	排除卡住现象，使铁芯动作灵活

2）真空断路器

真空断路器的故障主要是真空灭弧室漏气和操动机构故障两个方面，其故障现象、原因及处理方法如表7.3所示。

表7.3　真空断路器的故障现象、原因及处理方法

故障现象	故障原因	处理方法
不能正常分、合闸，内部气压下降（漏气）	真空断路器内部存在许多接头和螺纹，因加工和安装等原因，这些接头可能会产生裂纹，导致真空断路器漏气	更换密封件或紧固接头，消除漏气现象
	真空断路器在运行过程中，可能会受到电弧和磁力的作用，从而产生飞弹冲击，这种冲击可能会使真空断路器内部结构变形，导致漏气	更换膨胀弹簧，保证真空断路器在电弧状况下不出现结构变形
	真空断路器内部材料可能会老化，如密封圈老化、接头变形等，从而导致漏气	定期检查和更换真空度检测仪表，及时发现问题并进行维护
拒分、合闸	操动电源无电压	接通电源
	操动回路未接通	检查操动回路接线
	合闸线圈或分闸线圈断线，或未接入受电回路	检查回路是否断路
	操动机构上的辅助开关触点未到位，或接触不良	检查触点
合不上闸或合后立即分断	操动电压太低	检查电源电压
	断路器动触杆接触行程过大	调整动触杆行程开关位置
	辅助开关联锁电接点断开过早	调整辅助开关联锁电接点
	操动机构的半轴与掣子扣接量太小或操动机构的一字板未调整好	调整操动机构的半轴与掣子扣接量或操动机构的一字板
分不了闸	分闸铁芯内有物体，使铁芯受阻动作不灵活	去除杂物
	分闸脱扣半轴转动不灵活	调整分闸脱扣器

续表

故障现象	故障原因	处理方法
	分闸的铜撬板太靠近铁芯的撞头，使铁芯分闸时无加速力	调整分闸的铜撬板
	半轴与掣子扣接量太大	调整操动机构的半轴与掣子扣接量
分闸或合闸电磁铁不动或动作缓慢	电磁铁铁芯位置或行程调整不当	调整铁芯位置
	由两个线包串联（220V 时）或并联（10V 时）组成的电磁铁芯线圈，极性接反	重新接线
	线圈内部产生匝间短路，此时回路中电流很大而电磁力却很小	进行检修并测试合格后投入使用
	零部件锈蚀严重	更换锈蚀零部件
	铁屑或灰尘落入铁芯间隙或导槽	去除铁屑或灰尘
操动机构储能后，储能电动机不停	储能机构储满能量后，机构摇臂未能将行程开关常闭接点打开，储能回路一直带电，储能电动机不能停止工作	调整行程开关安装位置，确保摇臂在最高位置时能将行程开关常闭触点打开
分、合闸不同期，合闸弹跳时间大	断路器本体机械性能较差，分体式断路器由于操作杆距离较大，分闸力传到触头时，各相之间存在偏差	在保证行程、超行程的前提下，通过调整三相绝缘拉杆的长度使同期弹跳测试数据在合格范围内

3）SF_6 断路器

SF_6 断路器的故障主要是漏气、不能正常动作、水分超标等问题，其故障现象、原因及处理方法如表 7.4 所示。

表 7.4　SF_6 断路器的故障现象、原因及处理方法

故障现象	故障原因	处理方法
漏气（SF_6 压力降低警报）	气体密度继电器动作值出现误差，误发信号	若是密度继电器动作值出现误差，误发信号，需对其进行调整或更换，并检查气体密度继电器的报警标准，对密度继电器进行校验；若是二次接线出现故障，找出错接点，改正接线
	SF_6 气体泄漏，密封垫损坏，部件有砂眼，焊缝漏气，气体管路连接处漏气等	用检漏仪检测，发现漏点，更换异常密封件或损坏漏气的部件并制定方案进行补气，使其达到额定压力
拒合或合闸速度偏低	合闸铁芯行程小，吸合到底时，定位件与滚轮不能解扣	调整铁芯行程
	连续短时进行合闸操作，使线圈发热，合闸力降低	减少操作
	辅助开关未转换或接触不良	调整辅助开关，检查辅助开关的触点是否有烧伤，有烧伤要予以更换
	合闸弹簧发生永久变形，合闸力不足	更换合闸弹簧
	合闸线圈断线或烧坏	更换合闸线圈
	合闸铁芯卡住	检查并进行调整，使其运动灵活
	机构或本体有卡阻现象	进行慢动作检查或拆解检查，找出不灵活部位重新装调

续表

故障现象	故障原因	处理方法
	分闸回路串电，即在合闸过程中，分闸线圈有电流（其电压超过 30%的额定电压），分闸铁芯顶起	应检查二次回路接线是否有错，并改正错误
	控制回路没有接通	检查何处断路，如线圈的接线端子处引线未压紧而接触不良等，查出问题后进行针对性处理
拒分或分闸速度低	辅助开关未转换或接触不良	调整辅助开关，检查辅助开关的触点是否有烧伤，有烧伤要予以更换
	分闸铁芯未完全复位或有卡滞	检查分闸电磁铁装配是否有阻滞现象，如有要排除
	分闸线圈断线或烧坏	更换分闸线圈
	分闸回路参数配合不当，分闸线圈端电压达不到规定值	重新调整分闸回路参数
	控制回路没有接通	检查控制回路何处断路，查找断路原因并接通电路
	机构或本体有卡阻现象，影响分闸速度	慢动作或拆解检查，重新装配
合闸弹簧不储能或储能不到位	控制电动机的自动空气开关在“分”位置	将控制电动机的自动空气开关予以关闭
	对控制回路进行检查，有无接错、断路、接触不良等	根据不同问题进行针对性处理
	行程开关切断过早	对形成开关进行调整，并检查行程开关触点是否烧坏，有烧伤要予以更换
	检查机构储能部分，有无卡阻、配合不良、零部件破损等现象	对出现的问题予以排除
水分超标	环境温度过高，湿度过大	在正确的环境条件下，安排重新检测
	组装时进入水分。组装时由于环境，现场装配和维修检查的影响，高压电器内部绝缘材料含有水分，内壁附着水分	使用 SF_6 气体回收装置；回收并过滤断路器中的 SF_6 气体，更换干燥过的吸附剂；使用真空泵抽真空至 133Pa 以下，充入加热高纯氮静置 30min 吸附设备内水分，直至测量氮气水分含量合格后，抽真空充入合格的 SF_6 气体，静置 24h 后，测量 SF_6 气体含水量，应不大于 150ppm
	充气管道未进行干燥或材质自身含有水分，或管道连接部分存在渗漏现象，造成外来水分进入内部	
	密封件不严而渗入水分	

10．断路器检修

1）检修的分类

（1）大修：对设备的关键零部件进行全面拆解的检查、修理或更换，使之重新恢复到技术标准要求的功能，如断路器的外部检查及修前试验、放油；导电系统和灭弧单元的拆解检修；绝缘支撑系统（支持瓷套等）的拆解检修；变直机构和传动机构的拆解检修；基座的检修等。高压断路器满足大修的条件如表 7.5 所示。

（2）小修：对设备进行的不拆解检查与修理。对操作较少的断路器每年进行 1 次小修，宜安排在 4 月到 5 月；对操作较多的断路器每年进行 2 次小修，一次安排在 4 月到 5 月，另一次安排在 11 月到 12 月。

表 7.5 高压断路器满足大修的条件

序 号	断路器类型	电 气 寿 命	机 械 寿 命	运行时间/年
1	油断路器	累计故障开关电流达到设备技术条件中的规定	机械操作次数达到设备技术条件中的规定	6～8
2	真空断路器	累计故障开关电流达到设备技术条件中的规定	机械操作次数达到设备技术条件中的规定	8～10
3	SF_6 断路器	累计故障开关电流达到设备技术条件中的规定	机械操作次数达到设备技术条件中的规定	12～15

（3）临时检修：针对设备在运行中突发的故障或缺陷进行的检查与修理。当发现断路器有危及安全运行的缺陷时（如回路电阻严重超标、接触部位有明显过热、少油断路器直流泄漏电流超标、严重漏油等），或正常操作次数达到规定值时（达 200 次及以上时或达到规定的故障跳闸次数后），应进行临时检修。

2）检修准备工作及基本要求

（1）检修前的资料准备。

检修前应收集拟检修断路器的资料，对设备的安装情况、运行情况、故障情况、缺陷情况及断路器近期的试验、检测情况等进行详细、全面的调查分析，以判定断路器的综合状况，为现场具体检修方案的制定打好基础。准备的资料包括设备使用说明书、设备图纸、设备安装记录、设备运行记录、故障情况记录、缺陷情况记录、检测记录、试验记录、其他资料等。

（2）检修方案的确定。

通过对设备资料的分析、评估，制定断路器的具体的检修方案。检修方案应包含断路器检修的具体内容、标准、工期、流程等。

（3）检修工具、器具、备件及材料准备。

根据被检断路器的检修方案准备必要的检修工具、器具、试验仪器、备件及材料等，如检修专用支架、起重设备、吸尘器、万用表、断路器测试仪等，还应按制造厂说明准备相应的辅助材料，如导电硅脂、密封胶、纱布等。另外，还应准备专用工具，如手力操作杆、专用拆装扳手、专用测速工具等。

（4）检修安全措施的准备。

① 所有进入施工现场的工作人员必须严格执行电业安全生产规定，明确停电范围、工作内容、停电时间，核实站内所做安全措施是否与工作内容相符。

② 现场如需进行电气焊工作，要开动火工作票，应由专业人员操作，严禁无证人员操作，同时要做好防火措施。

③ 熟悉变电站的接线情况、工作范围、安全措施。

④ 在检修前，各部分都要进行认真检查，防止造成人身伤害和设备损坏。

⑤ 当接触润滑脂或润滑泊时，需戴上防护手套。

⑥ 抽真空时必须有专人监护。

⑦ SF_6 气体工作安全措施如下。

a．按规定制定工作人员防护措施。

b．工作现场应具有强力通风措施，以清除残余气体。

c．准备带微孔过滤器的真空吸尘器，以除去断路器中形成的电弧分解物。

d．在取出 SF_6 断路器中的吸附剂、清洗金属和绝缘零部件时，检修人员应穿戴全套的安全防护用品，并用吸尘器和毛刷清除粉末。

⑧ 断路器检修前必须对检修工作危险点进行分析。每次检修工作前，都要针对被检修断路器的具体情况，对危险点进行详细分析，并做好充分的预防措施。

（5）对检修人员的要求。

① 检修人员必须了解、熟悉断路器的结构、动作原理及操作方法。

② 需要现场拆解大修时，应有专业人员指导。

③ 对各检修项目的责任人进行明确分工，使负责人明确各自的职责内容。

（6）检修环境的要求。

断路器的拆解检修，尤其是 SF_6 断路器的本体检修对环境清洁度、湿度的要求十分严格，灰尘、水分的存在都会影响 SF_6 断路器的性能，故应加强对现场环境的要求，具体要求如下。

① 大气条件：温度在 5℃以上，湿度为<80%（相对）。

② 重要部件拆解检修工作应尽量在检修间进行，现场应采取防雨、防尘保护。

③ 有充足的施工电源和照明措施。

④ 有足够宽敞的场地摆放器具、设备和已拆下的部件。

（7）废油、废气等处理措施准备。

① 使用过的 SF_6 气体应用专业设备回收处理。

② SF_6 电气设备内部含有有毒或腐蚀性的粉末，有些固态粉末附着在设备内部及元件的表面，应用吸尘器进行清理，要仔细地将这些粉末彻底清除干净，用于清理的物品需要用浓度约 20%的氢氧化钠溶液浸泡后深埋。

③ 所有溢出的油脂应用吸附剂覆盖，按化学废物处理。

3）检修前的检查和试验

为了解高压断路器检修前的状态及对检修后试验数据进行比较，在检修前，应对被检断路器进行检查和试验。断路器检修前的检查和试验项目包括如下内容。

（1）断路器检修前的检查项目。

检修前的检查项目包括外观检查、渗漏检查、瓷套检查、压力指示检查、动作次数检查、储能器检查等。

（2）断路器检修前的试验项目。

① 断路器开距、接触行程（超行程）测量。

② 断路器主回路电阻测量。

③ 断路器机械特性试验。在额定操作压力和额定操作电压下，分别测量断路器三相的合闸时间、合闸速度、分闸时间、分闸速度、同相断口间的同期及三相间的同期，以及辅助开关动作时间与主断口的配合等。

④ 断路器的低电压动作试验。在额定操作压力下，分别测量并记录断路器合闸、分闸最低动作电压。

⑤ 断路器液压（气动）操动机构的零起打压时间及补压时间试验。

（3）断路器的检修。

断路器的检修项目主要包括灭弧室及操动机构的检修，断路器的检修项目及技术要求如表 7.6 所示。

表 7.6　断路器的检修项目及技术要求

检 修 部 位	检 修 项 目	技 术 要 求
真空灭弧室	1．检查真空灭弧室的真空度。 2．测量真空灭弧室导电回路电阻。 3．检查真空灭弧室电寿命。 4．检查触头的开距及超行程。 5．对真空灭弧室进行分闸状态下耐压试验	1．真空度应符合标准要求。 2．回路电阻符合制造厂技术条件要求。 3．达到电寿命后立即更换。 4．开距及超行程应符合制造厂技术条件要求。 5．应能达到标准规定的耐压水平
SF_6 灭弧室	检查弧触头和喷口磨损和烧损情况	如弧触头烧损大于制造厂规定值，或有明显碎裂，或触头表面有铜析出现象，应更换新弧触头。喷口和罩的内径大于制造厂规定值或有裂纹、有明显的剥落或清理不干净时，应更换喷口和罩
	检查绝缘拉杆、绝缘件表面	表面无裂痕、划伤，如有损伤，应更换
	合闸电阻的检修： 1．检查电阻片外观，测量每极合闸电阻值。 2．检查电阻动、静触头的情况	1．电阻片无裂痕、烧痕及破损，电阻值应符合制造厂的规定。 2．合闸电阻动、静触头无损伤，如损伤情况严重，应予以更换
	检查压气缸等部件内表面	压气缸等部件内表面无划伤，镀银面完好
	1．检查逆止阀及其密封圈，以及顶杆和阀芯。 2．检查管路接头并检漏。 3．校验 SF_6 密度继电器的整定值，按检修后现场试验项目标准进行	1．顶杆和阀芯应无变形，否则应更换。 2．SF_6 管结构密封面无伤痕。 3．密度继电器整定值应符合制造厂的规定
操动机构	检查机构箱	机构箱表面无锈蚀、变形、漏水现象
	检查清理电磁铁扣板、罩子	分、合闸线圈安装牢固，无松弛、无卡伤、断线现象，直流电阻符合要求，绝缘良好。衔铁、扣板、罩子无变形，动作灵活
	检查传动机构及其他外露部件	表面无锈蚀，连接紧固
	检查辅助开关	触点接触良好，切换角度合适，接线正确
	检查分、合闸弹簧	表面无锈蚀，拉伸长度符合要求
	检查分、合闸缓冲器	测量缓冲曲线应符合要求
	检查二次接线	接线正确
	检查储能开关	接触良好，动作正确
	检查储能电动机	储能时间符合要求
	检查操作计数器	动作应正确

7.3　高压隔离开关

1．高压隔离开关的定义

高压隔离开关是发电厂和变电站电气系统中重要的开关电器，通常需与高压断路器配套使用。它由操动机构驱动本体刀闸进行分、合闸，分闸后形成明显的电路断开点。由于高压隔离开关没有专门的灭弧装置，因此不能用来开断负荷电流和短路电流，只能在电路断开的情况下进行分、合闸操作，或接通及断开符合规定的小电流电路。

2．高压隔离开关的作用

1）隔离电源

隔离开关的主要用途是保证检修工作的安全。在需要检修的部分和其他带电部分之间，用隔离开关构成足够大的空气绝缘间隔。隔离开关的断口在任何状态下都不能发生火花放电，因此它的断口耐压一般比对地绝缘的耐压高出 10%～15%。必要时应在隔离开关上附设接地刀闸，供检修时接地用。

2）倒闸操作

当利用隔离开关进行倒闸操作时，要注意以下两点。

（1）断路器与隔离开关间的操作顺序。

操作时要保证隔离开关“先通后断”，即送电时，先闭合隔离开关，后闭合断路器，停电时，先断开断路器，后断开隔离开关，断路器与隔离开关间的操作顺序必须严格遵守，绝不能带负荷拉隔离开关，否则误操作，将会产生电弧从而导致严重的后果。

（2）母线隔离开关与线路隔离开关间的操作顺序。

操作时要保证母线隔离开关“先通后断”，即接通电路时，先闭合母线隔离开关，后闭合线路隔离开关；切断电路时，先断开线路隔离开关，后断开母线隔离开关，以免万一断路器的实际开合状态与指示状态不一致时，在母线隔离开关上发生误操作，产生电弧引起母线短路，引发事故。

3）分合小电流

隔离开关没有灭弧装置，不能开断或闭合负荷电流和短路电流。但具有一定的分合小电感电流和电容电流的能力。

例如：

① 闭合电压互感器、避雷器电路。

② 拉合母线和直接与母线相连设备的电容电流。

③ 闭合励磁电流小于 2A 的空载变压器（电压为 35kV、容量为 1000kVA 及以下；电压为 110kV、容量为 3200kVA 及以下）

④ 闭合电容电流不超过 5A 的空载线路（电压为 10kV、长度为 5km 及以下的架空线路；电压为 35kV、长度为 10km 及以下的架空线路）。

3. 高压隔离开关的结构

高压隔离开关由五部分组成，如图 7.5 所示。

1）导电部分

导电部分包括触头、闸刀、接线座，主要起传导电路中的电流，闭合和断开电路的作用。

2）操动机构

操动机构通过手动、电动、气动、液压方式向隔离开关的动作提供动力。

3）传动机构

传动机构由拐臂、联杆、轴齿、操作绝缘子组成，它接受操动机构的力矩，将运动传动给触头，以完成隔离开关的分、合闸动作。

4）绝缘部分

绝缘部分包括支持绝缘子和操作绝缘子，实现带电部分和接地部分的绝缘。

5）支持底座

支持底座将导电部分、绝缘部分、传动机构、操动机构等固定为一个整体。

图 7.6 所示为 GW7-220 型高压隔离开关的结构。

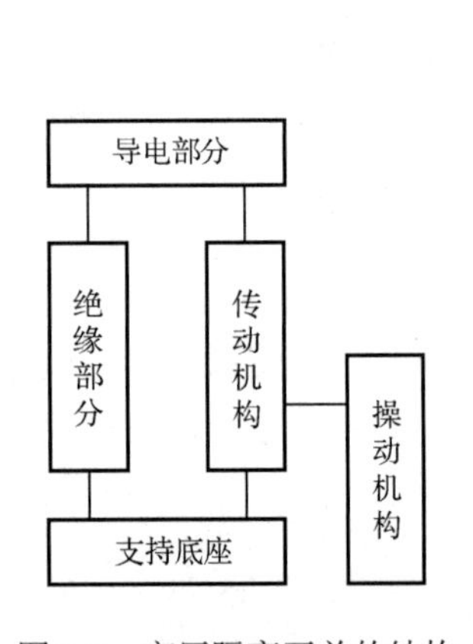

图 7.5　高压隔离开关的结构

图 7.6　GW7-220 型高压隔离开关的结构

4. 高压隔离开关的型号

高压隔离开关的型号主要由以下六部分组成。

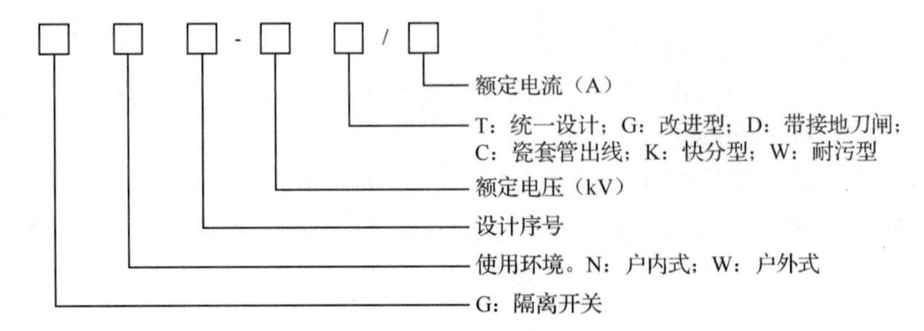

例如：GN19-10/630表示户内隔离开关，设计序号为19，额定电压为10kV，额定电流为630A。

GW4-126DW/1250表示户外带接地刀闸耐污型隔离开关，设计序号为4，额定电压为126kV，额定电流为1250A。

5. 高压隔离开关的种类

按装设地点不同，高压隔离开关可分为户内隔离开关和户外隔离开关；按极数不同，高压隔离开关可分为单极隔离开关和三极隔离开关；按动作方式不同，高压隔离开关可分为旋转式隔离开关、闸刀隔离开关和插入式隔离开关；按绝缘支柱数目不同，高压隔离开关可分为单柱式隔离开关、双柱式隔离开关和三柱式隔离开关；按操动机构不同，高压隔离开关可分为手动式隔离开关、电动式隔离开关和液压式隔离开关；按有无接地刀闸，高压隔离开关可分为带接地刀闸隔离开关和不带接地刀闸隔离开关。图7.7所示为GN9-10型高压隔离开关和GW5-110D型高压隔离开关。

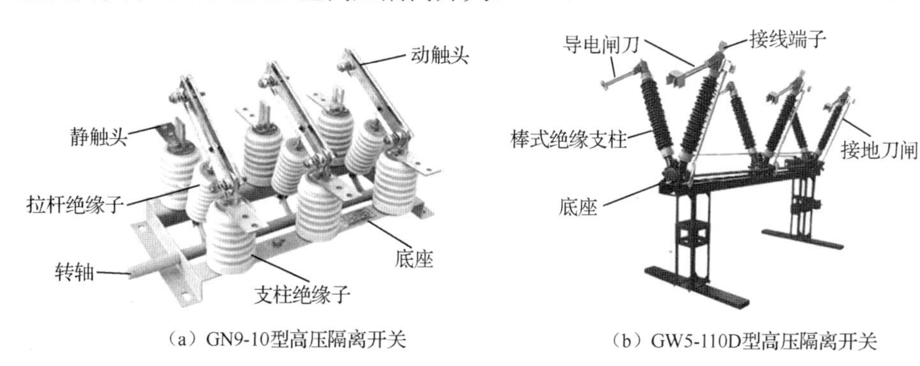

（a）GN9-10型高压隔离开关　　（b）GW5-110D型高压隔离开关

图7.7　高压隔离开关

6. 高压隔离开关使用及操作的注意事项

1）隔离开关使用的注意事项

① 当隔离开关与断路器、接地开关配合使用时，应有机械联锁或电气联锁来保证正确的操作程序。

② 底架上应有不小于12mm的接地螺栓，而接地软铜线的截面积不小于50mm^2。

③ 摩擦部位要经常涂润滑脂。

④ 指示分闸信号应在主刀开关达到80%的断开距离时才能发出，而指示合闸信号，应在主刀开关可靠接触后才能发出。

⑤ 投入运行前，应认真检查隔离开关的接触情况和动作的一致性。

2）隔离开关操作的注意事项

① 操作前应检查断路器的分、合位置，严禁带负荷操作隔离开关。

② 合闸时，在确认与隔离开关连接的断路器等开关设备处于分闸位置后，果断迅速地合上隔离开关，而合闸动作快结束时用力不宜过大，避免发生冲击，同时应保证主刀开关与静触头接触良好。

③ 带负荷误合隔离开关后，不准将隔离开关再拉开。若发生错拉隔离开关，刀片刚离

开固定触头时，应立即合上。若隔离开关刀片已离开固定触头，则不得将误拉的隔离开关再合上。

④ 单极隔离开关合闸时应先合两边相，后合中间相；拉闸时应先拉中间相，后拉两边相，且必须使用绝缘棒操作。

⑤ 分闸时，应确认断路器等开关设备处于分闸位置，缓慢操作，待主刀开关离开静触头时迅速拉开。操作完毕后，应保证隔离开关处于断开位置，并保持操动机构锁牢。

⑥ 用隔离开关来切断变压器的空载电流、架空线路和电缆线路的充电电流、环路电流及小负荷电流时，应迅速进行分闸操作，快速、有效地灭弧。

⑦ 送电时，应先合电源侧的隔离开关，后合负荷侧的隔离开关；停电时，应先拉负荷侧的隔离开关，后拉电源侧的隔离开关。

3）隔离开关送电前的检查

① 操作隔离开关，检查传动机构，其转动应灵活，辅助触点动作应正确可靠。

② 隔离开关各零部件（包括绝缘子）不得有损伤、裂纹等，固定及连接用的螺栓应紧固，开口销应完好。

③ 刀片静触头的接触应良好，表面应清洁，并涂有中性凡士林。

④ 检查带接地刀闸的隔离开关，其接地刀片与主刀片的机械联锁应可靠，动作应正确（主刀闭合时，接地刀断开；主刀断开时，接地刀应能闭合）。

⑤ 隔离开关的定位装置或电磁锁安装应牢固，动作准确可靠。

⑥ 检查所调整的技术数据应符合该型号隔离开关的技术要求。

7. 高压隔离开关运行维护

1）运行规定

隔离开关应满足装设地点的运行工况，在正常运行和检修或发生短路情况下应满足安全要求；隔离开关和接地开关所有部件和箱体上，尤其是传动连接部件和运行部位不得有积水出现。

（1）导电部分。

隔离开关在合闸位置时，触头应接触良好，合闸角度应符合产品技术要求；隔离开关在分闸位置时，触头间的距离或打开角度应符合产品技术要求；隔离开关导电回路长期工作温度不宜超过80℃。

（2）操动机构和传动机构。

隔离开关与其所配装的接地开关有可靠的机械闭锁，机械闭锁应有足够高的强度，电动操动回路的电气联锁功能应满足要求；隔离开关电动操动机构操作电压应为额定电压的85%～110%；隔离开关辅助接点应切换可靠，操动机构、测控、保护、监控系统的分、合闸位置指示应与实际位置一致；手动操作电动操动机构的隔离开关时，应断开其控制电源和电动机电源；接地开关的传动连杆及导电臂（管）上应按规定设置接地标识。

2）紧急申请停运

发现下列情况，应立即向值班调控人员申请停运处理。线夹有裂纹，接头处导线断股、散股严重；导电回路严重发热达到危急缺陷，且无法转换运行方式或转移负荷；绝缘子严重破损且伴有放电声或严重电晕；绝缘子发生严重放电、闪络、裂纹现象，以及根据现场实际认为应紧急停运的其他情况。

8. 高压隔离开关的巡视项目

1）例行巡视

合闸状态的隔离开关触头接触良好，合闸角度符合要求；分闸状态的隔离开关触头间的距离或打开角度符合要求，操动机构的分、合闸指示与本体实际分、合闸位置相符。分、合闸指示正确，与实际位置相符。

触头、触指（包括滑动触指）、压紧弹簧无损伤、变色、锈蚀、变形，导电臂（管）无损伤、变形；导电底座无变形、裂纹，连接螺栓无锈蚀、脱落。

传动连杆、拐臂、万向节无锈蚀、松动、变形。

接地开关平衡弹簧无锈蚀、断裂，平衡锤牢固可靠；接地开关可动部件与其底座之间的软连接完好、牢固。

操动机构机械指示与隔离开关的实际位置一致。

2）全面巡视

隔离开关“远方/就地”切换开关、“电动/手动”切换开关位置正确；空气开关、电动机、接触器、继电器、限位开关等元件外观完好；二次元件标识、电缆铭牌齐全清晰；端子排无锈蚀、裂纹、放电痕迹；二次接线无松动、脱落，绝缘无破损、老化现象；备用芯绝缘护套完备；电缆孔洞封堵完好；箱门开启灵活，关闭严密，密封条无脱落、老化现象，接地线完好；五防锁无锈蚀、变形，锁具芯片无脱落、损耗。

3）熄灯巡视

重点检查隔离开关触头、引线、接头、线夹有无发热现象，绝缘子表面有无放电现象。

4）特殊巡视

新安装的或A类、B类检修后投运的隔离开关应增加巡视次数，巡视项目按照全面巡视执行；异常天气、高峰负荷期间、故障跳闸后的巡视。

9. 高压隔离开关的维护内容

1）端子箱、机构箱维护

箱体、箱内驱潮加热元件及其回路、照明回路、电缆孔洞封堵维护周期及要求参照端子箱的相关标准执行。

2）红外检测

不同电压等级的高压隔离开关有不同的精确测温周期。1000kV的高压隔离开关：1周，省评价中心3个月；330～750kV的高压隔离开关：1个月；220kV的高压隔离开关：3个月；110（66）kV的高压隔离开关：半年；35kV及以下的高压隔离开关：1年；新投运的高压隔离开关：1周内（但应超过24小时）；必要时也可进行检测。

配置智能机器人巡检系统的变电站，可由智能机器人完成红外普测和精确测温，由专业人员进行复核。

检测方法及缺陷定性参照 DL/T 664—2016《带电设备红外诊断应用规范》。

10. 高压隔离开关的常见故障及处理

1）隔离开关接触部分发热

正常情况下，隔离开关不应出现过热现象，其温度不应超过 70℃。当温度达到 80℃时，应减少负荷或将其停用。产生上述现象的原因有刀片和刀嘴接触不良，使电流通路的横截面大大缩小；刀口合得不严，造成表面氧化；接触电阻增大，使触头发热。此外，隔离开关过负荷也会造成发热，值班人员巡视时，可通过隔离开关接触部位的变色漆或示温片颜色变化来判断，也可根据刀片的颜色发暗程度来确定。

（1）过负荷：单母线接线必须降低负荷，并加强巡视；双母线接线，利用母联断路器进行负荷转移工作，先将发热隔离开关上的负荷转移到备用母线侧的隔离开关上，再将发热隔离开关退出运行。

（2）触头发热：一般要更换静触头弹簧夹和烧伤触指，清除动、静触头的氧化层，清洗动、静触头，并涂凡士林，紧固螺栓，更彻底的办法是更换触头。

（3）接线板发热：检查发热点的情况，对接触面进行清洗、打磨、涂导电膏、紧固螺栓等。

发热处理前后建议测量回路电阻以量化检查处理效果。

2）隔离开关拒绝分、合闸

造成隔离开关拒绝分、合闸的原因主要有：操动机构失修，有严重的锈蚀卡涩和梗塞；触头严重接触不良，因隔离开关长期通过大电流或短路电流，使触头烧坏，甚至熔焊在一起，导致动、静触头分不开；连杆、拐臂、齿轮等部位开焊、断裂、脱销、脱扣等，使操动机构失灵；隔离开关架构和基础发生严重不均匀下沉，造成连动机构错位、变形、卡涩，使操动机构卡死；严寒地区融雪结冰后，冰块将机构或触头杆冻结在一起，使操动机构拒绝动作。

处理拒绝分、合闸时，若隔离开关拒绝合闸，则应用绝缘棒进行操作，或在保证人身安全的情况下，用扳手转动每相隔离开关的转轴，使其分开。

隔离开关合不上时应修复销孔，更换合适的销子，或对轴销、楔栓或其他转动部位进行检查修整，更换损坏的零部件。也可检查动、静触头的接触面是否在同一直线上。动触头没有进入静触头内可能是由于静触头或支持瓷瓶柱没有调整好，调整好后加以紧固。

隔离开关拉不开时，可将手柄轻轻摇动后找出卡住的部位并做相应的处理，再试拉一次。若卡住部位在触刀的接触装置上，应考虑变更设备的运行方式或停电检修，不可强行硬拉，以免支持瓷瓶受损而引起重大事故。

3）处理误合、误拉隔离开关

（1）误拉隔离开关。

当隔离开关在拉闸过程中发生误操作，并引起电弧时，应迅速果断地将未拉开的隔离开关合上，以熄灭电弧，避免弧光短路；若隔离开关已经被拉开，则不允许合上，应保证隔离开关在断开位置，用断路器断开回路后，再合上隔离开关。

（2）误合隔离开关。

当把隔离开关合向有故障的回路，或把不同期的系统用隔离开关连接等误合隔离开关时，不管是合上一相、两相或三相，均不允许把已合上的隔离开关再拉开。因为往回拉时将产生弧光，造成弧光短路从而损坏设备。只有用断路器将该回路断开或用跨条将该隔离开关跨接后，才允许将误合的隔离开关拉开。

4）处理隔离开关的其他故障

（1）处理合闸不到位或三相不同期。

隔离开关如果在操作时不能完全合到位，就会造成接触不良，运行中会发热。这时应拉开重查，反复合几次，并且操作动作应符合要领，用力要适当。如果无法完全合到位，或不能达到三相完全同期，应戴绝缘手套，使用绝缘棒将隔离开关的三相触头顶到位，并汇报上级工作人员，安排计划停电检修处理。

（2）处理分、合闸操作中途自动停止。

隔离开关在电动操作过程中，由于操作回路过早打开或回路中有接触不良，会出现中途自动停止故障。如果这时触头之间距离较小，会长时间拉弧放电，造成触头损坏等故障。这时若时间紧，应迅速手动操作，合上隔离开关，汇报给上级工作人员，安排计划停电检修；若时间允许，应迅速将隔离开关拉开，汇报上级工作人员，由专业人员处理，待故障排除后再操作。

（3）处理隔离开关的绝缘子裂纹或破损。

隔离开关绝缘子有裂纹或轻微破损，只要没有放电或闪络现象，一般不影响正常供电，但应加强监视并尽快安排检修。一旦发现绝缘子有放电或闪络现象，应立即停电检修。

（4）处理隔离开关刀片弯曲。

刀片弯面时应进行调整，调整后应使刀片的接触面平整，其中心线在同一直线上。同时还要调整好刀片和瓷柱的位置，并加以紧固。

（5）处理隔离开关自动掉落合闸。

隔离开关在断开位置时，如果操动机构的机械闭锁装置失灵，如弹簧锁住、弹力减弱、销子行程太短等，当遇到较强的振动时，会使机械闭锁销子滑出来，便会造成隔离开关自动掉落合闸事故，需对隔离开关的闭锁装置进行检修处理。

11．高压隔离开关的检修

1）检修的依据

根据高压隔离开关的状况、运行时间等因素决定是否应该对其进行检修。

① 小修一般应结合高压隔离开关的预防性试验进行，周期一般不应超过 3 年。

② 对于运行状态高压隔离开关的检修，应根据设备全面的状态评估结果来决定对隔离开关设备进行相应规模的检修工作。

③ 对于非运行状态但经过完善化改造后符合《交流高压隔离开关技术标准》要求的隔离开关设备，推荐每 8～10 年对其进行一次大修。

④ 针对运行中发现的危急缺陷、严重缺陷及时进行临时检修。

2）隔离开关的小修

① 清除动、静触头表面氧化物，并涂抹导电脂（导电脂的型号根据厂家要求选择）。

② 检查动、静触头的插入或夹持深度，测量动、静触头之间的压力，并测量隔离开关和接地刀闸的回路电阻。

③ 检查并清扫操作机构和传动部分轴承、轴套、齿轮、蜗轮、蜗杆等，必要时涂润滑脂。

④ 检查传动部分与带电部分的距离是否符合要求；定位器和制动装置是否牢固，动作是否正确；检查传动机构的运转情况，各部位动作是否灵活，终止位置是否准确，必要时进行调整。

⑤ 检查各连接部分的紧固件，并按规定的力矩进行紧固。

⑥ 对绝缘子表面进行清洗。

⑦ 对电气操作回路、辅助触点、防误闭锁装置进行检查、校验。

⑧ 检查隔离开关的底座外观是否良好，接地是否可靠。

3）隔离开关的大修

（1）导电部分。

① 主触头接触面无过热、烧伤痕迹，镀银层无脱落现象。

② 触头弹簧无锈蚀、分流现象。

③ 导电臂无锈蚀、起层现象。

④ 接线座无腐蚀，转动灵活，接触可靠。

⑤ 接线板应无变形、开裂现象，镀层完好。

（2）机构和传动部分。

① 轴承座应采用全密封结构，加优质二硫化钼锂基润滑脂。

② 轴套应具有自润滑措施，转动应灵活，无锈蚀现象，新换的轴销应采用防腐材料。

③ 传动部件应无变形、锈蚀、严重磨损现象，水平连杆端部应密封，内部无积水，传动轴应采用装配式结构，不应在施工现场进行切焊配装。

④ 机构箱应达到防雨、防潮、防小动物等要求，机构箱门无变形。

⑤ 二次元件及辅助开关接线无松动现象，端子排无锈蚀现象。辅助开关与传动杆的连接可靠。

⑥ 机构输出轴与传动轴的连接紧密，定位销无松动现象。

⑦ 主刀与接地刀的机械联锁可靠，具有足够的机械强度，电气闭锁动作可靠。

（3）绝缘子。

① 绝缘子完好、清洁，无掉瓷现象，上下节绝缘子同心度良好。

② 法兰无开裂、锈蚀现象，油漆完好，法兰与绝缘子的结合部位应涂防水胶。

4）检修后应进行的检查和试验

高压隔离开关检修后应进行的检查和试验如表 7.7 所示。

表 7.7　高压隔离开关检修后应进行的检查和试验

序　号	检 查 内 容	技 术 要 求
1	隔离开关主刀合入时触头插入深度	符合制造厂技术条件要求
2	接地刀闸合入时触头插入深度	符合制造厂技术条件要求
3	检查刀闸合入时是否在过死点位置	符合制造厂技术条件要求
4	手动操作主刀和接地刀闸合、分各 5 次	动作顺畅，不卡涩
5	电动操作主刀和接地刀闸合、分各 5 次	动作顺畅，不卡涩
6	测量主刀和接地刀闸的接触电阻	符合制造厂技术条件要求
7	检查机械联锁	联锁可靠
8	三相同期	符合制造厂技术条件要求

12. 隔离开关事故的预防

（1）坚持隔离开关定期大小修制度。隔离开关一般 3～5 年进行一次大修，不能按期大修者应增加临时检修次数。

（2）对于久未停电检修的母线侧隔离开关应申请停电检修或开展带电检修，防止或减少恶性事故的发生。

（3）结合电力设备预防性试验应加强对隔离开关转动部件、接触部件、操动机构、机械及电气闭锁装置的检修与润滑，并进行操作试验，防止机械卡涩、触头过热、绝缘子断裂等事故的发生，确保隔离开关的可靠运行。

7.4　高压负荷开关

1. 高压负荷开关的定义

高压负荷开关是一种结构比较简单，具有一定开断和关合能力的开关电器，其功能介于高压断路器和高压隔离开关之间。高压负荷开关具有简单的灭弧装置和分、合闸速度，分闸状态有明显可见的断口，因而能通断一定的负荷电流和过负荷电流，但是它不能断开短路电流，所以它一般与高压熔断器串联使用，借助熔断器来进行短路保护。

2. 高压负荷开关的作用

（1）隔离。

负荷开关在断开位置时，有明显的断开点。

（2）开断和关合。

负荷开关具有简单的灭弧装置，因此可开断、关合负荷开关本身额定电流内的负荷电流。

（3）替代作用。

配有高压熔断器的负荷开关，可作为断流能力有限的断路器使用。负荷开关本身用于开断、关合正常情况下的负荷电流，高压熔断器则用来切断短路电流。

高压负荷开关主要用于操作较为频繁的非重要场所，在小容量变压器保护中，高压熔断器和负荷开关配合使用，熔断器切断短路电流，负荷开关负责正常操作，随着城域网改造，负荷开关的使用量增大，类型上也变得多样化。

3．对高压负荷开关的要求

（1）负荷开关在分闸位置时要有明显可见的间隙。这样，负荷开关前面就无须串联隔离开关。在检修电气设备时，只要开断负荷开关即可。

（2）要能经受尽可能多的开断次数，而无须检修触头和调换灭弧室装置的组成元件。

（3）负荷开关虽不要求开断短路电流，但要能承受短路电流的动稳定性和热稳定性的要求。

4．高压负荷开关的结构类型

按灭弧形式和灭弧介质不同，高压负荷开关分为真空负荷开关、SF_6负荷开关、产气式负荷开关、压气式负荷开关；按操作方式不同，高压负荷开关分为手动型负荷开关和电动型负荷开关等。按安装地点不同，高压负荷开关分为户内型和户外型。目前高压负荷开关在国产化和智能化的道路上随着电力技术的不断革新，真空负荷开关、SF_6负荷开关发展迅速，应用较为广泛。

1）真空负荷开关

真空负荷开关的开关触头被封入真空灭弧室，开断电流大，适宜频繁操作，其灭弧室较真空断路器的灭弧室更简单，管径小。国内有 FN4 型等户内真空负荷开关，一般用于220kV 及以下的电网。图 7.8 所示为 FZN25-12 户内真空高压负荷开关。

2）SF_6负荷开关

SF_6负荷开关是以 SF_6气体作为绝缘介质和灭弧介质的一种优良的负荷开关，其寿命长，开断能力强，容易实现接通、断开和接地三工作位，小电流开关，抗严酷环境条件能力强，适用于城乡中压配电网和 35kV 及以下的户外电网。图 7.9 所示为 FLN36-12 户内 SF_6负荷开关。

图 7.8　FZN25-12 户内真空高压负荷开关

图 7.9　FLN36-12 户内 SF_6负荷开关

3）压气式负荷开关

压气式负荷开关是利用空气作为灭弧介质，将空气经压缩后直接喷向电弧断口而灭弧的负荷开关，适用于 35kV 及以下的电网。图 7.10 所示为 FKRN12A-12D 压气式负荷开关。

图 7.10　FKRN12A-12D 压气式负荷开关

5. 高压负荷开关的型号

负荷开关的型号由八部分组成，型号及含义如下。

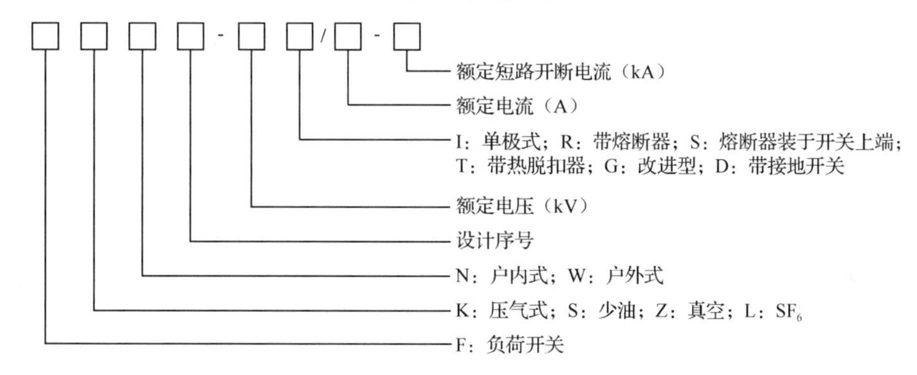

例如：FZW3-12/630-20 表示户外真空高压负荷开关，其设计序号为 3，额定电压为 12kV，额定电流为 630A，额定短路开关电流为 20kA。

FK（R）N12-12D/125-31.5 表示户内压气式、带熔断器、带接地开关的高压负荷开关，其设计序号为 12，额定电压为 12kV，额定电流为 125A，额定短路开断电流为 31.5kA。

6. 高压负荷开关的运行与维护

1）正常运行巡视项目

高压负荷开关正常运行巡视项目包括：观察有关的仪表指示是否正常，以确定负荷开关的工作条件是否正常；运行中的负荷开关有无异响、异味；连接点有无腐蚀、过热变色现象；灭弧装置、喷嘴有无异常；绝缘子是否完好，有无闪络放电痕迹；传动机构、操动机构的零部件是否完整，连接件是否紧固；操动机构的分、合闸指示与负荷开关的实际工作位置是否一致。

2）高压负荷开关的维护

对负荷开关的维护检查，有人值班时，每班至少检查 1 次；无人值班时，每周至少检查 1 次；环境恶劣场所或气候异常情况应增加检查次数。

（1）投入运行前，应将绝缘子擦拭干净，并检查有无裂纹和损坏，绝缘是否良好。

（2）负荷开关的操作机构、传动装置、转轴的销子齐全，无松脱现象，检查并拧紧紧固件，以防其在多次操作后松动。

（3）检查操动机构有无卡滞、阻塞现象。

（4）合闸时检查三相触点是否同期接触，其中心有无偏移现象；分闸时，检查刀开关张开角度是否大于 58°，断开时是否有明显可见的断开点。

（5）检查负荷电流是否在额定值范围内，接点部分有无过热现象。

（6）定期检查灭弧室的完好情况。

（7）检查负荷开关的接地线有无松动、断股和锈蚀现象。

（8）检查各电器连接部位和动、静触头接触是否紧密，有无过热、变色现象。

（9）检查显示开关分、合闸的指示是否正确；闭锁装置是否良好，动作是否准确。

7. 高压负荷开关常见故障及处理

1）触头发热或烧坏

这种故障一般是由三相触点合闸时不同步、压力调整不当、触点接触不良、过负荷运行及操作机构有问题造成的。

（1）当开关在断开、闭合位置时，拐臂不能高支在缓冲器上。旋转操动机构手柄的角度，与主轴的旋转角度互相配合（主轴旋转角度约 105°），使开关在断开、闭合位置时，拐臂都能高支在缓冲器上。如果达不到要求，应调整扇形板上的不同连接孔或改变拐臂长度来达到。

（2）负荷开关与主静触点之间要有合适的开断距离。若超出此范围，可调节操动机构中的拉杆长度或负荷开关的橡胶缓冲器上的垫片来达到。

（3）在合闸位置调节开关的下边缘，使与主静触点红线标志上边缘齐平。如不能达到要求，可将开关与绝缘拉杆间的轴销取出，调节装在内部的六角偏心接头来达到。

（4）负荷开关在分闸过程中，灭弧动触点与灭弧喷嘴不应有较大的摩擦，否则要对灭弧动触点与刀开关间隙进行调节，并检查灭弧静触点是否符合要求。

（5）在合闸时，开关三相灭弧触点的不同时接触偏差不应大于 2mm，否则可调节刀开关与绝缘拉杆处的六角偏心接头来达到。

2）闸刀不能拉合

若因操动机构本身有故障或锈蚀，可轻轻摇动操动机构，找出阻碍操作的故障点，切不可生拉硬拽。闸刀若被冰冻住，可轻轻摇动操动机构进行破冰，仍不能拉合，应停电除冰。

若因连接轴磨损严重或脱落导致不能拉合闸刀，应更换轴承。

3）支持绝缘子损伤

绝缘子自然老化或胶合不好，引起瓷件松动、掉簧或瓷釉脱落，应加强巡视，避免闪络和短路事故。传动机构配合不良，使绝缘子受过大的应力，需重新调整传动机构。

负荷开关拉闸、合闸操作要迅速，但不能用力过猛，以免外力造成机械损伤。在安装和使用负荷开关的过程中，要防止外力损伤绝缘子。

4）刀闸在运行中发热

刀闸在运行中发热，主要是由负荷过重、触头接触不良、操作时没有完全合好引起的。接触部位发热，使接触电阻增大，氧化加剧，发展下去可能会造成严重的事故。

（1）运行中检查刀闸主导流部分有无发热的方法。

在正常运行中，运行人员应按时、按规定巡视检查设备，检查刀闸主导流部位的温度是否超过规定值。主导流部位有无发热可用以下方法检查。

① 定期用测温器测量主导流部位、接触部位的温度，若无专用仪器，可在绝缘棒上绑上蜡烛测试，根据主导流部位所贴示温蜡片有无熔化进行判定。

② 利用雨雪天气检查，如果检查部位有发热情况，则发热部位会有水蒸气、积雪融化、干燥现象。

③ 利用夜间熄灯巡视检查，夜间熄灯时，可发现接触部位有白天不易看清的发红、冒火现象。

④ 观察主导流接触部位有无热气流可发现发热现象。但应注意判断是不是过去遗留的情况。

⑤ 检查各接触部位的金属颜色、气味。接头过热后，金属会因过热而变色，如铝会变白，铜会变紫红。如果接头外部表面上涂有相序漆，过热后油漆颜色变深，漆皮开裂或脱落，且能闻到烤煳的漆味。

（2）刀闸发热的处理方法。

发现刀闸的主导流接触部位有发热现象，应立即设法减少或转移负荷，加强监控。负荷侧（线路侧）刀闸在运行中发热，应尽快安排停电检修，维持运行期间，应减小负荷并加强监视。对于高压室的发热刀闸，在维持运行期间，除了减小负荷、加强监控，还要采取通风降温措施。

8．高压负荷开关检修

1）检修周期和项目

（1）检修周期。

每 1～3 年检修 1 次。在开断 20 次负荷电流后进行全面的检修，重点检修灭弧管。

（2）检修项目。

检修项目包括清扫负荷开关所有部件上的灰尘、污物；检修瓷质部分；检修接触部分；检修机构及转动部分；检修灭弧装置；金属构架除锈防腐；检修后的调整试验。

2）检修标准

（1）负荷开关的所有部件，均应清洁无灰尘、油污。

（2）仔细检查各种绝缘件，应无损伤、裂纹、断裂、老化及放电痕迹。

（3）检查触头烧伤情况，对烧伤表面可用细锉修整，然后涂导电膏或中性凡士林，注油负荷开关要测量接触电阻。

（4）检修后的三相触头接触时，其同期误差应符合产品的技术要求，动刀片插入静触座的深度不应小于刀宽度的 90%。

（5）调整灭弧触头位置，使其与喷嘴之间不应过分摩擦。

（6）调整触头的断开顺序，使灭弧触头的接触要先于主触头，分开时其顺序相反。

（7）清洗导电部分的旧油脂，涂导电膏或中性凡士林，触头接触紧密，两侧压力均匀。

（8）机构和传动部分检修后应达到下列要求。

① 所有传动机构应转动灵活，不卡涩，并涂以适合当地气候条件的润滑脂。

② 传动部分的定位螺钉应调整适当，并加以固定，防止传动装置的拐臂越过死点。

③ 负荷开关的传动拉杆及保护环应完好。

④ 操动机构检修后，应进行 3～5 次的合闸试验，刀片与触座的接触应良好。

（9）灭弧筒内产生气体的有机绝缘物，应完整无裂纹；灭弧触头与灭弧筒的间隙应符合产品的技术规定。

（10）合闸时，固定主触头应可靠地与主刀刃接触，分闸时，三相灭弧刀刃应同时跳离灭弧触头。

（11）调整负荷开关合闸后触头间的相对位置、备用行程及拉杆角度，应符合产品的技术规定。

（12）开关的辅助切换接点应牢固，动作准确，接触良好。

（13）检修完毕后，应进行速度试验，其刚分和刚合速度应符合产品的技术要求。

（14）负荷开关的金属构架应防腐良好，接地可靠。

（15）负荷开关安装或修理完毕后，应进行速度试验，要求刚分闸速度达到 3.6±0.2m/s，刚合闸速度为 4±0.4m/s。如开断速度达不到要求，可调节开断弹簧来达到，合闸速度可调节管内的垫片来达到。

（16）负荷开关大修后，需要经过绝缘电阻测量、交流耐压试验、触点接触电阻测量及触头发热试验等，试验合格后方可投入运行。

7.5　互感器

1．互感器的作用

互感器分为电压互感器和电流互感器两大类，是供电系统中用于电气测量和保护的重要设备。互感器与测量仪表配合，对线路中的电压、电流进行测量。互感器还可与继电器配合，对系统和电气设备进行过电压、过电流和单相接地保护等。互感器将测量仪表、继电保护装置和线路的高电压隔开，以保证操作人员和设备的安全。电流互感器、电压互感器的外形及接线分别如图 7.11、图 7.12 所示。

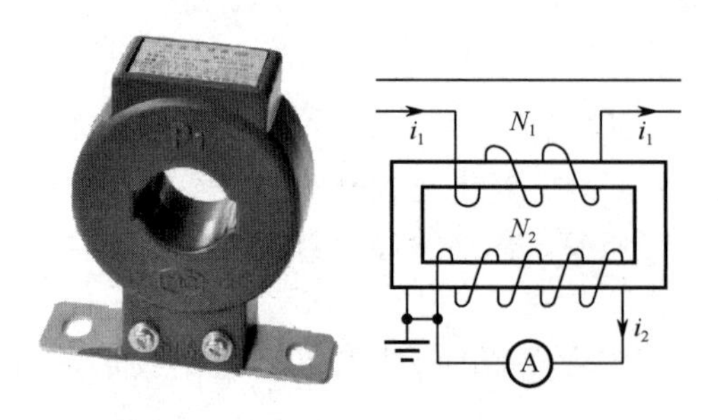

图 7.11　电流互感器的外形及接线

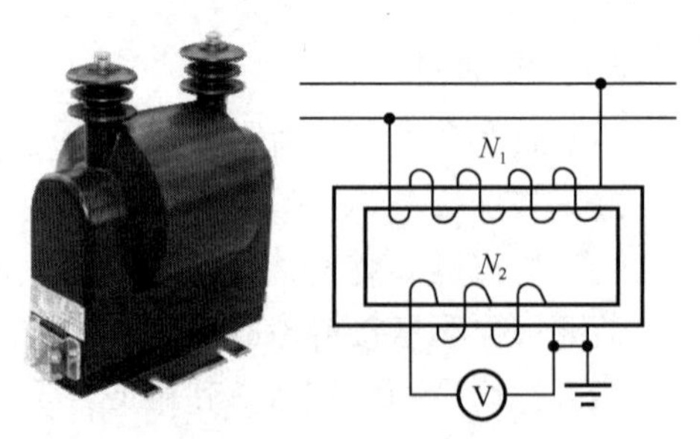

图 7.12　电压互感器的外形及接线

电流互感器是将高压系统中的电流或低压系统中的大电流改变为低压的标准小电流（5A 或 1A）。电压互感器是将系统的高电压改变为标准的低电压（100V 或$100/\sqrt{3}$ V）。

互感器按用途不同可分为测量用互感器和保护用互感器两类。

2. 互感器的型号

电流互感器的型号及字母含义如下。

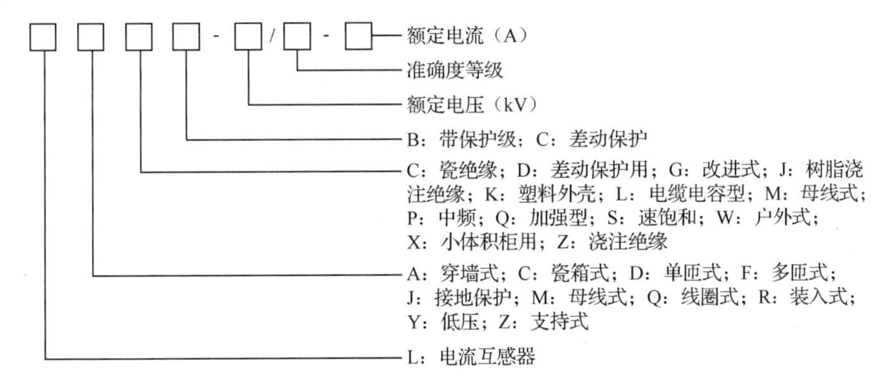

例如：LQJ-10 表示额定电压为 10kV 的树脂浇注绝缘线圈式电流互感器。

电压互感器的型号及字母含义如下。

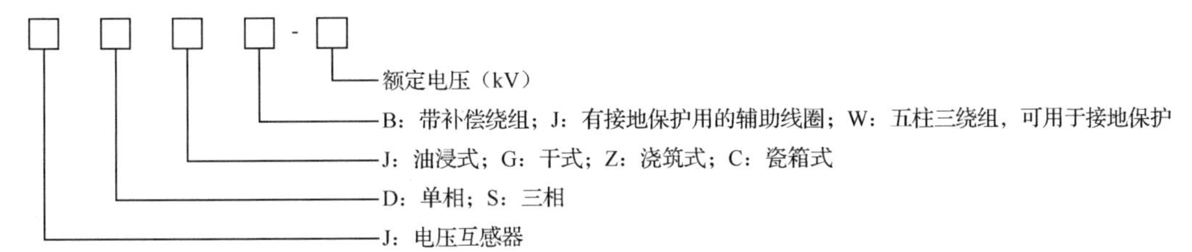

例如：JSJW-10 表示三相五柱三绕组油浸式电压互感器，其额定电压为 10kV。三相电压互感器只限用于 10kV 及以下系统，五柱三绕组电压互感器的第三绕组主要供给监视电网绝缘和接地保护装置。

3. 互感器的运行维护

1）电流互感器的运行维护

（1）电流互感器的运行特点。

① 电流互感器一次电流的大小由一次系统决定，与二次负荷无关，一次电流不随二次回路运行状态的变化而变化。

② 电流互感器在正常情况下，其二次绕组近于短路工作状态。电流互感器二次绕组匝数较多，串联在二次回路中，所接仪表、继电器等二次设备的电流线圈阻抗均很小，因此电流互感器在近于短路状态下运行。

③ 运行中电流互感器的二次回路不允许开路，否则二次侧会产生高电压，危及人身和设备安全。若需接入仪表测试电流或功率，或更换仪表及继电器等，应先将电流回路进线一侧短路或就地制成并联支路，确保作业过程无瞬间开路。同时二次回路不得装设熔断器或其他开关设备。

④ 电流互感器二次绕组一端及铁芯必须可靠接地，防止一次、二次绕组绝缘击穿时，一次侧的高压窜入二次侧，危及人身和设备安全。

⑤ 二次回路连接所用导线或电缆芯线不能太细，必须是截面大于 2.5mm^2 的铜线，以保证必要的机械强度和可靠性。

⑥ 电流互感器的结构应满足热稳定性和动稳定性的要求。

（2）电流互感器运行前的检查。

① 检查套管有无裂纹、破损现象。

② 检查充油电流互感器外观是否清洁，油量是否充足，有无渗漏油现象。

③ 检查引线和线卡子及二次回路各连接部分接触是否良好，不得松弛。

④ 检查外壳及一次、二次侧接地情况，接地是否正确、良好，接地线是否牢固、可靠。

⑤ 按电气试验规程进行全面试验并达到合格标准。

（3）电流互感器的巡视检查。

① 检查瓷套管是否清洁，有无缺损、裂纹及放电现象。

② 检查充油电流互感器油位是否正常，有无渗漏油现象。

③ 检查各接头由于过热及打火现象，螺栓有无松动，有无异常气味。

④ 检查二次绕组有无开路，接地线是否良好，有无松动和断裂现象。

⑤ 检查电流表的三相指示是否在允许范围内。

2）电压互感器的运行维护

（1）电压互感器的运行特点。

① 电压互感器一次电压的大小由一次系统决定，与二次负荷无关。

② 电压互感器在正常情况下其二次绕组近于开路工作状态。电压互感器二次绕组匝数较少，并联在二次回路中，所接仪表、继电器等二次设备的电压线圈阻抗均较大，因此电压互感器在近于开路状态下运行，接近空载运行。

③ 运行中电压互感器的二次回路不允许短路，因为一旦短路，就会有被烧毁的危险，因此一般在其二次侧装设熔断器或低压断路器作短路保护。为了防止电压互感器本身出现故障影响电网的运行，其一次侧一般也需要装设熔断器和隔离开关。

④ 电压互感器二次绕组一端及铁芯必须可靠接地，防止一次、二次绕组绝缘击穿时，一次侧的高压窜入二次侧，危及人身和设备安全。

⑤ 电压互感器的结构应满足热稳定性和动稳定性的要求。

（2）电压互感器运行前的检查。

① 检查套管有无裂纹、破损现象。

② 检查充油电压互感器外观是否清洁，油量是否充足，有无渗漏油现象。

③ 检查引线和线卡子及二次回路各连接部分接触是否良好，不得松弛。

④ 检查外壳及一次、二次侧接地情况，接地是否正确、良好，接地线是否牢固、可靠。

⑤ 按电气试验规程进行全面试验并达到合格标准。

（3）电压互感器的巡视检查。

① 检查瓷套管是否清洁，有无缺损、裂纹及放电现象。

② 检查充油电压互感器油位是否正常，有无渗漏油现象。

③ 检查各接头由于过热及打火现象，螺栓有无松动，有无异常气味。

④ 检查二次绕组有无短路，接地线是否良好，有无松动和断裂现象。

⑤ 检查电压表的三相指示是否在允许范围内，电压互感器是否过负荷运行。

4. 互感器的故障及处理

1）电流互感器的故障及处理

① 电流互感器外部开路：运行中，电流互感器的二次回路可能会因为振动引起端子螺丝自行脱开，造成二次回路开路。若发现二次回路开路处有放电火花和由于电磁振动发出的“嗡嗡”声，运行值班人员应戴好安全帽和绝缘手套，穿好绝缘鞋，先将二次侧接地短路并将断线或松脱处理好，再取下接地线，使其恢复正常运行。

② 电流互感器内部开路：应停电处理，在电流互感器开路运行期间应适当减小一次电流，并及时通知保护班工作人员进行处理。

③ 电流互感器温度过高，内部有放电声、严重漏油：必须立即停电处理。

④ 电流互感器内部冒烟或着火：通过断路器将其切除，并用灭火器灭火。

⑤ 电流互感器本体外部有油污、油珠滴落或油位下降：检查本体外绝缘、油嘴阀门、法兰、金属膨胀器、引线接头等处有无渗漏油现象，如有，确定渗漏油部位，根据渗漏油及油位情况，判断渗漏油的严重程度，若渗漏油速度较快，大于 12 滴/min，应立即汇报值班调度人员申请停运处理。

2）电压互感器的故障及处理

（1）熔断器熔断或二次回路断线。

当中央信号屏发出“TV 电压回路断线”的警告信号，且光字牌亮、警铃响时，检查电压表可发现未熔断相电压指示不变，熔断相电压指示降低或为零，与该相有关的电压表指示为相电压，与该电压无关的电压表指示正常。处理步骤如下。

① 退出互感器所带的保护与自动装置，防止保护误动作。

② 检查二次熔断器是否熔断，若已熔断应立即更换，若再次熔断，应查明原因。若熔断器完好，则检查二次回路有无短路现象，有无接触不良。找到故障后应立即处理。

③ 如果二次回路正常，应检查一次熔断器是否熔断，若熔断则更换一次熔断器，应在隔离开关将电压互感器退出运行并做好安全措施后进行。若合闸后再次熔断，则应将电压互感器退出运行，并向主管部门汇报，制定处理方案。

④ 高压熔断器熔断原因包括系统发生单相间歇性电弧接地、系统产生铁磁谐振、电压互感器本身内部出现单相接地或相间短路故障等。

（2）其他故障的处理。

电压互感器发生下列严重事故时，应用隔离开关将互感器退出运行，严禁用高压熔断器退出互感器：瓷套管破裂、严重放电；高压线圈的绝缘击穿、冒烟，发出焦臭味；内部有放电及其他噪声，有火花放电现象；漏油严重，油位计读不出油位；外壳温度超过运行温升，并持续上升；高压熔体连续两次熔断。

7.6 避雷器

1．避雷器的作用

雷电是自然界中最宏伟壮观的放电现象，雷电放电所产生的雷电流，高达数十至数百千安，从而引起剧烈的电磁效应、机械效应和热效应。对电力系统来说，雷电放电在电力系统中容易引起很高的雷电过电压，如果对其不加以限制，将造成发电厂、变电站、输电线路的配电装置绝缘故障，从而引发停电事故。

此外，雷电放电所产生的巨大电流，也会因机械效应和热效应对电气设备造成损耗，它将直接危及变压器等电气设备的绝缘。

避雷器就是用来限制入侵雷电过电压的保护装置。

2．避雷器的分类

目前使用的避雷器主要有四种，保护间隙、管式避雷器、阀式避雷器和氧化锌避雷器，如图 7.13 所示。保护间隙和管式避雷器主要用于配电系统、线路、发电站、变电站进线段的保护，以限制入侵雷电过电压；阀式避雷器和氧化锌避雷器主要用于发电厂和变电站的保护，在 220kV 及以下系统中主要用于限制雷电过电压，在超高压系统中，限制内部过电压或作为内部过电压的后备保护。氧化锌避雷器是目前最先进的过电压保护设备。

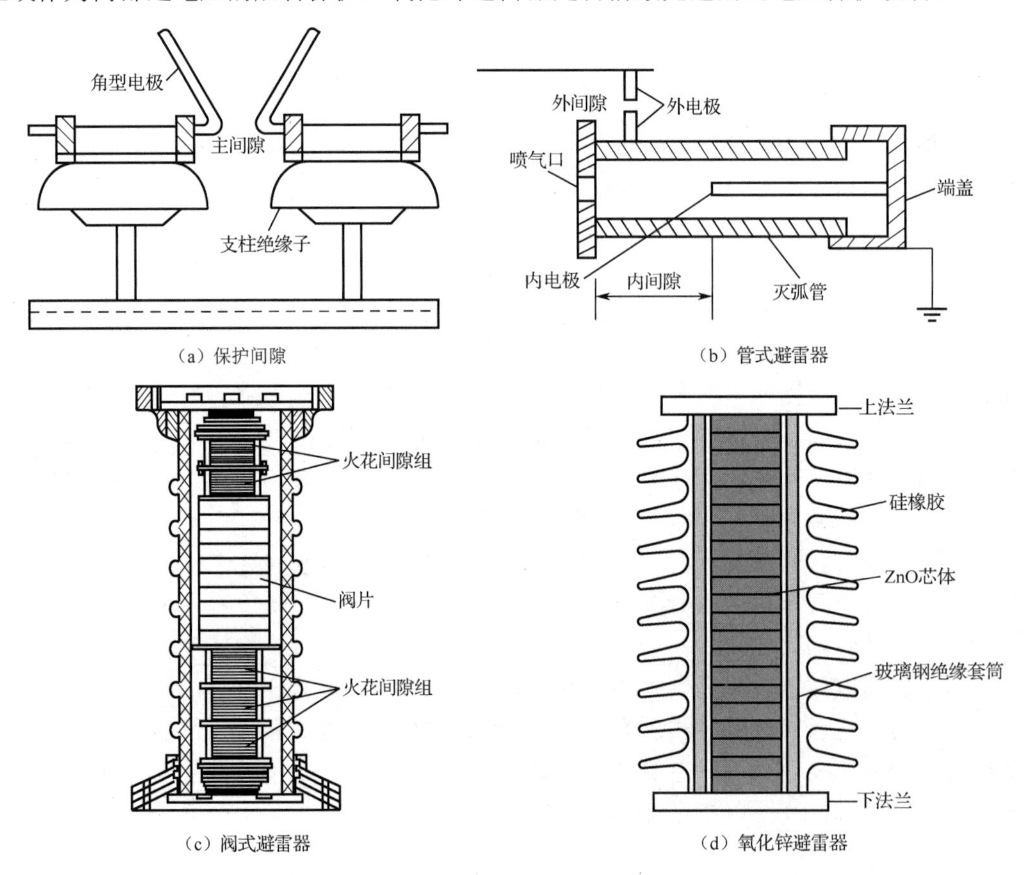

图 7.13　四种避雷器结构

3．避雷器的型号

避雷器的型号由 8 部分组成，型号及字母含义如下。

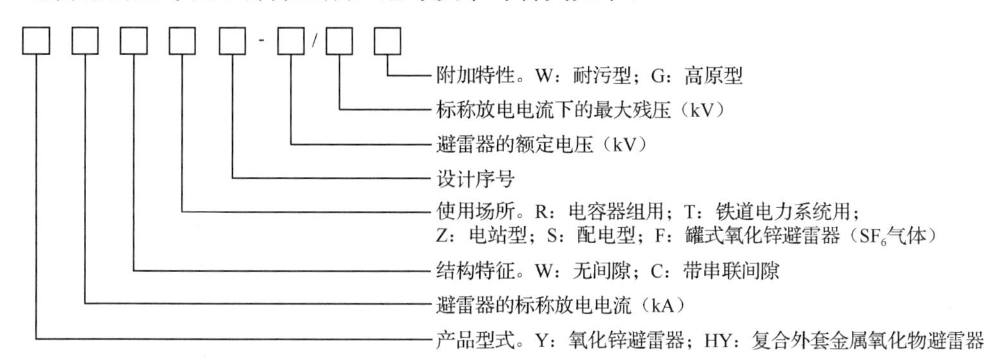

例如：HY5WS-17/50 表示无间隙、配电型、复合外套金属氧化物避雷器，其标称放电电流为 5kA，额定电压为 17kV，标称放电电流下的最大残压为 50kV。

4．避雷器的运行与维护

根据变电运维管理规定中的避雷器运维细则，避雷器的运行规定分为一般规定和紧急申请停运规定。

1）一般规定

① 110kV 及以上电压等级避雷器应安装泄漏电流监测装置。

② 安装了监测装置的避雷器，在投入运行时，应记录泄漏电流和动作次数，作为原始数据记录。

③ 瓷外套金属氧化物避雷器下方法兰应设置有效排水孔。

④ 瓷绝缘避雷器禁止加装辅助伞裙，可采取喷涂防污闪涂料的辅助防污闪措施。

⑤ 避雷器应全年投入运行，严格遵守避雷器交流泄漏电流的测试周期，雷雨季节前要测量一次，测试数据应包括全电流及阻性电流，测试合格后方可继续运行。

⑥ 当避雷器泄漏电流指示异常时，应及时查明原因，必要时缩短巡视周期。

⑦ 当系统发生过电压、接地等异常运行情况时，应对避雷器进行重点检查。

⑧ 雷雨天气严禁巡视人员接近避雷器。

2）紧急申请停运规定

运行中避雷器有下列情况时，运维人员应立即向值班调控人员申请将避雷器停运，停运前应远离设备。

① 本体严重过热达到危急缺陷程度。

② 瓷套破裂或爆炸。

③ 底座支持瓷瓶严重破损、破裂。

④ 内部有异常声响或放电声。

⑤ 运行电压下泄漏电流严重超标。

⑥ 连接引线严重烧伤或断裂。

⑦ 其他根据现场实际认为应紧急停运的情况。

5. 避雷器的巡视

根据变电运维管理规定中避雷器运维细则，避雷器的巡视分为例行巡视、全面巡视、熄灯巡视和特殊巡视。

1）例行巡视

① 引流线无松股、断股和弛度过紧、过松现象；接头无松动、发热、变色等现象。

② 均压环无位移、变形、锈蚀现象，无放电痕迹。

③ 瓷套部分无裂纹、破损、放电现象，防污闪涂层无破裂、起皱、鼓泡、脱落现象。硅橡胶复合绝缘外套伞裙无破损、变形现象，无电蚀痕迹。

④ 密封结构金属件和法兰盘无裂纹、锈蚀现象。

⑤ 压力释放装置封闭完好且无异物。

⑥ 设备基础完好、无塌陷；底座固定牢固、整体无倾斜：绝缘底座表面无破损、积污现象。

⑦ 接地引下线连接可靠，无锈蚀、断裂现象。

⑧ 接地引下线支持小套管清洁、无碎裂现象，螺栓紧固。

⑨ 运行时无异常声响。

⑩ 监测装置外观完好、清洁、密封良好、连接紧固，仪表指示正常，数值不超标。放电计数器完好，内部无受潮、进水现象。

⑪ 接地标识、设备铭牌、设备标识牌、相序标识齐全、清晰。

⑫ 原存在的设备缺陷是否有向更严重发展的趋势。

2）全面巡视

全面巡视在例行巡视的基础上增加以下项目：记录避雷器泄漏电流及放电计数器的示数，并与历史数据进行比较。

3）熄灯巡视

① 引线、接头有无放电、发红、严重电晕现象。

② 外绝缘有无闪络、放电现象。

4）特殊巡视

（1）异常天气时。

① 大风、沙尘、冰雹天气后，检查引线连接是否良好，有无异常声响，垂直安装的避雷器有无严重晃动，户外设备区域有无杂物、漂浮物等。

② 雾霾、大雾、毛毛雨天气时，检查避雷器有无电晕放电痕迹，重点监视污秽瓷质部分，必要时夜间熄灯检查。

③ 覆冰天气时，检查外绝缘覆冰情况及冰凌桥接程度，覆冰厚度不能超过 10mm，冰凌桥接长度不宜超过干弧距离的 1/3，放电不超过第二伞裙，不可出现中部伞裙放电现象。

④ 大雪天气，检查引线积雪情况，为防止套管因过度受力引起套管破裂等现象，应及时处理引线积雪和冰柱。

（2）雷雨天气及系统发生过电压后。

① 检查外部是否完好，有无放电痕迹。

② 检查监测装置外壳是否完好，有无进水现象。

③ 与避雷器连接的导线及接地引下线有无烧伤痕迹或断股现象，监测装置底座有无烧伤痕迹。

④ 记录放电计数器的放电次数，判断避雷器是否动作。

⑤ 记录泄漏电流的指示值，检查避雷器泄漏电流变化情况。

6．避雷器的维护

根据变电运维管理规定中的避雷器的运维细则，采用红外检测进行避雷器的维护。

红外检测的精确测温周期为 1000kV 的避雷器：1 周，省评价中心 3 个月；330～750kV 的避雷器：1 个月：220kV 的避雷器：3 个月；110（66）kV 的避雷器：半年；35kV 及以下的避雷器：1 年；新安装及 A、B 类检修重新投运后的避雷器：1 个月。

检测范围为避雷器本体及电气连接部位，重点检测本体。

7．避雷器的故障及处理

避雷器的典型故障有本体发热、泄漏电流异常、外绝缘破损、本体炸裂引线脱落接地、绝缘闪络。

1）本体发热

避雷器整体轻微发热时，较热点一般在靠近上部且不均匀，多节组合从上到下各节温度递减，引起整体发热或局部发热且温差超过 0.5～1K；整体或局部发热且相间温差超过 1K。

处理原则如下。

① 确认本体发热后，可判断为内部异常。

② 立即向值班调控人员申请停运处理。

③ 当工作人员接近避雷器时，注意与避雷器设备保持足够的安全距离，应远离避雷器进行观察。

2）泄漏电流异常

当泄漏电流异常时，在线监测系统会发出数据超标报警信号。

处理原则如下。

① 发现泄漏电流异常增大时，应检查本体外绝缘积污程度，以及是否破损、有裂纹，内部有无异常声响，并进行红外检测。根据检查及检测结果，综合分析异常原因。

② 检查避雷器放电计数器动作情况。

③ 正常天气情况下，泄漏电流读数超过初始值 1.2 倍为严重缺陷，应登记缺陷并按缺陷流程处理。

④ 正常天气情况下，泄漏电流读数超过初始值 1.4 倍为危急缺陷，应向值班调控人员申请停运处理。

⑤ 发现泄漏电流读数低于初始值时，应检查避雷器与监测装置连接是否可靠，中间是否有短接故障，绝缘底座及接地是否良好、可靠，必要时通知检修人员对其进行接地导通试验，判断接地电阻是否合格。

⑥ 若检查无异常，且接地电阻合格，可能是监测装置有问题，为一般缺陷，应登记缺

陷并按缺陷流程处理。

⑦ 若泄漏电流读数为零，可能是泄漏电流表指针失灵，可用手轻拍监测装置检查泄漏电流表指针是否卡死，如无法恢复，为严重缺陷，应登记缺陷并按缺陷流程处理。

3）外绝缘破损

避雷器外绝缘表面可能有破损、开裂、缺胶、杂质、凸起等缺陷。

处理原则如下。

① 判断外绝缘表面缺陷的面积和深度。

② 查看避雷器外绝缘的放电情况，有无火花放电痕迹。

③ 巡视时应注意与避雷器设备保持足够的安全距离，应远离避雷器进行观察。

④ 发现避雷器外绝缘破损、开裂等，需要更换外绝缘时，应汇报值班调控人员申请停运处理。

4）本体炸裂引线脱落接地

避雷器本体炸裂引线脱落接地有中性点有效接地和中性点非有效接地两种情况。

中性点有效接地系统发生避雷器本体炸裂引线脱落接地时，监控系统发出相关保护动作、断路器跳闸变位信息，相关电压、电流、功率显示为零。

中性点非有效接地系统发生避雷器本体炸裂引线脱落接地时，监控系统发出母线接地报警信息，相应母线电压表指示接地相电压降低，其他两相电压升高。

处理原则如下。

① 检查记录监控系统报警信息，现场记录有关保护及自动装置动作情况。

② 现场查看避雷器损坏、引线脱落情况和临近设备外绝缘的损伤状况，核对一次设备动作情况。

③ 查找故障点，判明故障原因后，立即将现场情况汇报给值班调控人员，按照值班调控人员的指令隔离故障，并联系检修人员处理。

④ 查找中性点非有效接地系统接地故障时，应遵守《国家电网公司电力安全工作规程（变电部分）》的规定，与故障设备保持足够的安全距离，防止跨步电压伤人。

5）绝缘闪络

避雷器绝缘闪络有中性点有效接地和中性点非有效接地两种情况。

中性点有效接地系统发生避雷器绝缘闪络时，监控系统发出相关保护动作、断路器跳闸变位信息，相关电压、电流、功率显示为零，避雷器外绝缘有放电痕迹，接地引下线有放电痕迹。

中性点非有效接地系统发生避雷器绝缘闪络时，监控系统发出母线接地报警信息，相应母线电压表指示接地相电压降低，其他两相电压升高，避雷器外绝缘有放电痕迹，接地引下线有放电痕迹，夜间可见放电火花。

处理原则。

① 检查记录监控系统报警信息，现场记录有关保护及自动装置动作情况。

② 检查一次设备情况，重点检查避雷器接地引下线有无放电痕迹与外绝缘的积污状况，以及外表面和金具是否出现裂纹或损伤。

③ 查找接地点，判明故障原因后，立即将现场情况汇报给值班调控人员，按照值班调控人员的指令隔离故障，并联系检修人员处理。

④ 查找中性点非有效接地系统接地故障时，应遵守《国家电网公司电力安全工作规程（变电部分）》的规定，与故障设备保持足够的安全距离，防止跨步电压伤人。

7.7　高压开关柜

1．高压开关柜概述

高压开关柜是根据电气一次主接线图的要求，将高低压电器（包括控制电器、保护电器、测量电器）及母线、载流导体、绝缘子等装配在封闭的或敞开的金属柜体内，作为电力系统中接受和分配电能的装置。

2．高压开关柜的作用

高压开关柜广泛应用于 3～35kV 的配电系统中，结构紧凑，占地面积小，安装工作量小，使用维修方便，接线方案多种多样，主要用来接受与分配电能。既可根据电网运行需要将一部分电力设备或线路投入或退出运行，也可在电力设备或线路发生故障时将故障部分从电网中快速切除，从而保证电网中的无故障部分正常运行，以及保证设备和运行维修人员的安全。因此，高压开关柜是非常重要的配电设备，其安全、可靠运行对电力系统具有十分重要的意义。

3．高压开关柜的分类

根据结构类型不同，高压开关柜可分为铠装式高压开关柜、间隔式高压开关柜、箱式高压开关柜三种。铠装式高压开关柜的各室间用金属板隔离且接地，如 KYN 型高压开关柜；间隔式高压开关柜的各室间是用一个或多个非金属板隔离的，如 JYN 型高压开关柜；箱式高压开关柜具有金属外壳，但间隔数目少于铠装式和间隔式高压开关柜，如 XGN 型高压开关柜。

根据断路器的置放方式不同，高压开关柜分为落地式高压开关柜、中置式高压开关柜两种。落地式高压开关柜的断路器手车本身落地，推入柜内；中置式高压开关柜的断路器手车装于开关柜中部，手车的装卸需要借助装载车。

根据绝缘类型不同，高压开关柜分为空气绝缘金属封闭开关柜、SF_6 绝缘金属封闭开关柜（又称 SF_6 充气柜）两种。空气绝缘金属封闭开关柜的断路器采用真空断路器，SF_6 充气柜的母线与高压开关的活动部件均密封在不锈钢板焊接而成的 SF_6 气箱中。

4．高压开关柜的结构

1）KYN28 型高压开关柜

KYN28 型高压开关柜由固定的柜体和可抽出部件（简称手车）两大部分组成，这种高压开关柜的断路器手车装于高压开关柜中部，手车的装卸需要借助装载车，主要包括断路器、互感器、接地开关、避雷器、母线等，其结构如图 7.14 所示。

高压开关柜的外壳和隔板采用敷铝锌钢板，整个柜体不但具有精度高、抗腐蚀与抗氧化作用，而且机械强度高、外形美观，柜体采用组装结构，用拉铆螺母和高强度螺栓连接而成，因此装配好的高压开关柜能保持尺寸上的统一性。

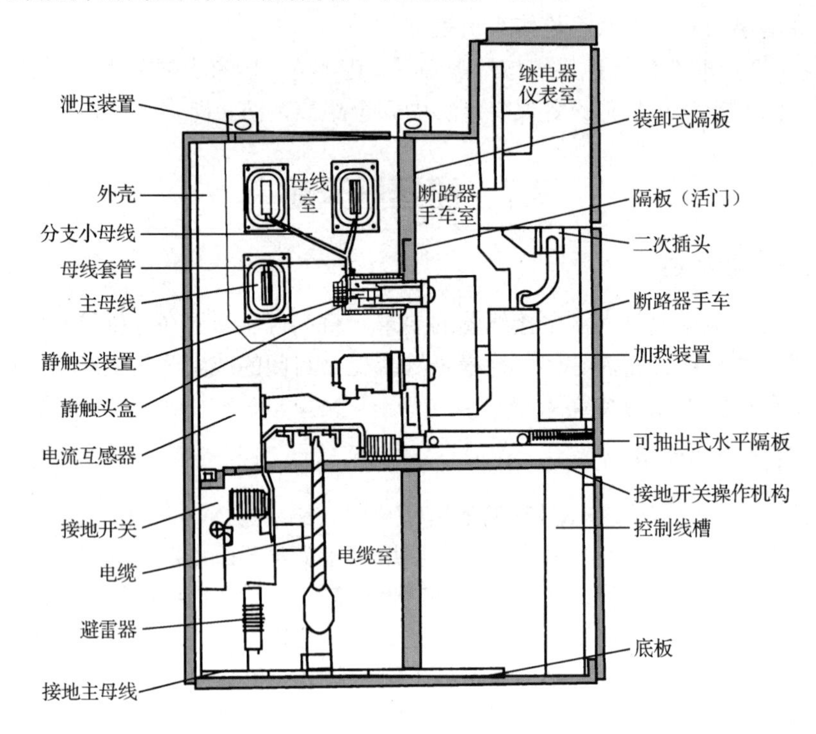

图 7.14　KYN28 型高压开关柜的结构

（1）母线室。

母线室布置在高压开关柜的背面上部，用来安装布置三相高压交流母线，通过支路母线实现与静触头连接。全部母线用绝缘套管塑封。在母线穿越高压开关柜隔板时，用母线套管固定。如果内部出现电弧，母线室能限制事故蔓延到邻柜，并能保障母线的机械强度。

（2）断路器手车室。

在断路器手车室内安装了特定的导轨，供断路器手车滑行与工作。手车能在工作位置与试验位置之间移动。静触头的隔板（活门）安装在断路器手车室的后壁上。在手车从试验位置移动到工作位置的过程中，隔板自动打开，反方向移动手车则完全关合，从而保障操作人员不触及带电体。

（3）电缆室。

开关设备采用中置式，因而电缆室空间较大。电流互感器、接地开关装在隔室后壁上，避雷器安装于隔室后下部。将手车和可抽出式水平隔板移开后，施工人员能从下面进入柜内进行安装和维护。电缆室内的电缆连接导体，每相可并接 1～3 根单芯电缆。必要时每相可并接 6 根单芯电缆，连接电缆的柜底配制开缝的可卸式非金属封板或不导磁金属封板，以便施工。

（4）继电器仪表室。

继电器仪表室的面板上，安装有微机保护装置、操作把手、仪表、状态指示灯（或状态显示器）等。继电器仪表室内，安装有端子排、微机保护控制回路直流电源开关、微机保护工作直流电源、储能电动机工作电源开关（直流或交流），以及特殊要求的二次设备。

2）XGN66 型高压开关柜

XGN66 型高压开关柜有金属封闭箱式外壳，所有带电体均被封闭在柜内，按功能划分为母线室、断路器室、电缆室，各室间用金属防护板分隔。仪表箱为单独结构，安装在高压开关柜上部，其结构如图 7.15 所示。

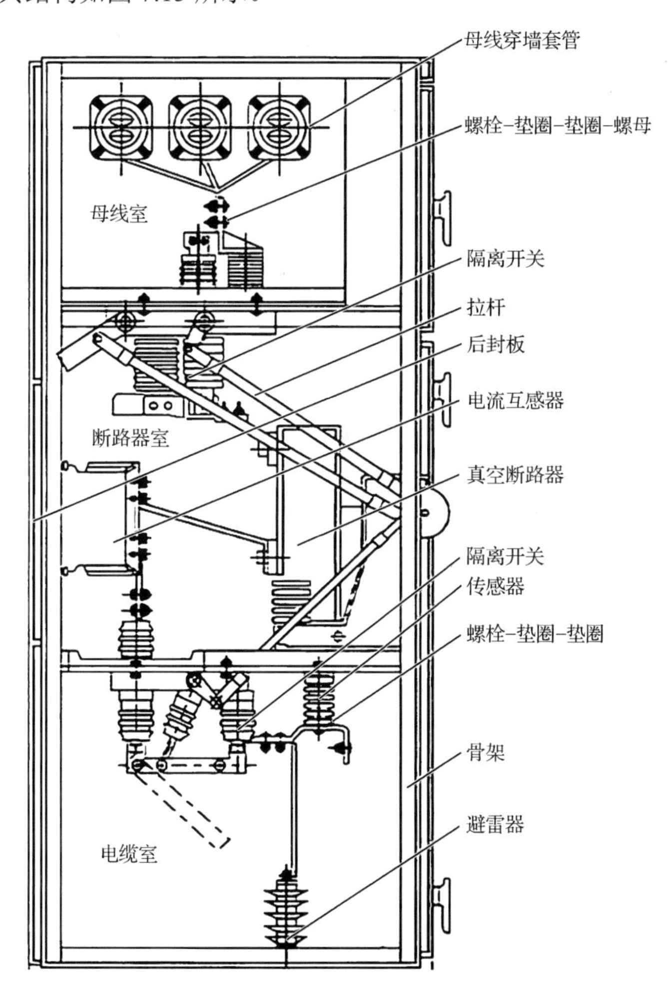

图 7.15　XGN66 型高压开关柜的结构

（1）母线室。

高压开关柜后上部为主母线室，室顶没有压力释放装置，前上部为低压室，小母线可从室底用电缆连接，或在室顶布置铜管或铜棒。高压开关柜中下部贯通，母线室通过 GN30 型旋转式隔离开关与中下部保持电气连接。

（2）断路器室。

真空断路器与电磁操作机构或弹簧操作机构为整体车式结构，将其推入柜内后用螺栓固定。断路器室与主母线室之间安装上隔离开关，与电缆室之间安装下隔离开关，上隔离开关采用附有接地刀的 GN30 型旋转式隔离开关，下隔离开关采用附有接地刀的 GN24 型隔离开关。断路器室的后壁安装电流互感器，左侧设有上、下隔离开关及其接地开关的操动机构。

真空断路器采用陶瓷壳开关管，其外表面为波纹状，电磁操作机构采用半轴脱扣式四连杆机构，以直流电源驱动电磁铁实现合闸、分闸。弹簧操作机构用直流或交流电源驱动电动机使弹簧储能，以电磁铁使弹簧释能，实现合闸；用电磁铁使机构脱扣，实现分闸。

（3）电缆室。

电缆由柜底板下部的支架和卡箍固定，穿过零序互感器进入柜内，用盖板及填充物封严。电缆芯线连接到汇流铜排上，这个铜排用带电显示装置的传感器支撑，可以检查电缆是否带电。电缆室内根据需要可以安装避雷器，后下方设有接地母线，右下方是电缆头接地开关的操动机构。

5．高压开关柜的型号

高压开关柜的型号及各部分含义如下。

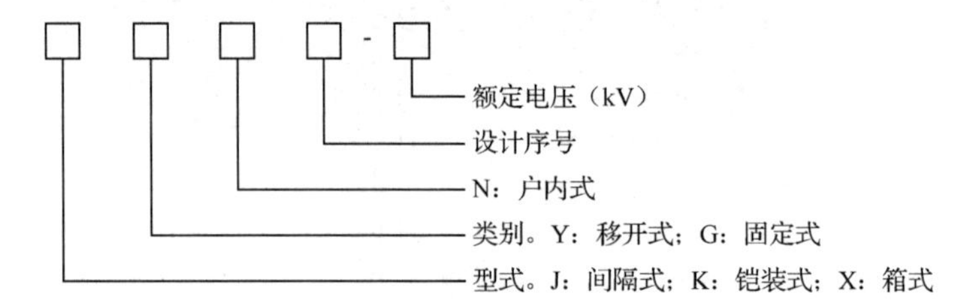

例如：KYN28-12表示额定电压为12kV的户内铠装移开式高压开关柜，其设计序号为28。XGN66-12表示额定电压为12kV的户内箱式固定式高压开关柜，其设计序号为66。

6．高压开关柜的五防

1）KYN28型高压开关柜的五防

KYN28型高压开关柜设有完善可靠的联锁结构，满足五防的要求，以保证操作本身的正确性和操作者的人身安全。

（1）手车的三个位置。

① 工作位置。

断路器与一次设备有联系，合闸后，电流从母线经断路器传至输出电路。

② 试验位置。

二次插头可以插在插座上，获得电源。断路器可以进行合闸、分闸操作，对应指示灯亮；断路器与一次设备没有联系，可以进行各项操作，但是不会对负荷侧有任何影响，所以称为试验位置。

③ 检修位置。

断路器与一次设备（母线）没有联系，失去操作电源（二次插头已经拔下），断路器处于分闸位置。

（2）五防。

① 防止误分、误合断路器手车：断路器手车必须处于工作位置或试验位置，断路器才能进行分、合闸操作。

② 防止带负荷移动断路器手车：断路器手车只有在断路器处于分闸状态下才能拉出或

推入工作位置。

③ 防止带电合接地刀：断路器手车必须处于试验位置，接地刀才能合闸。

④ 防止带接地刀送电：接地刀必须处于分闸位置，断路器手车才能推入工作位置进行合闸。

⑤ 防止误入带电间隔：断路器手车必须处于试验位置，接地刀处于合闸状态时，才能打开后门；没有接地刀的开关柜必须在高压停电后（打开后门电磁锁），才能打开后门。

2）XGN66 型高压开关柜的五防

XGN66 型高压开关柜采用了强制性机械闭锁方式，闭锁装置由支座、圆盘、面板、锁板、手柄、联杆等主要部件构成，具有性能可靠、功能齐全、结构简单、操作方便等特点，从而简便、有效地达到“五防”。

① 防止误分、误合断路器：带红绿翻牌的控制开关使用断路器，以防因走错间隔而误分、误合断路器。

② 防止带负荷分、合隔离开关：只有在断路器确实分断后，才能将机械转换手柄由“工作”位置拉出右旋至“分断闭锁”位置，然后分、合隔离开关。机械转换手柄处于“分断闭锁”位置时，只能分、合上下隔离开关，不能分、合断路器，避免误分、误合断路器。

③ 防止带电合接地开关：当上、下隔离开关未分闸时，接地开关就不能合上，机械转换手柄不能从“分断闭锁”位置旋至“检修”位置，可防止带电挂（合）接地线（接地开关）。

④ 防止接地开关闭合时合隔离开关：接地开关未分闸，上、下隔离开关就不能合上，可防止带接地线合上、下隔离开关。

⑤ 防止误入带电间隔：当断路器与上、下隔离开关均处于合闸状态，机械转换手柄处于“工作”位置时，前后柜门不能打开，防止误入带电间隔。

7. 高压开关柜维护

1）KYN28 型高压开关柜

（1）不停电维护项目。

① 高压开关柜本体不停电维护项目。

KYN28 型高压开关柜本体不停电维护项目如表 7.8 所示。

表 7.8　KYN28 型高压开关柜本体不停电维护项目

序　号	项　目	要　求
1	周围环境检查	检查周围环境是否符合要求，室温上限为 40℃，下限为-5℃，相对湿度在最高温度 40℃时不大于 50%
2	外观检查	柜体外观完好，无锈蚀、油污、掉漆现象。检查外表螺栓紧固情况，有无过热、生锈现象，若有异常，应进一步排查
3	指示信号检查	1．检查各种表计指示是否正常。 2．检查各指示灯显示是否正常。 3．检查高压开关柜面板各控制开关是否在正确位置。 4．检查高压开关柜面板上断路器的分、合闸指示是否与高压开关柜本体指示对应。若有异常，应进一步排查

续表

序号	项目	要求
4	照明装置检查	检查照明装置是否完好，若有异常，应进一步排查
5	主回路的运行检查	检查主回路各元器件运行是否正常，有无凝露、异声、异味、放电现象，颜色是否正常，若有异常，应进一步排查
6	红外测试	用红外线成像仪检测壳体及主回路温升情况，若有异常，应进一步排查
7	风机检查	检查风机功能是否正常，若有异常，应进一步排查

② 断路器不停电维护项目。

KYN28 型高压开关柜断路器不停电维护项目如表 7.9 所示。

表 7.9 KYN28 型高压开关柜断路器不停电维护项目

序号	项目	要求
1	外观检查	外观完好无异常，若有异常，应进一步排查
2	分、合闸指示检查	开关本体分合闸指示应到位，并与开关柜面板上的指示灯一致。若有异常，应进一步排查
3	储能指针位置检查	断路器储能指针应位于“已储能”位置。若有异常，应进一步排查
4	主回路的运行检查	检查主回路各部件运行是否正常，有无凝露、异声、异味、放电现象，颜色是否正常，若有异常，应进一步排查
5	红外测试	用红外成像仪检测断路器与引流线连接部位及灭弧室瓷套表面的温度有无异常，若有异常，应进一步排查

③ 接地开关不停电维护项目。

KYN28 型高压开关柜接地开关不停电维护项目如表 7.10 所示。

表 7.10 KYN28 型高压开关柜接地开关不停电维护项目

序号	项目	要求
1	外观检查	外观应完好无异常，若有异常，应进一步排查
2	状态指示检查	检查面板对应的刀开关状态指示是否正确，若不正确，应进一步排查
3	主回路的运行检查	检查主回路各部件运行是否正常，有无凝露、异声、异味、放电现象，颜色是否正常，若有异常，应进一步排查
4	接地开关闭合位置检查	检查操作状态是否正确，接地开关分合是否到位，若有异常，应进一步排查
5	红外测试	用红外线成像仪检测接地开关的温升情况，若有异常，应进一步排查

④ 互感器不停电维护项目。

KYN28 型高压开关柜互感器不停电维护项目如表 7.11 所示。

⑤ 避雷器不停电维护项目。

KYN28 型高压开关柜避雷器不停电维护项目如表 7.12 所示。

表 7.11　KYN28 型高压开关柜互感器不停电维护项目

序　号	项　目	要　求
1	外观检查	外观应完好无异常，若有异常，应进一步排查
2	主回路的运行检查	检查主回路运行是否正常，有无凝露、异声、异味、放电现象，颜色是否正常，若有异常，应进一步排查
3	红外测试	用红外线成像仪检测互感器温升情况，以及连接部分的温度是否过热，若有异常，应进一步排查

表 7.12　KYN28 型高压开关柜避雷器不停电维护项目

项　目	要　求
外观检查	外观应完好无异常，若有异常，应进一步排查

（2）停电维护项目。

① 高压开关柜本体停电维护项目。

KYN28 型高压开关柜本体停电维护项目如表 7.13 所示。

表 7.13　KYN28 型高压开关柜本体停电维护项目

序　号	项　目	要　求
1	不停电维护所有项目	按照不停电维护项目要求开展
2	柜内卫生清洁	对开关柜及其元器件进行清洁，锈蚀的部分进行除锈处理
3	铭牌检查	检查铭牌指示字迹是否清晰，表面有无污渍，若有污渍，则进行清洁
4	电缆孔检查	1. 一次电缆孔应处于密封状态。 2. 二次电缆孔应处于密封状态
5	螺栓检查	螺栓应无松动、锈蚀现象，按力矩要求对各部位连接螺栓进行紧固
6	泄压通道检查	泄压通道应保持畅通
7	门板检查	1. 所有门板都能正常开启。 2. 门板应良好接地。 3. 紧急分闸功能正常
8	箱内可视部分轴销、卡圈及转动部分检查	可视部分轴销、卡圈等正常，无卡涩、松动现象，卡圈应在卡槽内，无松动、脱出现象。对存在锈蚀的各转动部分进行除锈处理，并对各转动部分加润滑脂或润滑油
9	操动机构及五防联锁检查	1. 操动手柄应能正常使用。 2. 开关柜应能按照操作顺序进行操作。 3. 操动机构及五防联锁零件应完好。 4. 五防联锁应正常，无卡涩、误操作痕迹。 5. 解锁功能应正常。 6. 断路器室隔板应能开合到位，不卡涩
10	凝露检查	1. 柜内应无凝露情况。 2. 风扇、加热板、温湿传感器回路应正常

续表

序　　号	项　　目	要　　求
11	接地回路检查	1．主接地回路连接良好。 2．各元器件接地连接良好
12	绝缘试验	1．测量绝缘电阻。 2．交流耐压试验
13	主电路电阻	1．测量主回路电阻。 2．接头处没有发热现象
14	绝缘支撑件、绝缘板检查	1．绝缘支撑件完好、无放电痕迹。 2．绝缘板应固定良好
15	二次回路检修	1．清扫、检查二次接线。 2．接点完好，动作可靠。 3．线圈完好，绝缘层无变色、开裂、发脆现象。线圈铁芯活动自由，无卡涩、变形现象。 4．继电器外壳清洁、完好、无碎裂现象。内部接线焊接牢固，无虚焊、脱焊现象，接触良好。 5．断路器室航空插头与航空插座应连接可靠
16	功能测试	1．远程和就地控制转换功能正常。 2．分、合闸功能正常

② 断路器停电维护项目。

KYN28 型高压开关柜断路器停电维护项目如表 7.14 所示。

表 7.14　KYN28 型高压开关柜断路器停电维护项目

序　　号	项　　目	要　　求
1	不停电维护所有项目	按照不停电维护项目的要求开展
2	机构箱底部检查	检查断路器机构箱底部是否存在碎片、异物，如有，应查明原因
3	绝缘件检查	检查绝缘件有无破损、裂纹及放电痕迹，绝缘件在胶合处有无脱落现象，若有异常，应进一步排查
4	对机构箱传动部件外观检查	机构箱传动部件外观完好无锈蚀；机构连接螺丝无松动、锈蚀现象；机构各轴销外观完好，无卡涩、松动现象；卡圈应在卡槽内，无松动脱出现象。若发现传动部件外观异常，应查明原因，若发现锈蚀应更换
5	断路器分、合闸弹簧检查	断路器的分、合闸弹簧应固定良好
6	操动机构传动部件检查	检查分、合闸指示牌及连杆应正常，并按照力矩要求紧固相关螺丝
7	机构清洁、防锈、润滑检查	对机构箱进行清洁，对机构箱存在锈蚀的各传动部分进行除锈处理并润滑
8	机构箱二次回路检查	1．二次线应无锈蚀、破损、松脱现象，机构箱内无异味。 2．各电气元件应紧固良好，功能正常。 3．二次回路绝缘电阻应大于或等于 2MΩ
9	擎子装置检查	断路器擎子装置应正常，无锈蚀、松动现象，擎子间隙应正常，结合擎子装置的检查可完成以下实验。 1．测量分、合闸线圈直流电阻。 2．测量分、合闸电磁铁动作电压。 3．测量断路器的时间参数

续表

序　　号	项　　目	要　　求
10	断路器主回路电阻	1．检查主回路电阻。 2．接头处应无发热迹象
11	分、合闸电磁铁的动作电压	1．合闸脱扣器应能在其交流额定电压的 85%～110%范围内或直流额定电压的 80%～110%范围内可靠动作。 2．分闸脱扣器应能在额定电源电压的 65%～120%范围内可靠动作。当电源电压低于额定值的 30%或更低时不应脱扣
12	断路器的时间参数	1．储能时间应在正常范围内，储能电动机正常工作。 2．断路器的分闸时间应在正常范围内。 3．断路器的分、合闸同期性应满足时间不大于 2ms 的要求。配合擎子装置检查项目开展

③ 接地开关停电维护项目。

KYN28 型高压开关柜接地开关停电维护项目如表 7.15 所示。

表 7.15　KYN28 型高压开关柜接地开关停电维护项目

序　　号	项　　目	要　　求
1	不停电维护所有项目	按照不停电维护项目要求开展
2	清洁卫生	对接地开关进行清洁，有锈蚀的部分进行除锈处理
3	铭牌检查	铭牌表面无污渍，字迹清晰
4	绝缘件检查	绝缘件表面无破损、裂纹和闪络痕迹，绝缘件结合部位应牢固
5	触头或触指检查	1．接触表面无机械损伤、氧化和过热痕迹，也无扭曲、变形等现象。 2．触头或触指上的附件齐全，无损坏。 3．检查结束后涂一层润滑脂
6	弹簧片、弹簧和软连接检查	1．弹簧片、弹簧无发热现象。 2．软连接部件无折损、断股等现象
7	机构和传动部件检查	1．有锈蚀的部件进行除锈处理。 2．机构及传动部分的零件应完好。 3．机构和传动部件操作应正常。 4．加入适量的润滑脂或润滑油
8	连接可靠性检查	连接开关和母线接地线、断路器的引线应牢固
9	底座检查	接地开关的底座完好，固定牢固，接地可靠
10	二次回路检修	1．二次接线清扫、检查。 2．固定牢固，接点完好
11	主回路电阻测量	1．测量主回路电阻。 2．接头处应无发热迹象
12	机械特性测试	测试机械特性是否符合要求

④ 互感器停电维护项目。

KYN28 型高压开关柜互感器停电维护项目如表 7.16 所示。

表 7.16　KYN28 型高压开关柜互感器停电维护项目

序　号	项　目	要　求
1	不停电维护所有项目	按照不停电维护项目要求开展
2	打扫清洁	对互感器本体和接触部位进行清洁
3	检查铭牌	铭牌表面无污渍，字迹清晰
4	外观检查	1．各接触部分良好，无松动、发热和变色现象。 2．无放电痕迹。 3．必要时进行补漆
5	一次引线连接检查	1．检查接线端子有无过热现象，如发现有过热后产生的氧化层，应拆解一次引线，清除氧化物，涂导电膏后重新组装紧固。 2．检查一次引线紧固件是否已按要求紧固，缺少的螺栓垫圈应补全
6	接地回路检查	1．外壳及中性点良好接地。 2．暂不使用的电流互感器的二次线圈应短路后接地
7	电气试验	电流互感器：交流耐压试验，测量电流变比、绝缘电阻、一次绕组直流电阻、伏安特性，误差试验。 电压互感器：交流耐压试验，测量绝缘电阻、感应耐受电压、电压变比、励磁特性，误差试验
8	二次回路检查	1．二次接线清扫、检查。 2．固定牢固，接点完好

⑤ 避雷器停电维护项目。

KYN28 型高压开关柜避雷器停电维护项目如表 7.17 所示。

表 7.17　KYN28 型高压开关柜避雷器停电维护项目

序　号	项　目	要　求
1	不停电维护所有项目	按照不停电维护项目要求开展
2	打扫清洁	对避雷器本体和接触部位进行清洁
3	检查铭牌	铭牌表面无污渍，字迹清晰
4	外观检查	1．本体外观应完好。 2．各接触部分良好，无松动、变色现象
5	接地回路检查	接地应良好
6	计数器检查	检查计数器是否正常，测试 3～5 次，均应正常动作
7	绝缘电阻试验	绝缘电阻不小于 1000MΩ
8	U_{1mA} 及 $0.75U_{1mA}$ 下的泄漏电流（U_{1mA} 指无间隙金属氧化物避雷器通过 1mA 的直流电流时，被试品两端的电压；$0.75U_{1mA}$ 下的漏电流指避雷器两端施加 75% U_{1mA} 的电压，测量流过避雷器的直流泄漏电流）	1．不低于 GB/T 11032—2020 中的规定值。 2．U_{1mA} 实测值与初始值或制造厂规定值比较，变化不应大于±5%。 3．$0.75U_{1mA}$ 下的泄漏电流≤50μA

2）XGN66 型高压开关柜

（1）不停电维护项目。

XGN66 型高压开关柜不停电维护项目如表 7.18 所示。

表 7.18　XGN66 型高压开关柜不停电维护项目

序　号	项　目	要　求
1	外观检查	二次线应无锈蚀、破损、松脱现象
2	分、合闸指示检查	开关分、合闸指示牌应到位，并与断路器位置一致，无明显歪斜现象
3	柜内电气元件检查	柜内照明应正常，通过观察窗观察柜内设备应正常，绝缘子完好无破损
4	门灯功能检查	门灯功能应正常
5	柜内异响、异味检查	柜内应无放电声、异味和不均匀的机械噪声
6	红外测试	高压开关柜在额定负荷的情况下运行时，特别是开关和搭接排，检查断路器连接铜排及灭弧室温度无异常（无法直接测温处，巡视时可用手触摸高压开关柜的柜体，以确认高压开关柜是否发热）
7	加热器功能检查	加热器空气开关闭合后，加热器应正常工作
8	强制风冷功能检查	风机空气开关闭合后，风机运行应正常
9	储能指针位置检查	断路器储能指针应位于“已储能”位置
10	柜内断路器状态指示是否正常	断路器状态指示应正常

（2）停电维护项目。

XGN66 型高压开关柜停电维护项目如表 7.19 所示。

表 7.19　XGN66 型高压开关柜停电维护项目

序　号	项　目	要　求
1	清洁并检查电流互感器、电压互感器	清洁电流互感器、电压互感器；　检查并确认电流互感器、电压互感器引线接头无过热现象，接触良好，接地线完好牢固，螺栓无松动现象
2	清洁并检查避雷器	清洁避雷器外表；检查并确认过避雷器引线接头应无过热现象，接触良好，螺栓无松动现象
3	清洁并检查继电器仪表室内的设备	1．清洁室内继电器灰尘，检查并确认继电器的接线无松动现象，外观及内部状况良好。 2．清洁室内空气开关灰尘，检查并确认空气开关的接线应紧固，线号应清晰准确并与图纸标示相符。 3．清洁室内端子排灰尘，检查并确认端子排接线无松动现象，线号应清晰、准确并与图纸标示相符。 4．清洁、检查并确认信号回路的接线无松动现象，信号灯显示正确。 5．检查并确认柜门上电流表工作正常。 6．检查并确认继电器仪表室柜门上的综合保护器接线应无松动现象，线号与端子号应清晰、准确，并与图纸标示相符

续表

序　　号	项　　目	要　　求
4	隔离开关的检修、外观检查和清扫	一次引线连接部分无变色、变形、松动等现象，使用力矩扳手对所有连接螺栓进行紧固。 1．螺栓无锈蚀，绝缘支柱外表无污垢、破损，用小毛巾擦拭干净；动静触头啮合良好，触头触片弹簧压紧无松动，接触充分，无卡死、歪曲等现象。 2．拉杆无裂痕，保持清洁；各传动部件无生锈、卡死现象，各活动关节转动灵活，各轴、轴销无弯曲、变形、损伤；各焊接处牢固可靠，紧固处无松动，三相不同期性小于 3mm。 3．隔离开关触头开距不小于 125mm，三相同期性不大于 5mm，操作灵活，无卡涩现象，触头插入深度符合要求，保证刀片与触头完全接触。 4．使用回路电阻测试仪测试隔离开关回路电阻要符合预测试规程和厂方说明书要求
5	隔离开关操动机构的检查	分、合闸指示牌及连杆应正常，操动机构可视部分螺丝、轴销、卡圈等应正常，无卡涩、松动现象，卡圈应在卡槽内，无松动、脱出现象。对操动机构进行清洁，对操动机构存在锈蚀的各转动部分进行除锈处理。螺栓应无松动、锈蚀现象，并按照力矩要求对开关本体及支架连接螺栓进行紧固
6	开关柜操动机构及后门等的联锁检查	1．操作操动机构时要符合操作规程规定的操作顺序，各操作轴之间若不按规程操作时应能可靠闭锁。 2．关好前后门，按送电规程操作开关后前后门均不能打开。 3．不关门，操动机构不能操作
7	操动机构联锁挡板与断路器联锁功能检查	1．断路器只有在分闸位置才能打开联锁挡板。 2．断路器在合闸位置时，不能打开联锁挡板。 3．联锁挡板在打开状态时，断路器不能合闸
8	断路器螺栓检查	1．螺栓是应无松动、锈蚀现象。 2．要求对断路器本体及支架连接螺栓进行紧固
9	断路器操动机构检查	检查分、合闸指示牌及主轴传动连杆，辅助开关连杆应准确指示各位置，电气元件应紧固良好
10	掣子装置检查	断路器掣子装置应转动灵活、正常，无锈蚀、松动现象
11	缓冲器检查	1．缓冲器应无漏油痕迹，缓冲器内部油为无色透明液体。 2．红色标记区所示的密封面表面应无油污、油渍。 3．缓冲器固定轴、挡圈应正常

3）高压开关柜维护其他注意事项

（1）高压带电显示装置维护。

① 若高压带电显示装置故障，则测量显示单元输入电压。若输入电压正常，则显示单元故障；若输入电压不正常，则感应器故障，应联系检修人员处理。

② 高压带电显示装置更换显示单元或显示灯前，应断开装置电源，并确认无工作电压。

③ 接触高压带电显示装置的显示单元前，应检查感应器及二次回路，无接近、触碰高压设备或引线的情况。

④ 如需拆、接二次线，应逐个记录拆卸二次线的编号、位置，做好拆解二次线的绝缘。

（2）高压开关柜红外测温。

① 检测范围包含开关柜母线裸露部位、开关柜柜体、开关柜控制仪表室端子排、空气开关。

② 重点检测开关柜柜体及进、出线电气连接处。

③ 检测方法应按照 DL/T 664—2016《带电设备红外诊断应用规范》执行。

④ 红外热像图显示应无异常温升、温差和（或）相对差，注意与同等运行条件下对相同型号的高压开关柜进行比较，有较大差异时，应停电由检修人员检查柜内是否有过热部位。

⑤ 测量时记录环境温度、负荷及其近 3 小时内的变化情况，以便分析参考。

⑥ 精确检测周期为 1000kV 的高压开关柜：1 周，省评价中心 3 个月；750kV 及以下的高压开关柜：1 年；新的高压开关柜投运后 1 周内（但应超过 24 小时）。

8. 高压开关柜检修

1）小修

（1）KYN28 型高压开关柜的小修。

KYN28 型高压开关柜小修项目如表 7.20 所示。KYN28 型高压开关柜运行 6～8 年需进行小修。

表 7.20　KYN28 型高压开关柜小修项目

检修位置	项　　目	要　　求
本体	停电维护所有项目	按照停电维护项目的要求开展
	操动机构及五防联锁检查	1. 闭锁零件锈蚀：除锈处理。 2. 闭锁零件变形、损坏：更换闭锁零件。 3. 闭锁卡涩：对各轴销及运动副进行润滑。 4. 闭锁整体调试，闭锁应正常，不卡涩
	绝缘试验	1. 测量绝缘电阻、交流耐压。 2. 元器件表面爬电：清洁元器件表面的灰尘、油污。 3. 元器件击穿：更换元器件。 4. 绝缘隔板：固定良好，与带电体的距离应满足要求。当出现爬电痕迹或表面有裂纹时，则更换绝缘隔板
	主回路电阻	1. 各元器件的电阻值应符合要求：配合各元器件检修项目。 2. 整柜电阻值应符合要求：若发现不符合要求，则检查主回路导体搭接表面有无锈蚀，如有锈蚀需更换。搭接表面需涂抹导电膏或凡士林，螺栓按其扭矩紧固
	二次回路检查及维护	1. 按照相关电气元件质量要求，更换温湿度控制器、指示灯、按钮、转换开关、继电器、加热板、风扇等二次元件。 2. 二次回路应无锈蚀、破损、松脱现象，无异味，相关电气元件功能正常。若发现有锈蚀、破损、异味，应查明原因，损坏的元器件应更换。 3. 二次回路交流耐受电压：2000V/min，出现爬电或击穿的元器件应更换。 4. 二次回路对地绝缘电阻测试：不小于 2MΩ。超标的应查明原因，损坏的元器件应更换
断路器	停电维护所有项目	按照停电维护项目的要求开展
	润滑	对分/合闸弹簧、操动机构各轴销及运动副进行润滑
	机构箱电气元件检查及更换	1. 按照停电维护项目要求开展操动机构电气元件检查，还应增加对手动/电动储能转换开关、辅助开关连接及触头锈蚀情况的检测工作。 2. 按照相关电气元件质量要求，对机构箱内中间继电器、储能接触器进行更换

续表

检修位置	项　　目	要　　求
	断路器机械特性测量	进行断路器分、合闸速度及行程测量、缓冲特性测量、断路器辅助接点转换特性的测试，并对机构进行调整使得试验数据满足技术参数
	操动机构和断路器极柱间拉杆的调整	根据试验结果调整操动机构和断路器极柱间拉杆
	储能机构检查及测试	结合储能机构检查，测量储能电动机的电流和储能时间，更换不满足要求的储能电动机
接地开关	停电维护所有项目	按照停电维护项目要求开展
	接地开关部件检查及零件更换	1．对检查出的缺失、变形、破损的零件进行补充、更换。 2．对机构和传动等部件出现机械配合问题进行调试、润滑
	接地开关二次回路检查及更换	对检查出的损坏接点进行更换
	接地开关机械特性的调整	对接地开关机械特性进行测试，调整使其符合要求
	接地开关电气试验	1．对测得数据不合格的进行调试。 2．对接触不良的部分进行排查检修。 3．对二次线不通的部分进行排查检修
互感器	停电维护所有项目	按照停电维护项目要求开展
	电气试验	按照停电维护项目进行试验，对不合格的互感器进行更换
避雷器	停电维护所有项目	按照停电维护项目要求开展
	电气试验	按照停电维护项目进行试验，对不合格的避雷器进行更换

（2）XGN66 型高压开关柜小修。

XGN66 型高压开关柜小修项目如表 7.21 所示。

XGN66 型高压开关柜一般在断路器运行 12 年或断路器机械合分操作次数达到 2000 次时进行小修。

表 7.21　XGN66 型高压开关柜小修项目

序　　号	项　　目	要　　求
1	停电维护所有项目	按照停电维护项目要求开展
2	断路器分、合闸弹簧检查	断路器的分、合闸弹簧应固定良好
3	分、合闸指示及柜内灯检查	开关分、合闸指示灯应能正确指示断路器位置状态；打开柜门，柜内照明正常
4	润滑	对分、合闸弹簧及操动机构各轴销进行润滑
5	断路器机械特性测试	断路器的机械特性参数应满足断路器的出厂检验报告参数范围，不满足的应需要联系厂家处理
6	操动机构和断路器极柱间拉杆的调整	根据试验结果调整操动机构和断路器极柱间的拉杆

2）大修

原则上高压开关柜大修需要采取轮换大修的方式，在制造厂内实施。

（1）KYN28 型高压开关柜的大修。

① 大修工作周期。

a．高压开关柜运行 18 年。

b．主元器件大部分老化，断路器出现以下情形：机械合、分操作次数达到 5000 次；达到允许的故障开断 30 次（以配套的断路器额定开断次数为准），或者

$$\sum N \times I^{1.8} = 20000$$

式中，N 为总短路开断次数，I 为短路电流，此式为对断路器触头运行寿命的限制。

c．开关柜遭受绝缘故障。

（2）大修工作项目。

整个大修工作包括以下工作项目。

① 小修的所有项目。

② 更换一次主元器件。

③ 更换二次回路。

④ 操动机构及五防联锁更换维修。

⑤ 绝缘强度不合格时的恢复工作。

⑥ 主回路电阻不合格时的恢复工作。

⑦ 电气性能及机械特性的恢复矫正工作。

⑧ 按照出厂试验要求开展修后试验。

3）XGN66 型高压开关柜

（1）大修工作周期。

① 断路器运行 25 年。

② 断路器机械合、分操作次数达到 5000 次。

③ 断路器达到允许的故障开断 20 次，或者 $\sum N \times I^{1.8} = 20000$。

④ 灭弧室遭受过电压击穿。

（2）大修工作项目。

整个大修工作包括以下工作项目：

① 小修的所有项目。

② 进行柜体全面检修。分别对触头、互感器、绝缘套管、电缆头、接地开关进行观察，有无变色、熔化等现象。若有，则进行更换；若没有，则对关键部件断路器做进一步的检修维护工作。

③ 拆卸断路器。

a．拆卸断路器本体。

b．拆卸断路器连接拉杆。

c．拆卸断路器极柱。

④ 断路器机构维修。

a．对所有转动轴、销、运动部件进行更换。

b．螺栓、螺母紧固检查。

c．润滑。

d．组装机构。

⑤ 组装断路器。

⑥ 断路器机械特性测试调整。

⑦ 按照出厂试验要求开展修后试验。

⑧ 对接地开关分合操作 50 次试验。

⑨ 对隔离开关分合操作 50 次试验。

（3）临时检修。

当高压开关柜通过短路故障电流或发现存在绝缘故障后应对高压开关柜进行停电检修，根据高压开关柜的缺陷及状态评价情况，在确认高压开关柜存在影响安全运行的故障或隐患时，需根据缺陷、故障情况参照相关维护及检修项目的要求有针对性地开展临时检修工作。

7.8 工作任务解决

10.10kV 高压成套配电装置的巡视检查

1. 工作步骤

（1）安全工具、器具的选择与检查。

① 工作服。

工作服外观完好，没有油污、破损，表面干燥。检查完成后，穿上工作服。

② 绝缘手套。

12kV 绝缘手套外观完好，没有油污、破损，内衬干燥，气密性试验合格，有产品合格证与检验合格证。两只绝缘手套都要进行检查。

③ 安全帽。

安全帽外观完好，没有油污、破损，帽衬完好，帽绳完好，帽箍灵活，有产品合格证与检验合格证。检查完成后，正确佩戴安全帽。

④ 绝缘靴（鞋）。

绝缘靴（鞋）外观良好，无破损、老化，靴（鞋）底无裂纹、伤痕、老化，内部干燥，有产品合格证与检验合格证，电压等级与任务要求适应。

⑤ 高压验电器。

10kV 高压验电器外观完好，没有油污、破损，手握部分完好，工作部分完好，伸缩部分完好，有产品合格证与检验合格证，在已知的同等级带电设备下试验确认合格。

⑥ 护目镜。

护目镜镜面清晰，外观无破损，镜腿良好，佩戴好低头不掉下来。

⑦ 测温枪。

测温枪外观完好无破损无脏污，电量充足。

（2）检查巡视环境：配电室及开关柜应无异味、异响，温度、湿度正常，安全用具及消防器材齐全有效；巡检道路无障碍；防鼠设备完好。

（3）检查开关柜位号：设备位号、运行编号、负荷名称、一次设备接线图应清晰、准确、齐全；柜门严密，无变形。

（4）检查面板仪表和信号灯：信号灯、仪表的标识应正确；带电显示器三相指示灯正常；电流、电压正常并记录参数。

（5）检查保护装置：保护装置运行指示正常，无故障报警（掉牌）显示；保护压板连接良好。

（6）检查仪表室：室内元件无破损；二次接线无脱落，室内照明完好。

（7）检查断路器室：面板显示小车位置与实际位置相符（手车式开关柜）；断路器分、合指示与运行状态相符；断路器储能状态正常；断路器无异响、异味。

（8）检查选择开关：选择开关位置符合运行要求；“远方/就地”开关打到“远方”挡。

（9）检查电缆室：电缆室照明应正常；电缆头无破损、过热、脱落及打火现象；电缆孔洞封堵符合规范要求。

（10）配电室防鼠设备完好。

（11）检查接地系统：接地连接应符合规范要求。

（12）用红外测温仪检查断路器连接铜排和灭弧室温度有无异常。

（13）责任人员每日应对配电室进行一次巡视检查，在夏季高温季节的负荷高峰时段，应对配电室重点部位增加不定期巡视检查的次数。

（14）填写检查记录：记录巡视中重要的参数及发现的问题和缺陷。

2．特殊巡视的情况

（1）在雨季检查配电室有无漏水现象，电缆沟是否进水，瓷绝缘有无闪络放电现象。

（2）故障处理恢复送电后，适当增加巡视次数，每班不少于4次。

（3）高压配电室处在高峰负荷时，应检查电气设备是否过负荷，各连接点有无严重发热现象。

（4）注意房内温度的变化，随时采取降温或供暖措施，确保送配电正常运行。

3．高压配电室的运行日志填写

高压配电室运行日志记录高压配电室每天的运行情况，以便对高压配电室运行情况进行监测和管理。高压配电室运行日志的填写内容如下。

（1）填写日志标题、标明日期、星期、天气等信息。

（2）填写运行情况：记录每台设备的名称、型号、电压、电流、运行时间等数据，以及各个设备的运行状态（如正常、异常、维修等情况）。

（3）填写工作记录：记录当天进行的巡视、检修、维护等工作，包括检查设备的运行状态、维护设备、更换配件等。

（4）填写事故处理情况：如遇到事故，需要记录事故的发生时间、地点、原因、处理措施及恢复时间等信息。

（5）填写其他情况：记录其他需要记录的情况，如对于设备的更换、调整、维护等情况，应在日志中详细记录。

（6）负责人签字：填写负责人的姓名、职务及日期。

（7）在填写高压配电室运行日志时，需要注意记录的内容必须真实、准确、完整，不能遗漏关键信息。此外，运行日志应及时记录，不能拖延时间，以保证数据的实时性和准确性。

表7.22所示为高压开关柜的状态指示，表7.23所示为高压配电室运行日志。

表 7.22　高压开关柜的状态指示

<table>
<tr><th>序号</th><th colspan="2">高压开关柜状态</th><th>断路器（开关）</th><th>小车（KYN28 型高压开关柜）</th><th>接地刀闸</th><th>柜门</th></tr>
<tr><td>1</td><td colspan="2">运行</td><td>合上（红灯）</td><td>“工作”位置（红灯）</td><td>拉开（绿灯）</td><td>合上</td></tr>
<tr><td>2</td><td rowspan="2">备用</td><td>热备用</td><td>断开（绿灯）</td><td>“工作”位置（红灯）</td><td>拉开（绿灯）</td><td>合上</td></tr>
<tr><td>3</td><td>冷备用</td><td>断开（绿灯）</td><td>“试验”位置（绿灯）</td><td>拉开（绿灯）</td><td>合上</td></tr>
<tr><td>4</td><td colspan="2">检修</td><td>断开（绿灯）</td><td>“试验”位置（绿灯）</td><td>合上（红灯）</td><td>可以打开</td></tr>
</table>

表 7.23　高压配电室运行日志

<table>
<tr><td colspan="11">高压配电室运行日志</td></tr>
<tr><td colspan="11">值班人：××　　　　日期：××年××月×× 日　　　　天气：××</td></tr>
<tr><td rowspan="3">时间</td><td colspan="9">10kV 配电室开关柜</td><td>备注</td></tr>
<tr><td colspan="5">(　　　) 进线柜</td><td colspan="4">(　　　) 出线柜</td><td rowspan="5"></td></tr>
<tr><td>电压/V</td><td>开关状态</td><td>蓄能状态</td><td>报警信号</td><td>环境温度/℃</td><td>电压/V</td><td>开关状态</td><td>蓄能状态</td><td>报警信号</td></tr>
<tr><td></td><td></td><td></td><td></td><td></td><td></td><td></td><td></td><td></td><td></td></tr>
<tr><td></td><td></td><td></td><td></td><td></td><td></td><td></td><td></td><td></td><td></td></tr>
<tr><td></td><td></td><td></td><td></td><td></td><td></td><td></td><td></td><td></td><td></td></tr>
</table>

4．注意事项

（1）巡视高压配电室，一般应由两人进行。如果需要单人巡视，不得碰触电气设备，只能做一般的外观检查。

（2）巡视时不得进行其他工作，不得越过遮栏。巡视检查设备时必须集中注意力，按巡视内容进行巡视。巡视后应立即填写巡视记录。

（3）明确带电部位。

（4）与带电运行设备保持足够的安全距离，10kV 设备的安全距离是 0.7m。

（5）工作负责人做好安全监护。

（6）在工作过程中禁止误动、误碰、误操作带电设备。

习　题

1．高压成套配电装置由哪几部分组成？

2．高压断路器的作用是什么？

3．高压断路器的巡视包括哪些项目？

4．真空断路器灭弧室的检修包括哪些项目？

5．高压隔离开关的例行巡视包括哪些项目？

6．高压负荷开关的检修包括哪些项目？

7．电流互感器运行前要检查哪些项目？

8．避雷器的常见故障有哪些？

9．KYN28 型高压开关柜的五防指的是什么？

10．互感器常见的故障有哪些？

11．高压隔离开关在运行中可能出现哪些异常？

拓展讨论

党的二十大报告中指出：“加快实施创新驱动发展战略。坚持面向世界科技前沿、面向经济主战场、面向国家重大需求、面向人民生命健康，加快实现高水平科技自立自强。”将技术创新和数据赋能应用于电气运检工作，即在电气运检工作中采用智慧巡检技术，保障电气设备的正常运行。请查阅相关资料后回答，在对电气设备的运检中采用了哪些高新技术？实现了对哪些参数的检测？

工作任务 8　10kV 高压开关柜的停（送）电操作

任务描述

（1）10kV 的 G01 高压进线柜由运行转检修。

（2）10kV 的 G01 高压进线柜由检修转运行。

任务分析

10kV 高压开关柜的停（送）电操作评分标准如表 8.1 所示。

表 8.1　10kV 高压开关柜的停（送）电操作评分标准

考试项目	考试内容	配分/分	评分标准
10kV 高压开关柜的停（送）电操作	正确填写操作票	30	按照作业任务要求正确填写操作票，操作票填写不规范，视情况扣 2～30 分
	安全意识	20	未正确选择所需的安全用具，扣 5 分；未做好个人防护，扣 5 分；未执行模拟倒闸操作，扣 5 分；未核对设备的位置、名称、编号和运行方式，扣 5 分
	操作技能	50	遵循安全操作规程，正确操作。送电时，拉合隔离开关前应确认断路器处于分闸位置；停电时，要把接地开关合上，操作应正确，少检查、少操作一项扣 5 分。停、送电时，操作隔离开关和断路器的顺序应正确，若错误扣 50 分。每操作完一步，要检查隔离开关和断路器的操作状态，少检查一个扣 5 分。全部操作顺序要正确且流畅，不流畅扣 6 分，出现大的操作错误扣 50 分。储能装置储能完毕后电源开关要复位，未复位扣 5 分。送电时，要通过电压转换开头来检查电压，未检查扣 5 分。在规定时间内完成操作，并检查一次设备，超时扣 5～10 分，未检查扣 5 分
否定项	操作票填写	扣除该项分数	针对操作任务正确填写操作票，若操作票填写不正确，不准操作，考生该项得 0 分，并终止该项目考试

根据工作任务及评分标准可以明确，10kV 高压开关柜的停（送）电操作需掌握的知识包括如下内容。

（1）电气运行“两票”的含义。

（2）工作票的正确填写与使用。

（3）操作票的正确填写与使用。

（4）高压开关柜的电气倒闸操作的步骤。

需要掌握的技能包括如下内容。

（1）高压开关柜的停电操作票的正确填写及操作。

（2）高压开关柜的送电操作票的正确填写及操作。

8.1　工作票

19.电气设备上安全工作的组织措施

1. 工作票的含义

工作票是指将需要检修、试验的设备填写在具有固定格式的书页中，作为工作的书面练习，这种印有电气工作固定格式的书页称为工作票。工作票是批准在电气设备上操作的一种书面命令，也是明确安全职责、向工作人员安全交底，以及履行工作许可、工作间断、工作转移和工作终结手续，并实施保证安全技术措施的书面依据。

2. 工作票制度

工作票制度是指在电气设备上进行任何电气作业，都必须填写工作票，并依据工作票布置安全措施和办理开始、终结手续。

3. 工作票种类

（1）第一种工作票。下列工作使用第一种工作票。

① 在高压电气设备（包括线路）上工作，需要全部停电或部分停电。

② 在高压室内的二次接线和照明回路上工作，需要将高压电气设备停电或做安全措施。

③ 高压电力电缆需要停电的工作。

④ 需要将高压电气设备停电或要做安全措施的其他工作。

（2）第二种工作票。下列工作使用第二种工作票。

① 带电作业和在带电设备外壳（包括线路）上工作。

② 在控制盘、低压配电盘、低压配电箱、低压电源干线上工作，以及在运行中的配电变压器台上或配电变压器室内工作。

③ 在无须将高压设备停电的二次接线回路上工作。

④ 在转动中的发电机、同期调相机的励磁回路或高压电动机转子电阻回路中工作。

⑤ 非当班值班人员用绝缘杆和电压互感器定相或用钳形电流表测量高压回路的电流。

⑥ 高压电力电缆不需要停电的工作。

4. 工作票样式

变电站（发电厂）第一种工作票、第二种工作票的格式分别如表 8.2、表 8.3 所示。

表 8.2　变电站（发电厂）第一种工作票格式

变电站（发电厂）第一种工作票

单位＿＿＿＿＿＿＿＿＿＿＿＿＿＿＿＿　编号＿＿＿＿＿＿＿＿

1．工作负责人（监护人）＿＿＿＿＿＿＿　班组＿＿＿＿＿＿＿

2．工作班人员（不包括工作负责人）

＿＿

＿＿＿＿＿＿＿＿＿＿＿＿＿＿＿＿＿＿＿＿＿＿＿＿＿＿＿＿＿＿＿＿＿＿＿共＿＿＿＿人。

3．工作的变配电站名称

＿＿

4．工作任务

工作地点及设备双重名称	工 作 内 容

5．计划工作时间

自＿＿＿＿年＿＿月＿＿日＿＿时＿＿分

至＿＿＿＿年＿＿月＿＿日＿＿时＿＿分

6．安全措施（必要时可附页绘图说明，红色表示有电）

应拉断路器（开关）、隔离开关（刀闸）（注明编号）	已执行*
应装接地线、应合接地开关（注明确切地点、名称及接地线编号*）	已执行*
应设遮栏、应挂标志牌及防止二次回路误碰等措施（注明地点）	已执行*

*已执行栏及接地线编号由工作许可人填写。

工作地点保留带电部分（由工作票签发人填写）	补充安全措施（由工作许可人填写）

工作票签发人签名＿＿＿＿　＿＿＿＿＿年＿＿＿月＿＿＿日＿＿＿时＿＿＿分

工作票会签人签名＿＿＿＿　＿＿＿＿＿年＿＿＿月＿＿＿日＿＿＿时＿＿＿分

7．收到工作票时间

＿＿＿＿年＿＿月＿＿日＿＿时＿＿分

运行值班人员签名＿＿＿＿＿＿

续表

8．确认本工作票1～6项

工作负责人签名______________ 工作许可人签名___________

许可开始工作时间：___________年_____月_____日_____时_____分

9．本次工作危险点分析及防范措施（由工作负责人填写）

工作中存在的危险点	防范措施

10．确认工作负责人布置的工作任务、安全措施和危险点及防范措施

工作组人员安全交底签名

____

____

11．工作负责人变动情况

原工作负责人_____________离去，变更____________ 为工作负责人

工作票签发人_____________ __________年_____月_____日_____时_____分

工作人员变动情况（变动人员、变动日期及时间）

____

工作负责人签名______________

12．工作票延期

有效期延长到__________年_____月_____日_____时_____分

工作负责人签名____________ __________年_____月_____日_____时_____分

工作许可人签名____________ __________年_____月_____日_____时_____分

13．每日开工和收工时间（使用一天的工作票不必填写）

开工时间				工作负责人	工作许可人	收工时间				工作许可人	工作负责人
月	日	时	分			月	日	时	分		

14．工作终结

全部工作于_________年_____月_____日_____时_____分结束，设备及安全措施已恢复至开工前状态，工作人员已全部撤离，材料工具已清理完毕，工作已终结。

工作负责人签名_______________ 工作许可人签名______________

15．工作票终结

临时遮栏、标志牌已拆除，常设遮栏已恢复。

已拆除的接地线编号____共_____组，已拉开接地刀闸编号_______________

共 ___副（台）。

未拆除的接地线编号____共_____组，未拉开接地刀闸编号_______________

共 ___副（台），已汇报调度值班员。

工作许可人签名____________ __________年_____月_____日_____时_____分

值长签名__________________ __________年_____月_____日_____时_____分

16．备注

（1）指定专责监护人_____________ 负责监护____

____（地点及具体工作）。

（2）其他事项____

____

表 8.3 变电站（发电厂）第二种工作票格式

变电站（发电厂）第二种工作票

单位__________________________编号____________

1. 工作负责人（监护人）_____________ 班组_____________

2. 工作班人员（不包括工作负责人）

____

____ 共 ______人。

3. 工作的变配电站名称

____

4. 工作任务

工作地点及设备双重名称	工作内容

5. 计划工作时间

自_________年____月____日____时____分

至_________年____月____日____时____分

6. 工作条件（停电或不停电，邻近及保留带电设备名称）

____

____

____

7. 注意事项（安全措施）____

____

____

____

工作票签发人签名_______ _________年______月______日______时______分

工作票会签人签名_______ _________年______月______日______时______分

8. 补充安全措施（工作许可人填写）

____

____

____

9. 确认本工作票 1～8 项

许可工作时间：_________年____月____日____时____分

工作许可人签名______________ 工作负责人签名____________

10. 本次工作危险点分析及防范措施（由工作负责人填写）

工作中存在的危险点	防 范 措 施

11. 确认工作负责人布置的工作任务、安全措施和危险点及防范措施

工作组人员安全交底签名

____

续表

12．工作票延期

有效期延长到＿＿＿＿年＿＿月＿＿日＿＿时＿＿分

工作负责人签名＿＿＿＿＿＿　＿＿＿＿＿年＿＿月＿＿日＿＿时＿＿分

工作许可人签名＿＿＿＿＿＿　＿＿＿＿＿年＿＿月＿＿日＿＿时＿＿分

13．工作负责人变动情况

原工作负责人＿＿＿＿＿＿　离去，变更＿＿＿＿＿＿＿＿为工作负责人

工作票签发人＿＿＿＿＿＿　＿＿＿＿＿年＿＿月＿＿日＿＿时＿＿分

工作人员变动情况（变动人员、变动日期及时间）：

工作负责人签名＿＿＿＿＿＿

14．每日开工和收工时间（使用一天的工作票不必填写）

开工时间				工作负责人	工作许可人	收工时间				工作许可人	工作负责人
月	日	时	分			月	日	时	分		

15．工作票终结

全部工作于＿＿＿＿年＿＿月＿＿日＿＿时＿＿分结束，工作人员已全部撤离，材料工具已清理完毕。

工作负责人签名＿＿＿＿＿＿　＿＿＿＿＿年＿＿月＿＿日＿＿时＿＿分

工作许可人签名＿＿＿＿＿＿　＿＿＿＿＿年＿＿月＿＿日＿＿时＿＿分

16．备注

5．工作票的填写

（1）第一种工作票的填写。

需要高压设备全部停电、部分停电或做安全措施的工作填用电气第一种工作票。一种工作票要使用统一标准格式，应一式两联，两联工作票编号相同。填写工作票要用蓝色或黑色的钢笔或圆珠笔。填写工作票应对照发电厂的一次接线图，填写内容要与现场设备的名称和编号相符，并使用设备双重名称。

① 单位、班组。

单位：应填写工作班组单位的名称，如电气车间。

班组：应填写参加工作班组的名称，如电气检修班、电气试验班等。

工作负责人（监护人）：工作负责人是组织工作人员安全完成工作票上所列工作任务的负责人，也是对本工作班组完成工作的监护人。若几个班组同时工作，则填写总工作负责人的姓名。对于复杂的多班组工作，总工作负责人应由检修车间的生产技术人员担任。一个工作负责人只能发一张工作票，在工作期间，工作票应始终保留在工作负责人手中。

② 工作班人员。

填写的工作班人员姓名不包括工作负责人在内，单一班组工作时，若班组人数不超过5人，则填写全部人员姓名；若班组人数超过5人，可填写5个人姓名并写上“等×人”，共计包括工作负责人在内的所有工作人员总数。

③ 工作任务。

此栏应填写进行工作的变电站、开关站、配电室名称和电压等级，以及工作内容，如×号给水泵电动机、×号炉×号送（引）风机电动机更换轴承等。变电站、开关站、配电室内工作的设备要填写双重名称。例如：×变电站110kV ××线××隔离开关。

工作地点及设备双重名称应填写实际工作现场位置和地点名称及设备的双重名称，其中断路器、隔离开关等电气设备应写双重名称，构架、母线等应写设备名称及其电压等级，填写的设备名称必须与现场实际的设备名称相符。对于同一电压等级，位于同一层楼，同时停、送电且不会触及带电导体的几个电气连接部分范围内的工作，允许只填写一张工作票，开工前工作票内的全部安全措施应已完成。若一个电气连接部分或一组电气装置全部停电，则所有不同地点的工作，可以只填写一张工作票，但主要工作内容和工作地点要填写详细、明确。工作地点以一个电气连接部分为限，电气连接部分是用隔离开关与其他电气元件分开的部分，电气连接部分的两端和各侧必须做必要的安全措施。

④ 计划工作时间。

填写在值长批准的设备停电检修时间范围内的工作时间，不包括停、送电操作所需的时间。计划工作时间的填写统一按照公历的年、月、日填写，如自2023年01月10日09时00分至2023年01月12日17时00分。运行班长在收到工作票后，要对工作票签发人填写的计划工作时间与值长批准的设备停电检修时间相对照，如果不相符，要及时通知工作票签发人进行修改。

计划工作时间不准涂改，如果要涂改必须重新填写工作票。

计划工作时间应小于申请的停电检修时间，计划工作时间必须在值长批准的停电检修时间范围内，以便给运行值班人员倒闸操作和布置安全措施留有足够的时间。

⑤ 安全措施。

a．应拉断路器、隔离开关。

填写按工作需要应拉开的断路器、隔离开关和跌落式熔断器，包括填写前应拉开的断路器、隔离开关和跌落式熔断器，应取下的熔断器、应拉开的快分开关或电源刀开关等均填入此栏。

b．应装接地线、应合接地开关。

应写明装设接地线的具体位置和确切地点，接地线的编号可以留出空格，待值班运行人员做好安全措施后，由工作许可人填写装设接地线的编号。此栏还应注明各组接地开关的编号，接地开关只填写编号不填写地点。填写要装设的绝缘挡板，必须注明现场实际装设的位置。

c．应设遮栏，应挂标志牌及防止二次回路误碰等措施。

填写应设遮（围）栏、应挂标志牌的详细名称、数量和位置。

当停电检修时，遮（围）栏应包围停电设备，并留有出入口，遮（围）栏内设有“在此工作”的标志牌，在遮（围）栏上悬挂适当数量的“止步，高压危险！”标志牌，标志牌必须朝向遮（围）栏里面。遮（围）栏开口处设置“由此出入”标志牌。在开口式遮（围）栏内不得有带电设备，出口朝向通道。

在室内一次设备上工作时，应悬挂“在此工作”标志牌，并设置遮（围）栏，留有出入口。在检修设备两侧、检修设备对面间隔的遮（围）栏上、禁止通行的过道处必须悬挂“止步，高压危险！”标志牌。对于一侧带电、另一侧不带电的设备，应视为带电设备。“止步，高压危险！”标志牌属于提示性安全措施，主要是提醒工作人员在安全工作范围内工作，防止事故发生，根据不同的使用场所正确使用“禁止合闸，有人工作！”“禁止合闸，线路有人工作！”“在此工作”“止步，高压危险！”“从此上下”“从此进出”“禁止攀登，高压危险！”等标志牌。

d. 工作地点保留带电部分和补充安全措施。

要求工作地点保留带电部分必须写明停电设备上、下、左、右第一个相邻带电间隔和带电设备的名称和编号。补充安全措施是指工作许可人认为有必要补充的其他安全措施和要求，该栏是运行值班人员向检修、试验人员交代补充工作地点保留带电部分和安全措施的书面依据。

e. 工作票签发人、运行值班人员、工作负责人、工作许可人签名。

工作票签发人填好工作票并审查无误，或者由工作负责人填写工作票，但必须经工作票签发人审核无误后，由工作票签发人在一式两联工作票的“工作票签发人签名”栏签名。工作负责人、工作许可人收到第一种工作票后，应对工作票的全部内容仔细审查，特别是安全措施是否符合现场实际情况，审查无误后分别签名。如果对工作票签发人填写的工作票有疑问，必须在工作前询问清楚，如果工作票有错误或填写内容与现场措施不符，运行值班人员应告知错误原因，并通知工作票签发人重新签发。

f. 工作许可人填写第一种工作票的要求。

若已拉开断路器和隔离开关，则根据现场已经执行的拉开断路器和隔离开关的内容，对照工作票上应拉开的断路器和隔离开关，在“已执行”栏中逐项打“√”。

若已装接地线、已合接地开关，则根据现场已经执行的装接地线、合接地开关内容，对照工作票上应装接地线、应合接地开关的内容，在“已执行”栏中逐项打“√”，并在“应装接地线、应合接地开关”栏中填写现场已经装设接地线的编号。

若已设遮栏、已挂标志牌，则根据现场已经布置好的安全措施，对照工作票上应设遮栏、应挂标志牌、防止二次回路误碰措施的逐项内容，在“已执行”栏中逐项打“√”。

⑥ 许可开始工作时间。

工作许可人应确认运行值班人员所做的安全措施与工作要求一致，与工作地点相邻的带电设备或运行设备及提醒工作人员工作期间有关的安全注意事项等已经填写清楚，在确认第一种工作票1～6项内容全部完成后，由工作许可人会同工作负责人共同到现场再次检查所做的安全措施，对具体的设备指明实际的隔离措施，证明检修设备确无电压。对工作负责人指明带电设备的位置和工作过程中应注意的事项，双方认为无问题后，由工作许可人填写许可开始工作时间，许可开始工作时间由工作许可人在工作现场填写。许可开始工作时间的填写统一按照公历的年、月、日和二十四小时制填写。工作许可人在填写许可开始工作时间时应注意许可开始工作时间在计划工作时间之后。上述工作完成后，工作许可人在一式两联工作票中的“工作许可人签名”栏中签名，工作负责人在一式两联工作票中的“工作负责人签名”栏中签名。

⑦ 本次工作危险点分析及防范措施。

危险点、危险因素控制措施和措施落实人由工作负责人填写。

危险点是指检修作业全过程中存在的危险因素，根据作业环境、作业条件、人员状态等因素对作业过程进行分析，找出威胁人身和设备安全的危险因素。

危险因素控制措施是指针对危险点制定相应的控制措施，制定控制措施时应具有可操作性、针对性、适应性等特点，确保危险点在可控范围内。

危险因素可分为危险人、危险条件、危险点三个部分，其中危险人分为固有危险人、突发性危险人、积极性危险人；危险条件分为与时间相关的危险条件、与环境相关的危险条件、与气候相关的危险条件、与工具相关的危险条件；危险点分为静态危险点和动态危险点。

危险点常用语术如下。

高空坠落：在高空作业发生的坠落事故，不包括触电高空坠落。

机械伤害：机械设备运行（静止）部件、工具、加工件直接与人体接触引起的夹击、碰撞、剪切、卷入造成的压、碾、割、刺等伤害，不包括车辆、起重机械引起的机械伤害。

起重伤害：各种起重作业（包括起重机的检修、安装和试验）中发生的挤压、坠落物体（吊具、重物）打击和触电伤害。

落物伤人：高处物体落下伤人。

滑倒伤人：人滑倒后受伤。

摔倒伤人：人摔倒后受伤。

物体打击：物体在重力和其他外力的作用下运动，从而打击人体造成的人身伤亡事故，不包括因机械设备、车辆、起重机械、坍塌等引发的物体打击。

触电：由于人体直接接触电源，使一定量的电流通过人体，导致组织损伤或功能障碍甚至死亡，包括雷击伤亡事故。

烫伤：人体被高温物体烫伤。

烧伤：火焰引起的烧伤或火灾导致的烧伤。

灼伤：化学灼伤（酸、碱、盐、有机物引起的人体内外灼伤）、物理灼伤（光、放射性物质引起的人体内外灼伤），不包括电灼伤和火灾引起的烧伤。

电灼伤：人被电弧打击所受到的伤害。

碰伤：人被物体碰撞受到的伤害。

挤伤：人被物体挤压受到的伤害。

砸伤：人被物体砸到受到的伤害。

中毒和窒息：包括中毒、缺氧窒息及中毒性窒息。

车辆伤害：企业车辆在行驶中引起的人体坠落和物体倒塌、飞落、挤压引起的伤亡事故，不包括起重设备提升和车辆行驶时发生的事故。

⑧ 工作负责人变动情况。

工作期间，若工作负责人因故长时间离开工作现场，应由原工作票签发人变更工作负责人，履行工作负责人变更手续，并告知全体工作人员及工作许可人，同时在工作票上填写离去的和新的工作负责人姓名，还应填写工作票签发人姓名及工作负责人变动时间。如果工作票签发人因故不能到现场，可由工作票签发人电话通知工作许可人和新的工作负责人，并由新的工作负责人和工作许可人在工作票上办理变动手续。工作负责人只允许变更一次。

⑨ 工作票延期。

应在工期尚未结束以前由工作负责人向电气运行班长提出申请，电气运行班长同意后汇报给当值值长，电气运行班长得到当值值长同意后办理工作票延期手续。将延期时间填在一式两联工作票的“有效期延长到”栏内，并统一按照公历的年、月、日和二十四小时制分别填入。工作许可人与工作负责人在“工作票延期”栏分别签名后执行。

第一种工作票只能延期一次。

⑩ 工作终结及工作票终结。

a．工作终结。

全部工作完毕后，工作人员应清扫、整理现场。工作负责人应先做周密的检查，待全体工作人员撤离工作地点后，再向运行人员（工作许可人）交代所检修项目、发现的问题、试验结果和存在问题等，并与工作许可人共同检查设备是否已恢复至开工前状态，有无遗留物件，是否清洁等，然后在工作票上填明工作结束时间。经双方签名后，工作终结。

b．工作票终结。

将临时遮栏拆除、标志牌取下、所有接地线拆除，如果该工作票中某接地线或接地开关同时在另一份工作票中使用，如果暂时不能拆除，应填写实际拆除数，在备注栏内说明并汇报给值长。安全措施全部清理完毕，工作许可人对工作票审查无问题并在两联工作票上签名，填写工作票终结时间后，工作票方可终结。

⑪ 工作组人员安全交底签名。

工作负责人接到工作许可命令后，应向全体工作人员交代工作票中所列工作任务、安全措施的完成情况、保留或邻近带电设备及其他注意事项，并询问是否有疑问，如果工作人员有疑问或没有听清楚，工作负责人有义务向其重申，直到工作人员全部清楚为止。工作组全体人员确认工作负责人布置的任务和本工作项目安全措施交代清楚并确认无疑问后，工作组人员应逐一在签名栏中签名。工作组人员必须是本人亲自签名，在签名时字迹要工整且一律写全名，不允许代签。

“工作组人员安全交底签名”在工作票第十项。

⑫ 备注。

此处填写工作票签发人、工作负责人、工作许可人在办理工作票过程中需要交代的工作及注意事项。

a．工作前，工作人员必须认真核对设备名称、编号和实际位置。

b．工作人员工作时必须在围栏内或工作区域内，严禁跨越遮栏。

c．出入×号高压室应随手将高压室门关好，严禁拆除高压室门防鼠挡板。

d．此栏还应填写没有拆除接地线、没有拉开接地开关的原因。

⑬ 工作票盖章。

“已执行”章和“作废”章应盖在第一种工作票编号上方。

在运行现场保存的“已执行”章和“作废”章的大小、字体及样式应符合印章式样。

检修工作结束后，工作许可人将上联工作票交给运行班长，并向当值值长汇报工作完成情况。值长确认没有问题，在上联工作票的编号上方盖上“已执行”章，然后将工作票收存以备检查，同时在工作票登记本上注明此工作票结束的时间。

检修工作结束后，工作负责人从现场带回下联工作票，向工作票签发人汇报工作完成情况，并交回工作票，工作票签发人确认没有问题，在下联工作票的编号上方盖上“已执行”章，然后将工作票收存以备检查。

⑭ 第一种工作票填写注意事项。

第一种工作票的编号由电气车间统一编号，工作票应一式两联，两联工作票编号相同，使用单位应按编号顺序依次使用，不得出现空号、跳号、重号、错号。

第一种工作票填写的设备术语必须与现场实际相符，填写要字迹工整、清楚，不得任意涂改。若有个别错字、漏字需要修改，应做到被改的字和改后的字清楚可辨。

第一种工作票的改动要求如下。

a．计划工作时间不能涂改。

b．工作内容和工作地点不能涂改。

c．工作票上非关键词的涂改不得超过 3 处，每处为 3 个字，否则应重新填写工作票。

d．工作票上断路器、隔离开关、接地开关、保护连接片等电气设备的名称和编号，接地线的安装位置、拉开、合上、取下等操作动词错漏的情况下，该工作票予以作废。

（2）第二种工作票的填写。

第二种工作票要使用统一标准格式，一式两联，两联工作票编号相同。要用蓝色或黑色的钢笔或圆珠笔填写。填写工作票时应对照现场接线图，填写内容要与现场设备的名称和编号相符，并使用设备双重名称。当工作票破损不能继续使用时，应补填新的工作票。

① 工作负责人（监护人）、单位、班组、工作班人员与第一种工作票相同，此处略。

② 工作任务。

工作任务栏应填写该工作设备的检修、试验、更改、安装、拆除等项目，工作任务应对照工作地点或地段来填写。要写明在什么设备上进行什么工作，将所从事的工作内容填写清楚。例如：注油电气设备加油、取油样；电气设备的带电消缺；电气设备的带电测试、核相、试验；电气设备的异常处理；电气设备的清扫、检查等工作。

工作地点应填写实际工作现场的位置和地点名称，并填写设备的双重名称，其中，断路器、隔离开关等电气设备应写双重名称，构架、母线等应写设备名称及其电压等级，填写的设备名称必须与现场实际设备名称相符。对于同一电压等级，位于同一层楼，同时停、送电且不会触及带电导体的几个电气连接部分范围内的工作，允许只填写一张工作票，开工前工作票内的全部安全措施应已完成。

③ 计划工作时间与第一种工作票相同。

④ 工作条件。

填写停电或不停电条件是指对检修对象要求的工作条件，即检修对象需要停电则填写停电，不需要停电则填写不停电。

⑤ 注意事项。

需要停电时，应在注意事项栏内写明需要停电的电源设备，要在此栏中填写邻近及保留带电设备名称，带电设备要写双重名称。

⑥ 本次工作危险点分析及防范措施与第一种工作票相同。

⑦ 工作组人员签名与第一种工作票相同。

⑧ 开工、收工时间和签名与第一种工作票相同。

⑨ 工作票终结和签名与第一种工作票相同。

⑩ 备注与第一种工作票相同。

（3）对工作票中所列人员的要求。

① 工作票签发人。

应由熟悉生产、《电业安全工作规程》及本单位电气一次、二次系统，具有较高技术水平，且具有相关工作经验的生产领导人、技术人员或经供电公司主管生产领导批准的人员担任工作票签发人。工作票签发人名单应以书面文件形式公布。

② 工作负责人。

应由具有相关工作经验，熟悉设备情况、工作班人员的工作能力和《电业安全工作规程》，经车间、公司生产领导批准的人员担任工作负责人。工作负责人可以填写工作票，工作负责人名单应以书面文件形式公布。

③ 工作许可人。

应由车间、公司生产领导以书面文件形式批准的具有一定工作经验的工作人员担任工作许可人。工作许可人应是持有效证书的高压电工。

④ 专责监护人。

应由具有相关工作经验，熟悉设备情况和《电业安全工作规程》的人员担任专责监护人。专责监护人在监护中不得直接操作设备，不得兼做其他工作，带电作业专责监护人应具有一定理论知识和实际的带电作业经验。

⑤ 工作班成员。

工作班成员应经医师鉴定无妨碍工作的病症，每两年至少进行一次体检，应具备必要的电气知识和业务技能，工作班成员应按工作性质熟悉《电业安全工作规程》的相关部分，并经考试合格。此外，工作班成员应具备必要的安全生产知识，学会紧急救护法，特别要学会触电急救。

一张工作票中，工作票签发人、工作负责人和工作许可人三者不得互相兼任。

（4）不合格工作票的认定。

① 工作票无编号或重号、错号。

② 工作地点或工作任务填写不明确或不正确。

③ 填写工作设备名称时，设备有双重编号但未填写。

④ 安全措施与工作现场情况不符，或者无故增加安全措施。

⑤ 设备编号有涂改或字迹不清，难以辨认。

⑥ 安全措施不全但未补充。

⑦ 未填写主要安全措施。

⑧ 未填写工作地点保留带电部分，或填写不完整、不正确。

⑨ 未填写接地线的确切装设地点、组数和编号。

⑩ 未注明装设标志牌的地点或标志牌名称错误、装设错误。

⑪ 未按规定签名、代签名或未按规定盖章。

⑫ 运行人员在工作票中未按票面要求填写有关内容或填写不合格。

⑬ 在工作票上乱写乱画，或者将工作票丢失、损坏。

⑭ 按照规定应重新填写工作票但未填写。

⑮ 变更工作负责人或工作延期但未按规定办理手续。

⑯ 工作票签发人、工作票负责人、工作票许可人不符合规定或超出批准范围。

⑰ 工作票票种签发错误。

⑱ 未按规定履行许可手续或开工前没有共同去现场检查。

⑲ 未按规定履行监护职责或开工后监护人不在现场或不带工作票。

⑳ 未按规定履行终结手续或结束工作票未检查验收，或者未拆除安全措施。

（5）工作票的执行程序。

① 工作负责人提前填写工作票，写清楚工作内容、停电范围、停电地点，交工作票签发人签发。

② 工作票签发人对工作负责人所提报的工作内容、工作的必要性、计划时间的合理性进行审核，在工作票中填写本次工作需要实施的安全技术措施并签字。

③ 工作负责人将工作票交给变电所的运行管理单位（如机电队），由工作许可人填写操作票内容，交值班负责人（如电工班长、机电副队长等）审核签字。

④ 操作开始之前，由工作许可人同工作负责人到变电所，向调度人员申请，调度人员下令，工作许可人记录并复诵正确后，开始执行操作票，工作负责人兼作安全监护人。

⑤ 操作票执行完成后，由工作许可人在工作票中填写许可开始时间并签名，工作负责人也确认签名后，双方各执一份，开始工作。

⑥ 工作结束后人员撤离，工作负责人持工作票到变电所，向工作许可人申请送电，工作负责人在工作票上签署工作结束时间和签名，工作许可人也在工作票上签名后向调度人员申请送电，调度人员下令，工作许可人记录后同工作负责人执行送电操作票程序。

⑦ 开关正常送电结束后，工作许可人向调度人员交回调度记录。

凡是属于已经办理工作票的检修工作，必须到现场就地执行停电工作，严禁通过工控系统，在调度室遥控停电后实施工作。

8.2 操作票

20.电气设备上安全工作的技术措施

1．操作票的含义

操作票就是任务票，将要做的任务列在上面，执行操作时随身携带，并且严格按照上面的内容一步步执行。

2．操作票制度

（1）执行操作票时，应严格执行签发、签字、唱票、复诵和操作监护制度。操作票应由两人执行，其中对设备较为熟悉者作为操作监护人。

（2）操作前应核对设备名称、编号和位置，操作中应认真执行监护复诵制，操作过程中，由监护人唱票，朗读操作栏目内容。操作人应先复诵操作内容，再进行操作。在操作过程中，监护人应观察操作人的操作是否符合规定的内容，操作方法是否正确。操作项目完成后，监护人在对应的操作项中打“√”，再操作下一项。全部操作完毕，监护人应进行复查。

（3）操作中产生疑问时，不得擅自更改操作票，应立即向值长或总值长报告，确认无误后再进行操作。

（4）用绝缘棒分、合刀闸或经传动机构分、合刀闸和开关时，操作人应戴绝缘手套。雨天操作室外高压设备时，绝缘棒应有防雨罩，操作人应穿绝缘靴。

（5）禁止在雷电时进行倒闸操作。

3．操作票的样式

变电站倒闸操作票的样式如表8.4所示。

表8.4　变电站倒闸操作票的样式

（）变电站倒闸操作票

单位：＿＿＿＿＿＿　　　　编号：＿＿＿＿＿＿

发令人		受令人		发令时间	年　月　日　时　分
操作开始时间：　年　月　日　时　分			操作结束时间：　年　月　日　时　分		
（　）监护下操作　（　）单人操作　（　）检修人员操作					
操作任务：					

顺　序	操 作 项 目	预演	操作
1			
2			
3			
4			
5			
6			
7			
8			
9			
10			
11			
12			
备注：			
操作人：＿＿＿＿　监护人：＿＿＿＿　值班负责人（值长）：＿＿＿＿			

4．操作票的填写

对倒闸操作票的填写进行规范化管理，以规范操作人的行为，从而有效杜绝误操作事故的发生。变电站值班负责人、供电所工作负责人负责组织完成调度人员下达的操作命令。严格执行操作票制度。完成相关记录的填写。有权拒绝执行威胁人身安全或设备安全的调度命令，提出理由并报告给上级领导。

（1）倒闸操作票统一用黑色墨水填写或微机打印（黑色），单位、发令人、受令人、发令时间、签名必须手工填写。

（2）一份倒闸操作票只能填写一个操作任务。明确设备由一种状态转为另一种状态，或者系统由一种运行方式转为另一种运行方式。由值班负责人或工作负责人指派有权操作的值班人员或工作人员填写操作票。每个操作任务的操作票后须附一份变电站倒闸操作危险点控制措施（线路操作票除外），对应操作票的编号填写，随操作票保存，按照操作任务进行边操作边打“√”，操作完毕在编号上方加盖“已执行”章。

（3）在编号空白处填入7位数，前两位为本年年份的后两位数，如2023年的后两位数为23；后五位为编号，每所（站）每年从00001开始编号，编号不得重复（编号可微机打印）。例如：编号为2300001。

（4）微机程序自动生成的操作票，编号后五位应从00001开始，年份后两位由微机自动生成。

（5）单位：填写发令的单位（地调、县调或其他单位）。

（6）发令人：填写当值调度（供电所值班负责人）具备下令资格的人的姓名。

（7）受令人：填写具备资格的当班值班（工作）负责人的姓名。

（8）单位、发令人、受令人、操作任务、值班负责人、监护人、操作人、票面所涉时间填写要求：必须手工填写，姓名一律居左填写，每字后面连续填写，不准留有空格，不得电脑打印。有多页操作票时，其中单位、发令人、受令人、受令时间、操作开始时间、操作结束时间只在第一页填写；操作任务仅打印在第一页（微机开票除外），值班负责人、监护人、操作人每页均分别手工签名，且操作结束每张均应加盖“已执行”章。

（9）发令时间：填写调度人员（供电所值班负责人）下达指令的具体时间，年用4位阿拉伯数字表示，月、日用2位阿拉伯数字表示，时、分用二十四小时制表示，不足两位的在前面添“0”补足。

（10）操作开始时间：填写操作开始的时间（年、月、日、时、分）。

（11）操作结束时间：完成最后一项操作项目的时间（年、月、日、时、分）。

（12）操作任务：只能填写一个操作任务，明确设备由什么状态转什么状态，靠左打印（或填写）。操作任务是指运行状态、热备用状态、冷备用状态、检修状态之间的相互转化，或者通过操作达到某种状态。操作任务应填写设备双重名称，即电气设备中文名称和编号。

例如：将××kV××回××开关由运行转冷备用。

将×号主变压器××kV侧××开关由检修转运行。

将××kV××开关柜由运行转检修。

（13）操作项目：应根据倒闸操作的任务打印（填写）具体的操作步骤，字迹应清晰、工整，不得随意涂改。编号和开关、刀闸、接地刀闸、保护连接片等设备的名称和编号，接地线装设位置，关键词断开、合上、拉开、取下、短接、拆除、投入、装设、投上、插入、拔出、悬挂、操作至、检查及阿拉伯数字不得修改，若修改则操作票作废。操作项目中的设备名称必须按照现场设备标志牌打印（或填写）。操作票操作任务所用操作动词如表8.5所示。

表8.5　操作票操作任务所用操作动词

序　号	设备名称	操作动词
1	断路器	合上/断开
2	刀闸（隔离开关）	合上/拉开
3	接地刀闸	合上/拉开
4	断路器手车	操作至
5	接地线	装设/拆除
6	重合闸	投入/停用
7	继电保护	投入/停用
8	连接片	投入/退出
9	开关二次插件	插入/拔出
10	临时标志牌	悬挂/取下
11	熔断器	投入/取下
12	空气开关	合上/断开

（14）预演：在操作票“预演”所在列的正中间，用红笔打“√”，每预演、检查、审核一项正确无误时才能打“√”，再进行下一项的预演、检查、审核。

（15）操作：在操作票的“操作”所在列正中间，用红笔打“√”，此项由监护人完成。操作人每操作一项，监护人检查操作质量合格后才能打“√”，操作人再进行下一步的操作。

（16）备注：将在操作中存在问题、停止操作的原因，或者重合闸未投入、重合闸按调令要求不投入、该开关重合闸未装或停用等做具体说明。

（17）操作人：填写执行操作的人的姓名。

（18）监护人：填写执行操作时监护人的姓名。

（19）值班负责人：填写当班值长（工作负责人）的姓名，监护人及值班负责人可为同一人，监护人的职务必须高于操作人。

（20）若一页操作票不能满足填写一个操作任务的操作项目时，将第一页操作票下面最后一行留作空白行，填写“下接××号操作票”，下一页操作票第一行填写“上接××号操作票”，居中填写。

（21）在执行倒闸操作中如果操作了一项或多项操作项目，因故停止操作时，应在未操作所有项目对应的“操作”列盖“此项未执行”章。在备注栏注明未执行的原因，该票按已执行票处理。重新恢复操作时重新填写操作票，不得用原操作票进行操作。如果调度特别要求，待事故处理结束，按原操作票继续操作，但在备注栏内必须注明。

（22）操作票执行完毕后在编号上面加盖“已执行”紫红色印章，操作项目下一空白行正中间加盖“以下空白”蓝色印章，供电所操作票由工作负责人用正楷字体居中填写“以下空白”，“以下空白”章上线与空白行上线重叠，不得斜盖。如果操作项目填到最末一行，下面无空格时，不盖“以下空白”章。作废的操作票在编号上面加盖“作废”紫红色印章，并在备注栏注明作废原因。“以下空白”章规格大小同“已执行”章一样。

（23）一份操作票的所有时间、操作任务填在该票的首页，票底的签名每页必须手工签名。签名不得代签、不签，漏签。

5．倒闸操作注意事项

（1）必须在监护下操作。

在操作时，其中对设备较为熟悉者作为监护人，特别重要和复杂的倒闸操作，由熟练的操作人操作，一般由电气运行班长监护。

（2）模拟操作。

监护人和操作人在进行实际倒闸操作前必须进行模拟操作，监护人和操作人在符合现场一次设备和实际运行方式的模拟图板上由监护人根据操作票中所列的操作项目，逐项发布操作口令，操作人听到口令后复诵，再由监护人下达执行令，操作人听到执行令后更改模拟系统图板，通过模拟操作再次对操作票的正确性进行核对，模拟操作无误后，进行实际倒闸操作。对于模拟图板上无法模拟的操作步骤，如：检查负荷分配、检查保护运行等也应进行唱票、复诵，但不下达执行命令。模拟操作完毕，操作人和监护人要全面检查模拟系统图板的位置，模拟操作确认无误后，由操作人、监护人分别签名。签名后交当班班长审查并签名，最后交当值值长审查并签名。签名各方均应对本次倒闸操作的正确性负全部责任。

（3）操作前准备。

由操作人、监护人负责准备绝缘靴、绝缘手套、安全帽、绝缘杆、验电器、操作棒、接地线、防误闭锁装置钥匙等。装卸高压可熔性熔断器时，应准备护目镜、绝缘垫及专用工具。必须检查安全用具的电压等级是否合适，是否检验合格且在有效使用期内，绝缘手套不漏气，验电器发光音响应正常等。由当班班长检查操作人、监护人着装是否整齐，是否符合标准要求，准备的安全用具是否合格。

（4）发布及接受操作指令。

由当值值长向电气运行班长发布正式的操作指令。发布命令应使用规范的调度术语和设备双重名称。在接受操作指令时，受令人必须清楚操作任务及注意事项，如果对操作指令有疑问，应及时向值长询问清楚，对于错误的操作命令应提出纠正。运行班长根据操作指令向操作人、监护人发布正式操作命令，操作人、监护人在了解操作目的和操作顺序且对指令无疑问后，运行值班负责人将操作票发给操作人和监护人，同时命令操作人和监护人开始操作。

6．实际倒闸操作

（1）监护人手持操作票，携带开锁钥匙，操作人戴绝缘手套拿操作棒，监护人和操作人戴好安全帽，操作人在前，监护人在后，操作人在监护人的监护下，按照操作票上的操作顺序，进入操作现场。

（2）监护人、操作人进入操作现场站好位置后，共同核对设备名称、位置、编号和运行状态。操作人和监护人面向设备的名称编号牌，由监护人按照操作票的顺序逐项高声唱票。操作人应注视设备名称编号，按照唱票内容用手指此项操作应动部位，高声复诵。监护人确认操作人复诵无误后，发出“对，执行”的操作口令，并将钥匙交给操作人实施操作。监护人在操作人完成操作并确认无误后，在该操作项目后打“√”。对照检查项目，监护人唱票后，操作人应认真检查，确认无误后再高声复诵，监护人同时也应进行检查，确认无误并听到操作人复诵后，在该项目后打“√”。严禁操作项目与检查项目一并打“√”。

（3）倒闸操作中途不得更换监护人、操作人，监护人、操作人不得做与操作无关的事情，不得说与操作无关的话。监护人应自始至终对操作人的操作实施全过程监护，不得离开操作现场或进行其他工作。

（4）倒闸操作必须由两人执行。副值班员为操作人，正值班员为监护人。对于非常重要的操作，应由正值班员担任操作人，运行班长担任监护人。一份操作票应由一组人操作，监护人手中只能持一份操作票。

（5）对倒闸操作产生疑问时，应立即停止操作并向发令人报告。待发令人再次许可后，方可进行操作，不准擅自更改操作票，不准随意解除闭锁装置。

（6）解锁工具（钥匙）必须封存保管，所有操作、检修人员严禁擅自使用解锁工具（钥匙）。若遇特殊情况，必须经值长批准，方能使用解锁工具（钥匙）。检修人员单人操作时，在倒闸操作过程中严禁解锁。如需解锁，必须待增派运行人员到现场后，并履行批准手续后解锁。解锁工具（钥匙）使用后应及时封存。

（7）全部操作项目完成后，监护人、操作人应全面检查、复核被操作设备的状态、仪表及信号指示等是否正常、有无漏项等。若监护人、操作人检查、复核时发现问题，应及时告知运行班长，运行班长汇报值长后停止操作。该操作票不得继续使用。

（8）完成全部操作项目后，若监护人、操作人检查复核倒闸操作情况没有发现问题，由监护人、操作人向运行班长汇报实际操作完毕。操作人在已执行操作票的右上方盖“已执行”章。操作人将操作票交回运行班长处，运行班长收回操作票，并向值长汇报操作任务已完成。运行班长在值班记录簿上填写操作任务、操作时间。整个操作票执行结束。运行班长将已执行的操作票存放好，以便于每月统计和检查操作票。

（9）不能仅凭记忆进行倒闸操作，要严格按照倒闸操作票进行操作。要保证操作人、监护人、运行班长在倒闸操作过程中有足够的体力和精力，不允许疲劳操作。现场进行实际操作时，操作人站的位置既要便于操作又要能看到被操作设备整个操作过程中的变化，一般面对被操作设备。

（10）现场进行实际操作时，操作人在每项操作前要考虑监护人唱票的项目内容，有无跳项、添项、漏项等情况。根据被操作设备的特点，思考操作要领。

（11）雷电天气时一般不进行倒闸操作，禁止就地进行倒闸操作。

7. 操作票专项检查项目的操作规范

（1）断路器操作后的检查方法。

进行断路器的分、合闸位置的检查，应从以下几个方面按顺序检查。

① 指示仪表的检查，包括电流表、有功功率表、无功功率表的检查。

② 位置灯指示情况检查。

③ 机械分合指示器的检查。

④ 断路器传动机构变位的检查。此项检查一定要以能够切实反映断路器真实和最终状态的部位为准。各站应根据本站断路器型号制定出各型号开关的机械部位检查方法。

⑤ 上述检查中任何一个方面的检查均不能作为断路器实际状态的唯一数据，若有一个方面与实际状态不一致，则要经过进一步检查确认，必要时请专业人员进行检查。

（2）隔离开关操作后的检查方法。

隔离开关操作后的检查主要是从隔离开关动、静触头的离合情况和定位销落位情况两方面进行检查。合上的隔离开关动、静触头三相均应接触良好，拉开的隔离开关动、静触头之间的距离三相均应符合要求，合上或拉开的隔离开关机构定位销均应落入定位孔。

（3）接地刀闸操作后的检查。

合上的接地刀闸三相动、静触头接触良好，刀口插入深度符合要求，拉开的接地刀闸三相动、静触头确已分离，接地导电杆（片）已回到原定位置，合上或拉开的接地刀闸定位销均应落入定位孔。

（4）接地线确已拆除的检查。

除了检查刚拆除的接地线是否被完全拆除，还应对该回路上的所有部位进行检查，检查是否还有接地线存在（包括临时短路线），以及核对所拆接地线数量和编号与工作票所列数量编号是否一致。

8. 发生下列情况不操作

（1）操作任务不清楚时，不操作。

（2）操作内容与操作任务不相符时，不操作。

（3）无操作票时，不操作。

（4）对操作项目产生疑问时，不操作。

（5）操作项目与实际不相符时，不操作。

（6）无监护人或大型倒闸操作无第二监护人时，不操作。

（7）继电保护及自动装置使用不清楚时，不操作。

（8）没有理解操作预案内容时，不操作。

（9）程序锁失灵时，不操作。

（10）监护人不高声唱票时，不操作。

8.3 高压开关柜电气倒闸的操作步骤

高压开关柜的电气倒闸操作必须严格按照以下步骤执行。

（1）调度人员预发操作任务，值班人员接受并复诵无误。

（2）操作人查对模拟图板，填写操作票。

（3）审票人审票，若发现错误，操作人应重新填写。

（4）监护人与操作人相互考问和预演。

（5）按操作步骤逐项操作模拟图板，核对操作步骤的正确性。

（6）准备必要的安全工具、用具、钥匙，并检查绝缘板、绝缘靴、绝缘棒、验电器等。

（7）调度人员正式发布操作指令，并复诵无误。

（8）监护人逐项唱票，操作人复诵，并核对设备名称编号。

（9）监护人确认无误后，发出允许操作的命令“对，执行”。操作人正式操作，监护人逐项勾票。

（10）对操作后设备进行全面检查。

（11）向调度人员汇报操作任务完成并做好记录，盖“已执行”章。

（12）复查，评价，总结经验。

11.10kV 高压开关柜停电操作

8.4　工作任务解决

1．操作票填写

1）KYN28 型高压开关柜

12.10kV 高压开关柜送电操作

由运行状态改为检修状态的操作票 1 如表 8.6 所示。

表 8.6　由运行状态改为检修状态的操作票 1

（　　）倒闸操作票

单位：＿＿＿＿＿＿　　　　编号：＿＿＿＿＿＿

<table>
<tr><td>发令人</td><td></td><td>收令人</td><td></td><td>发 令 时 间</td><td>年＿月＿日＿时＿分</td></tr>
<tr><td>操作开始时间</td><td colspan="3">年＿月＿日＿时＿分</td><td>操作结束时间</td><td>年＿月＿日＿时＿分</td></tr>
<tr><td colspan="6">（　　）监护人操作　（　　）单人操作　（　　）监护下操作</td></tr>
<tr><td colspan="6">操作任务：××kV××#高压出线柜由运行状态改为检修状态</td></tr>
<tr><td>顺　序</td><td colspan="4">操 作 项 目</td><td>执　行</td></tr>
<tr><td>1</td><td colspan="4">检查××kV××#高压出线柜是否在运行状态</td><td></td></tr>
<tr><td>2</td><td colspan="4">拉开××kV××#高压出线柜断路器</td><td></td></tr>
<tr><td>3</td><td colspan="4">检查××kV××#高压出线柜断路器是否在分闸位置</td><td></td></tr>
<tr><td>4</td><td colspan="4">将××kV××#高压出线柜手车开关由“运行”位置调至“试验”位置</td><td></td></tr>
<tr><td>5</td><td colspan="4">检查××kV××#高压出线柜手车开关是否在“试验”位置</td><td></td></tr>
<tr><td>6</td><td colspan="4">检查××kV××#高压出线柜带电显示器是否显示无电</td><td></td></tr>
<tr><td>7</td><td colspan="4">取下××kV××#高压出线柜手车开关二次插头</td><td></td></tr>
<tr><td>8</td><td colspan="4">将××kV××#高压出线柜手车开关由“试验”位置调至“检修”位置</td><td></td></tr>
<tr><td>9</td><td colspan="4">合上××kV××#高压出线柜接地刀闸，并确认已合上</td><td></td></tr>
<tr><td>10</td><td colspan="4">在××kV××#高压出线柜分、合闸开关上悬挂“禁止合闸，有人工作”标志牌</td><td></td></tr>
<tr><td>11</td><td colspan="4">在××kV××#高压出线柜接地刀闸处悬挂“已接地”标志牌</td><td></td></tr>
<tr><td>12</td><td colspan="4">更正模拟图板</td><td></td></tr>
<tr><td colspan="6">备注：</td></tr>
</table>

操作人：＿＿＿＿　　监护人：＿＿＿＿　　值班负责人（值长）：＿＿＿＿＿

由检修状态改为运行状态的操作票 1 如表 8.7 所示。

表 8.7　由检修状态改为运行状态的操作票 1

（　　　）倒闸操作票

单位：________________　　　　　　　　　　　　　　　　　　编号：______________

发令人		收令人		发 令 时 间	年__月__日__时__分
操作开始时间	年__月__日__时__分			操作结束时间	年__月__日__时__分
（　　）监护人操作　（　　）单人操作　（　　）监护下操作					
操作任务：××kV××#高压出线柜由检修状态改为运行状态					

顺　序	操 作 项 目	执　行
1	检查××kV××#高压出线柜是否在检修状态	
2	取下××kV××#高压出线柜接地刀闸处“已接地”标志牌	
3	取下××kV××#高压出线柜分合闸开关上“禁止合闸，有人工作”标志牌	
4	拉开××kV××#高压出线柜接地刀闸，并确认已在分闸位置	
5	将××kV××#高压出线柜手车开关由“检修”位置调至“试验”位置	
6	插入××kV××#高压出线柜手车开关二次插头	
7	将××kV××#高压出线柜手车开关由“试验”位置调至“运行”位置	
8	检查××kV××#高压出线柜手车开关是否在“运行”位置	
9	合上××kV××#高压出线柜断路器	
10	检查××kV××#高压出线柜断路器是否在合闸位置	
11	更正模拟图板	
备注：		

操作人：__________　　　　监护人：__________　　　　值班负责人（值长）：______________

2）XGN66 型高压开关柜

由运行状态改为检修状态的操作票 2 如表 8.8 所示。

表 8.8　由运行状态改为检修状态的操作票 2

（　　）倒 闸 操 作 票

单位：____________________　　　　　　　　　　　　　　　编号：__________________

发令人		收令人		发 令 时 间	__年__月__日__时__分
操作开始时间	__年__月__日__时__分			操作结束时间	__年__月__日__时__分
（　　）监护人操作　（　　）单人操作　（　　）监护下操作					
操作任务：××kV××#高压进线柜由运行状态改为检修状态					

顺　序	操 作 项 目	执　行
1	断开××kV××#进线柜保护合闸压板	
2	断开××kV××#进线柜断路器	
3	确认××kV××#进线柜断路器已断开	
4	将××kV××#进线柜机械闭锁转换手柄由“工作”位置旋至“分断闭锁”位置	

续表

顺　序	操作项目	执　行
5	断开××kV××# 进线柜隔离开关	
6	确认××kV××#进线柜隔离开关处于断开状态	
7	将××kV××#进线柜机械闭锁转换手柄由“分断闭锁”位置旋至“检修”位置	
8	悬挂停电警示牌	
备注：		

操作人：__________　　监护人：__________　　值班负责人（值长）：____________

由检修状态改为运行状态的操作票 2 如表 8.9 所示。

表 8.9　由检修状态改为运行状态的操作票 2

（　　　）倒 闸 操 作 票

单位：__________　　　　　　　　　　编号：__________

发令人		收令人		发令时间	___年___月___日___时___分
操作开始时间	___年___月___日___时___分			操作结束时间	___年___月___日___时___分
（　　）监护人操作　　（　　）单人操作　　（　　）监护下操作					
操作任务：××kV××#高压进线柜由检修状态改为运行状态					

顺　序	操作项目	执　行
1	确认各单位检修状态结束	
2	移除停电警示牌	
3	检查××kV××# 进线柜断路器是否处于分闸状态	
4	检查××kV××#进线柜隔离开关是否处于分闸状态	
5	将 ××kV××#机械闭锁转换手柄由“检修”位置旋至“分断闭锁”位置	
6	合上××kV××#进线柜隔离开关	
7	检查××kV××#进线柜隔离开关是否处于合上状态	
8	将××kV××#机械闭锁转换手柄由“分断闭锁”位置旋至“工作”位置	
9	合上××kV××# 进线柜断路器	
10	检查××kV××#进线柜断路器是否处于合上状态	
11	合上××kV××#进线柜储能开关	
12	检查××kV××#进线柜储能开关是否合上	
13	拉开××kV××#进线柜储能开关	
14	连接××kV××#进线柜保护合闸压板	
备注：		

操作人：__________　　监护人：__________　　值班负责人（值长）：____________

2. 危险点分析

（1）在进行停送电操作前，必须对开关柜的状态进行检查。

（2）必须执行安装规定，防止因无票操作而引起误操作，或因失去监护而误碰带电设备，造成触电伤害。

（3）必须与带电高压设备保持足够安全距离，防止触电。

（4）应该配备适当的安全防护设备，防止电击和电弧对人的伤害，如绝缘手套、绝缘靴等。

（5）操作前必须核对设备位置、名称、编号，防止走错间隔（误入带点间隔）。

（6）防止带负荷拉隔离开关（只有在断路器断开后才能拉隔离开关），避免产生电弧，将人灼伤。

（7）防止带地线或接地刀闸合闸引起短路。

【拓展任务】10kV 高压开关柜故障判断及处理

13.10kV 高压开关柜故障判断及处理

1. 任务分析

该任务主要对高压开关柜的故障进行分析判断，并能够进行正确处理，其评分标准如表 8.10 所示。

表 8.10　10kV 高压开关柜故障判断及处理评分标准

考 试 项 目	考 试 内 容	配分/分	评 分 标 准
10kV 高压开关柜故障判断及处理	安全意识	20	未能准备好该项操作所需的安全用具或未进行检验，扣 2～5 分。未能做好个人防护，如未戴安全帽、护目镜、绝缘手套或未穿绝缘靴，扣 2～5 分。要持操作票在模拟图板上模拟操作一次，未核对设备的位置、名称、编号和运行方式，扣 5～10 分
	故障分析	25	未能正确观察高压开关柜保护装置的报警信息，扣 5 分。未能依据信号指示正确判断故障类型，扣 15 分
	故障处理	55	遵循安全操作规程，按照操作步骤正确操作。倒闸时，操作顺序应正确流畅，操作出现错误，视情况扣 5～55 分。在转检修状态后应把合闸电源和控制电源的熔断器（控制开关）取下，漏取一个扣 10 分。在规定时间内能正确完成操作，超时扣 5～10 分

2. 高压开关柜常见故障及处理步骤

（1）过电压保护跳闸。

产生原因：断路器接触不良或烧坏，变压器绝缘破坏，雷击等。

处理步骤：①应立即通知调度人员和相关领导。②查找故障产生的原因。③确认故障处理完毕。④通知调度人员和生产单位，合闸送电。

（2）重瓦斯跳闸。

产生原因：油浸式变压器内部发生严重故障，如相间短路、高压断路器跳闸、切断变压器电源。

处理步骤：①应立即通知调度人员和相关领导。②查找故障产生的原因。③确认故障处理完毕。④通知调度人员和生产单位，合闸送电。

（3）定时限过流跳闸。

产生原因：线路和设备有故障，变压器过负荷，两相短路。

处理步骤：①查明故障产生的原因。②减小负荷。③点击复位按钮。④通知调度人员和生产单位，合闸送电。

（4）轻瓦斯告警。

产生原因：当油浸式变压器油箱内部发生故障，短路电流所产生电弧的高温使绝缘材料和变压器油分解出大量的瓦斯气体。事故越严重，产生的瓦斯气体越多。反映瓦斯气体而动作的保护称为瓦斯保护。

处理步骤：①排除气体。②点击消除警报按钮。③点击复位按钮。

（5）高温告警。

产生原因：过载环境温度过高、通风不良等。自冷式变压器的上层油温超过 85℃，强迫油循环冷却变压器上层油温超过 75℃。

处理步骤：①降低变压器的温度。②通风降低环境温度。③减少负荷以降低变压器温升。④点击消除警报按钮。⑤点击复位按钮。

（6）超温跳闸。

产生原因：绝缘材料的极限温度为 155℃。当变压器的温度达到 85～95℃，降温风扇启动；达到 130℃，高温报警；达到 150℃超高温，高压开关柜自动跳闸，切断变压器电源。

处理步骤：①查明故障产生的原因。②降低变压器的温度。③通风降低环境温度。④减少负荷以降低变压器温升。⑤确认高温故障排除完毕。⑥点击复位按钮。⑦通知调度人员和生产单位，合闸送电。

（7）零序过流（过电压）跳闸。

产生原因：发生单相接地事故，系统中产生了零序电压和零序电流，各相对地电压发生变化。

处理步骤：①查明故障产生的原因。②点击复位按钮。③确认故障处理完毕。④通知调度人员和生产单位，合闸送电。

3．将故障开关柜由运行状态改为检修状态的操作票

KYN28 型高压开关柜由运行状态改为检修状态的操作票如表 8.11 所示。

表 8.11　KYN28 型高压开关柜由运行状态改为检修状态的操作票

（　　）倒 闸 操 作 票

单位：________　　　　编号：________

发令人		受令人		发令时间	年___月___日___时___分
操作开始时间	年___月___日___时___分			操作结束时间	年___月___日___时___分
（　　）监护人操作　（　　）单人操作　（　　）监护下操作					
操作任务：××kV××#高压出线柜由运行状态改为检修状态					

续表

顺　　序	操 作 项 目	执　　行
1	检查××kV××#高压出线柜是否处于运行状态	
2	拉开××kV××#高压出线柜断路器	
3	检查××kV××#高压出线柜断路器是否在分闸位置	
4	将××kV××#高压出线柜手车开关由“运行”位置调至“试验”位置	
5	检查××kV××#高压出线柜手车开关是否在“试验”位置	
6	确认××kV××#高压出线柜带电显示器显示无电	
7	取下××kV××#高压出线柜手车开关二次插头	
8	将××kV××#高压出线柜手车开关由“试验”位置调至“检修”位置	
9	合上××kV××#高压出线柜接地刀闸，并确认已合上	
10	在××kV××#高压出线柜分合闸开关上悬挂“禁止合闸，有人工作”标志牌	
11	在××kV××#高压出线柜接地刀闸处悬挂“已接地”标志牌	
12	更正模拟图板	
备注：		

操作人：__________　　监护人：__________　　值班负责人（值长）：______________

XGN66 型高压开关柜由运行状态改为检修状态的操作票如表 8.12 所示。

表 8.12　XGN66 型高压开关柜由运行状态改为检修状态的操作票

（　　）倒 闸 操 作 票

单位：__________　　　　编号：________

发令人		受令人		发 令 时 间	年__月__日__时__分
操作开始时间	年__月__日__时__分			操作结束时间	年__月__日__时__分
（　）监护人操作　（　）单人操作　（　）监护下操作					
操作任务：10kV G01 高压进线柜由运行状态改为检修状态					

顺　　序	操 作 项 目	执　　行
1	断开 G01 进线柜保护合闸压板	
2	断开 G01 进线柜断路器	
3	确认 G01 进线柜断路器已断开	
4	将 G01 进线柜机械闭锁转换手柄由“工作”位置旋至“分断闭锁”位置	
5	断开 G01 进线柜隔离开关	
6	确认 G01 进线柜隔离开关处于断开位置	
7	将 G01 进线柜机械闭锁转换手柄由“分断闭锁”位置旋至“检修”位置	
8	悬挂“停电”标志牌	
备注：		

操作人：__________　　监护人：__________　　值班负责人（值长）：______________

习　　题

1．倒闸操作的原则是什么？
2．运行值班人员应具备哪些基本知识？
3．在电气设备上工作，保证安全的措施有哪些？
4．什么工作需要填写第一种工作票？
5．什么叫倒闸？什么叫倒闸操作？

拓展讨论

在变电运检工作中，工作人员要严格遵照相关规范标准和制度体系，对于可能会引发的风险来制定管理机制，全方位监控风险，由此来降低风险而引发的安全事故概率。在电气运检领域，有哪些标准规范和制度体系？“两票三制”是电业安全生产保证体系中最基本的制度之一，在工作中如何落实“两票三制”制度？

工作任务9　10kV线路挂设保护接地线

任务描述

某10kV高压线采用架空线路，现在处于检修状态，请给线路挂设接地线。

任务分析

10kV线路挂设保护接地线评分标准如表9.1所示。

表9.1　10kV线路挂设保护接地线评分标准

考试项目	考试内容	配分/分	评分标准
10kV线路挂设保护接地线	工作前准备及检查	30	工作前准备：穿工作服，穿绝缘鞋，戴好安全帽，系好安全带、传递绳、工具带；带好个人工具、保护接地线、高压验电器。每缺少一项工具扣1分，不正确戴安全帽、不系安全带扣5分。 工作前的检查：登杆前检查杆与拉线；检查登杆工具，对登杆工具进行冲击试验；使用前检查验电器与保护接地线，确认其完好；核对现场设备名称编号，明确断路器与隔离开关在断开位置。未做检查一项扣3分，未做试验扣2分
	操作技能	55	挂地线过程：①登杆，动作要规范、熟练。②确定工作位置，站位要合适，安全带系绑正确。③验电，戴绝缘手套方法正确。④接地线装设，先接接地端，后接导线端，逐相挂设，操作熟练。不熟练扣5分，不用绳索传递材料扣10分，位置过高、过矮扣5分，顺序错误扣15分，出错一次扣5分。 工作终结验收：①接地线与导线连接可靠，没有缠绕现象。②操作人身不碰触接地线。③接地棒在地下深度不小于600mm。连接不可靠一次扣10分，碰触地线一次扣10分，接地体深度不够扣10分
	文明作业	15	①工作前做危险点分析，并有防控措施。 ②操作过程中无跌落物。 ③工作完毕，清理现场，交还工具、器具。 未进行危险点分析扣5分，有一个跌落物扣5分，未清理现场，交还工具、器具扣5分

根据工作任务及评分标准可以明确，10kV线路挂设保护接地线需要掌握的知识包括如下内容。

（1）电力线路的基本知识。

（2）架空线路的基本要求。

（3）架空线路的结构和分类。

（4）架空线路常见故障和反事故措施

需要掌握的技能包括如下内容。

（1）能够正确识别架空线路各组成部件，并说明其作用。

（2）能够正确分析架空线路的常见故障。

（3）能够正确挂设架空线路的保护接地线。

9.1　电力线路

1．电力线路的作用

电力线路是电力网的主要组成部分，其作用是输送和分配电能。

电力线路一般分为输电线路和配电线路。

输电线路是实现发电厂与变电站间的连接、变电站间的连接、区域间的连接，用来传输电能的由传输导线及其设施构成的高压电能传输设备。目前我国输电线路的电压等级主要有 35kV、60kV、110kV、154kV、220kV、330kV、500kV、1000kV 交流电压和±500kV、±800kV 直流电压。一般来说，线路输送容量越大，输送距离越远，要求输电电压就越高。

配电线路是从区域变电所到用户变电所或城乡电力变压器之间的线路，用于分配电能。我国配电线路的电压等级有高压（35～110kV）、中压（10kV）和低压（220V/380V）。

电力线路的安全稳定运行，直接关系到整个电力网甚至整个电力系统能否安全稳定运行。

2．按架设方式分类

电力线路包括架空线路和电缆线路。

1）架空线路的特点

优点：投资少，维护检修方便，应用广泛。架空线与电缆相比，电缆的造价约为架空线的 4 倍。低压架空线路裸露在野外，能直接观察到，所以维护、检修相比电缆线路方便。因为投资少，维护、检修方便，所以应用非常广泛。

缺点：因为在室外，所以易遭受风雪、雷击等自然灾害的影响，架空线路是架设在电杆上的，所以对占地面积也有影响，占地面积的影响会导致对城市建设的影响，所以对电力线路的长期发展有一定制约作用。

2）电缆线路的特点

优点：相对架空线路，电缆线路有的铺设在地下，有的挂设在墙壁上，所以占地面积小，不受自然界天气（大风、雾、雨、气温的变化等影响较小）的影响，能避免雷击、风雪灾害，较为安全可靠。

缺点：造价高，受经济条件的制约，因此不能被广泛采用，不便于检修，一般出现事故以后，事故点很难查询到，而且事故后，不管是短路故障还是接地故障，都不便于检修。此外，电缆线路不适合输送高电压。

9.2 架空线路

1. 对架空线路的基本要求

架空线路必须满足绝缘强度、机械强度和导电能力三个方面的要求，才能保证电力系统安全稳定运行。

（1）绝缘强度：任何的电力线路或任何的电气设备都需要有良好的绝缘强度，才能保证电力线路或电力设备安全稳定运行。

① 满足相间绝缘与对地绝缘的要求，应该保证 U、V、W 三根线之间的线间距离，通过空气这种绝缘介质保证相间绝缘，以及每一相对地的绝缘通过绝缘子和杆塔的接地部件连接，从而满足相间绝缘和对地绝缘的要求。

② 经受住工频过电压、大气过电压（雷电过电压）、操作过电压（倒闸操作过程或电气设备的合分过程中的过电压，以及外来的干扰，系统的振动、振荡等带来的操作过电压）及污秽条件（如大气脏污杂质介质附着在绝缘子表面，外界大雾潮湿天气、大雨暴雨等都会造成线路绝缘强度的降低）的考验。

满足上面两个条件才能保证架空线路绝缘强度，使电力系统安全稳定运行。

（2）机械强度：不管是架空线路还是电缆线路都要有一定的机械强度，即导线要承受外力和本身重力的作用。

① 经受住风（横吹向力）、雪（结冰、覆冰、雪融化）、温度变化（温度高导线伸长，温度低导线缩短）等环境影响使弧垂变化而产生的内应力，主要是使内应力增大，严重的还会造成断线。应力是指单位截面上导线所承受的拉力。

② 能承受自重所产生的拉力。

（3）导电能力：架空线路根据经济电流密度选择导线，同时在满足电能传输的条件下，对发热条件进行校验，如果不满足发热条件要求，会导致导线短时间变形，或遭受破坏。

① 满足发热条件的要求。导线传输电能是有一定限度的，不能长时间过负荷运行。

② 满足电压损失条件的要求。电力线路从发电端到受电端，有非常长的距离（电力线路可能是 10km、100km，甚至 1000km），线路的始端电压可以提升到额定电压的 5%～10%，末端电压规定电压降最多只能降到不低于额定电压 5%～10%。因此，要满足电压损失条件的要求，长距离输电一方面要提高电压等级的输送，另一方面要减小导线传输的距离，还可以增加导线的截面，这些措施可以满足电压损失的要求。

2. 架空线路的结构

架空线路主要由杆塔（电杆、铁塔）、绝缘子、导线、横担、金具、接地装置及基础等构成，如图 9.1 所示。

杆塔起支持导线和绝缘子的作用；绝缘子起杆塔和导线绝缘的作用；导线起传输电能的作用；横担支撑绝缘子，绝缘子上悬挂导线，横担起悬挂导线的作用；金具起连接导线、横担、绝缘子和杆塔、拉线等的作用，在实际生活中通常按照不同的要求设计不同形状和作用的金具；杆塔在正常运行条件下，因为架空线路在野外，受大气条件的影响，会遭受雷击，雷击导线后，要通过接地装置，迅速把瞬间的雷电流传至大地，通过埋入地下的接地装置把雷电流散掉，接地装置起到保护导线安全稳定运行的作用；基础是所有部件的支撑，起保护、稳固杆塔和导线正常运行的作用，基础可采用钢筋混凝土基础或其他金属基础。上面这些部件构成了低压架空线路的基本结构。

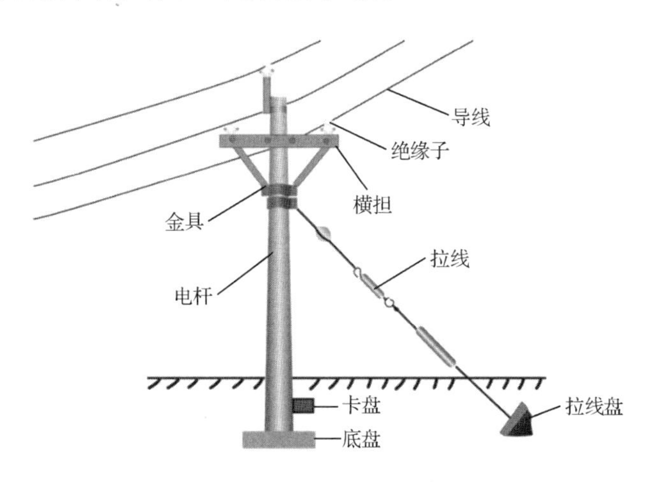

图 9.1　架空线路的结构

（1）杆塔。

杆塔是导线的支持物，用来保证导线对地及对建筑物的安全距离。杆塔需要具有足够的强度，防止台风、地震、洪水、导线自身的重力、风的水平推力、杆塔本身受到风的影响，以及导线覆冰和尘埃的增加导致导线质量增加的压力等对塔杆的影响。杆塔需要有足够的刚度，以保证杆塔在导线横向的力下没有巨大的挠度变形。杆塔需要有足够的稳定性，如 U 形混凝土杆，底部直径比较大，上部直径比较小，必要时可采用拉线，铁塔采用底部根开比较大，上部宽度比较小的收缩型。杆塔需要有足够的抗腐蚀性，以免受大气、环境的影响，常用的方法是在杆塔的外层镀锌，用锌层来防腐，一般在运行几年后因受到大气或雨水等方面的影响，会重新涂刷一层。

（2）绝缘子。

绝缘子可以保证导线间、导线与大地间的绝缘，确保电力线路能够安全运行。从电压等级上，对绝缘子的要求很高，要求其有良好的绝缘性。一般从厂家进货后，需要对绝缘子进行绝缘强度试验和拉力试验，合格后，将其悬挂在杆塔上。运行一段时间后，检查绝缘子，观察其表面的脏污情况，必要时进行清扫和清洗，损坏的绝缘子要及时更换，以保证良好的绝缘性能。绝缘子要具有良好的机械强度，若线路发生事故，绝缘子断裂，导线掉落地面，说明绝缘子机械强度不满足要求，要从制造厂家开始找原因，保证机械强度的要求。绝缘子要具有良好的耐腐蚀性。

目前制造绝缘子的材料主要是橡胶、玻璃和陶瓷，这三种材料都是耐腐蚀的，并根据要求做成各种形状，从而增加绝缘子本身的爬距，提高绝缘子的绝缘能力。瓷绝缘子使用寿命最长但不易清扫，且质量比较重。玻璃绝缘子相对于瓷绝缘子质量比较轻，透明性比较好；缺点是有自爆情况，遇到温度急剧变化的情况，会突然炸裂、自爆，这制约着玻璃绝缘子的使用，如南方昼夜温差不大，使用玻璃绝缘子比较多。橡胶绝缘子质量轻，免维护，同时因为橡胶和大气没有黏附性，不用清扫，橡胶绝缘子的使用寿命大致在 20 年以上，应用比较广泛。

（3）导线。

导线的主要作用是传输电能，具有良好的导电性。在电能传输过程中，应保证电能损失最小，发热最少，还应考虑经济性，目前广泛采用的是铝线。导线应具有较小的温度伸长系数，即在温度变化过程中，导线的温度伸长系数最小，目前采用较多的是钢芯铝绞线，在温度升高或降低时，导线伸长或缩短的量最小。导线要具有足够的机械强度，钢芯铝绞线的钢芯主要起到加强机械强度的作用。导线应耐振动，如导线在大气作用下的振动或自身的振动，振动中导线不应断股、破股、变形。导线应具有抗腐蚀能力，铝属于中性金属，易被酸所腐蚀。除此之外，铝线价格便宜，一般电力线路导线的造价约占全部投资的 50%，铁塔约占 30%，基础约占 15%，其他部件约占 5%。

（4）横担。

横担安装在电杆、铁塔上，起到固定绝缘子、支持导线并保持一定的线间距离的作用，横担承受导线的重力与导线对其拉力的作用。横担下面的角铁起到固定横担的作用。

（5）金具。

金具就是金属器具，起到连接、保护线路上主要部件的作用，具有良好的机械强度与耐腐蚀性。

（6）接地装置。

接地装置包括接地体和接地引下线。雷击时，将雷电流引入大地，具有一定的导电性与耐腐蚀性。在没有雷击时，接地装置没有任何作用。

（7）基础。

杆塔的基础是指架空线路杆塔地面以下部分的设施。基础可以保证杆塔稳定，防止杆塔因承受导线、冰、风、断线张力的垂直荷重、水平荷重和其他外力作用而产生上拔、下压或倾覆。常采用的是钢筋混凝土基础，如电杆的混凝土底盘、卡盘和拉线盘，具有耐腐蚀和一定的稳定性。

3．架空线路各结构的分类

1）杆塔

（1）按所用材质不同杆塔可分为以下类型。

木杆：木杆在低压线路中使用，尤其是农村的配电线路中，它本身绝缘性能好，且搬运轻便，缺点是易被腐蚀。

水泥杆：水泥杆按照外形可进一步分为锥形杆、等径杆，水泥杆按照钢筋可进一步分为普通型杆、预应力型杆。

金属杆：金属杆有铁塔、钢管塔、型钢杆（角钢、槽钢、工字钢等）。

各种杆塔的优缺点如表 9.2 所示。

表 9.2　各种杆塔的优缺点

种类名称	优　点	缺　点
木杆	绝缘性能好、质量小、运输及施工方便	机械强度低、易腐朽、使用年限短、维护工作量大
水泥杆	结实耐用、使用年限长、美观、维护工作量小	比较笨重、运输及施工不便
金属杆	机械强度高、搬运安装方便、使用年限长	耗用钢材多、投资大、维护中除锈及刷漆工作量大

（2）按作用不同杆塔可分为以下类型。

直线杆：直线杆位于架空线路的直线段上，用来支撑导线，承受导线、绝缘子、金具的自重及载冰重和侧向风力。一根直线杆倒杆，可能会波及其他直线杆连续倒杆。

耐张杆：耐张杆又称承力杆，可以限制线路发生断线及倒杆事故时的波及范围。一侧导线断线，另一侧导线对电杆的拉力使其不会倒杆，所以起到分段隔离的作用，一根直线杆倒杆，可能会波及其他直线杆连续倒杆，但倒到耐张杆的地方，耐张杆不会倒，从而限制倒杆范围。发生倒杆后，应马上抢修，如果没有用耐张杆隔离的话，可能会导致全部线路倒塌，使停电范围更大，影响用户用电系统安全稳定运行。

转角杆：转角杆用在线路的改变方向处（如线路遇到村庄，线路就要转角），可进一步分为直线型和耐张型两种。转角杆承受双向侧导线的合力和导线本身自重的重力。

分支杆：分支杆由两种杆型组成，向一侧分支为丁字形，向两侧分支为十字形。

终端杆：终端杆是设置在线路首端和末端处的电杆。

各种杆塔的适用范围和作用如表 9.3 所示。

表 9.3　各种杆塔的适用范围和作用

<table>
<tr><th colspan="2">种类名称</th><th>适用范围</th><th>作　用</th><th>符　号</th></tr>
<tr><td colspan="2">直线杆</td><td>主要用于线路直线段</td><td>承受垂直方向上的荷载</td><td>Z</td></tr>
<tr><td colspan="2">耐张杆</td><td>主要用于线路分段处</td><td>承受导线的不平衡张力，断线情况下，它要承受断线张力，并能将线路断线侧杆事故控制在一个耐张段内，便于施工和检修</td><td>N</td></tr>
<tr><td colspan="2">转角杆</td><td>主要用于线路转角处</td><td>承受导线等的垂直荷载、风压力及导线的转角压力，合力的大小决定于转角的大小和导线的张力</td><td>J</td></tr>
<tr><td colspan="2">终端杆</td><td>位于线路首端、末端，发电厂、变电站出线的第一根基杆，线路最末端的一根基杆</td><td>承受单侧导线等的垂直荷载、风压力，以及单侧导线的张力</td><td>D</td></tr>
<tr><td rowspan="2">特殊杆</td><td>跨越杆</td><td>用于跨越公路、铁路、河流、山谷、电力线、通信线</td><td></td><td>K</td></tr>
<tr><td>分支杆</td><td>用于需要分支线的场景</td><td></td><td>F</td></tr>
</table>

2）绝缘子

绝缘子是一种隔电部件，其用途是使导线与导线之间及导线与大地之间绝缘，用来支持、悬吊导线，并固定于杆塔的横担之上。因此，绝缘子应具有良好的电气性能和机械性能。另外，因为绝缘子常暴露在大气中，所以必须具有较强的耐腐蚀能力。绝缘子主要分为针式绝缘子、柱式绝缘子、悬式绝缘子、蝶式绝缘子，需要根据不同的特点和要求进行合理选择。各种绝缘子的适用范围、结构及特点如表 9.4 所示。

表 9.4　各种绝缘子的适用范围、结构及特点

种　类	适用范围	结　构	优　点	缺　点	备　注
针式绝缘子	用于 35kV 以下的线路，以及直线杆、角度较小的转角杆、耐张杆塔上，用以固定导线、跳线	导线采用扎线绑扎，使其固定在针式绝缘子颈部的槽中	内胶装结构，制造容易，价格便宜	承受导线张力不大，耐雷电水平不高，易闪络	
柱式绝缘子	配电线路	大致与针式绝缘子相同	外胶装结构，不因温度等骤变致使绝缘子内部击穿、爆裂，浅槽边使其自洁性能良好，抗污闪能力强于针式绝缘子		
瓷横担绝缘子	10kV 配电线路、直线杆	外浇装结构实心瓷体，其一端装有金属附件。导线的固定是用扎线将其绑扎在瓷横担绝缘子另一端的瓷槽内。能起到绝缘和横担的双重作用	不易老化、击穿，自洁性良好，抗污闪能力强。断线时，起缓冲作用，可控制事故范围		
悬式绝缘子	一般用于高压架空线路耐张杆/塔、终端杆/塔、分支杆/塔，作为耐张或终端绝缘子串使用，少量用于直线杆/塔作为直线绝缘子使用		良好的电气性能、较高的机械强度		按防污性能可进一步分为普通型悬式绝缘子和防污型悬式绝缘子。按制造材料可进一步分为瓷悬式绝缘子和钢化玻璃悬式绝缘子
棒式绝缘子	宜用一些应力较小的承力杆，不宜用于跨越公路、铁路、航道、市中心的跨越杆	可代替悬式绝缘子串或蝶式绝缘子，用于架空配电线路的耐张杆/塔、终端杆/塔、分支杆/塔，作为耐张绝缘子使用		运行过程中易受振动等原因而断裂	
蝶式绝缘子	用于中压、低压配电线路	在低压配电线路中作为直线绝缘子或耐张绝缘子，也可与悬式绝缘子配套用于 10kV 配电线路耐张杆/塔、终端杆/塔或分支杆/塔			

3）导线

导线是架空线路的主要组成部件，其作用是传输电流，输送电功率。不仅要求导线有良好的电气性能、足够的机械强度及抗腐蚀能力，还要求尽可能质轻、价廉。

按材料分，导线可分为钢绞线（GJ）、铝绞线（LJ）、钢芯铝绞线（LGJ）。

按外皮分，导线可分为裸导线、绝缘导线。

按股数分，导线可分为单股导线、多股导线、复合材料导线。

按导线在杆上的排列方式分，导线可分为水平排列导线［面对负荷侧从左到右分别为L1、L2、L3（10kV线路三相裸导线）或L1、N、L2、L3（低压线路）］与垂直排列导线（零线在相线下方）。

各种导线的符号、适用范围或性能如表9.5所示。

表9.5　各种导线的符号、适用范围或性能

导线种类		符号	适用范围或性能
裸导线	铜绞线	TJ	人口稠密的城市配电网，军事设施、沿海易受海水潮气腐蚀区的电网
	铝绞线	LJ	35kV以下的配电线路，常作为分支线路用
	钢芯铝绞线	LGJ	高压线路
	轻型钢芯铝绞线	LGJQ	平原地区且气象条件较好的高压电网
	加强型钢芯铝绞线	LGJJ	输电线路中的大跨越地段、对机械强度要求很高的场合
	铝合金绞线	LHJ	110kV及以上的输电线路
	钢绞线	GJ	作为架空地线、接地引下线及杆塔的拉线
绝缘导线	聚氯乙烯绝缘线	JV	阻燃性能较好、机械强度强，但介电性能差、耐热性能差
	聚乙烯绝缘线	JY	介电性能较好，耐热性能差
	交联聚乙烯绝缘线	JKYJ	介电性能优良，耐热性好，机械强度高

4）横担

横担在电杆上部，用来支持绝缘子和导线等，并使导线间有规定的距离，分为角铁横担、木横担、瓷横担等。15°以下转角杆宜用单横担；15°～45°转角杆宜采用双横担；45°以上转角杆宜用十字横担。直线杆横担和杆顶支架装在受电侧，分支终端杆的单横担应装在拉线侧；两侧横担的转角杆，电源侧作为上侧，受电侧作为下侧。各种横担的优点和要求如表9.6所示。

表9.6　各种横担的优点的要求

类别	优点	要求
木横担	由坚固硬木制成，取材方便、加工容易、成本低	需做防腐处理后使用，截面及长度按线路要求而定
铁横担	由角钢制成，制造容易、强度高	角钢需镀锌后使用

续表

类　别	优　点	要　求
瓷横担	绝缘性能好，可代替悬式绝缘子或针式绝缘子和木横担、铁横担，维护方便、造价低	

5）金具

金具是指连接和组合线路上各类装置，以传递机械、电气负荷，以及起到某种防护作用的金属附件。金具必须有足够的机械强度，并能满足耐腐蚀的要求。金具分为支持金具、连接金具、接续金具、保护金具、拉线金具等，具体种类如表 9.7 所示。

表 9.7　金具的具体种类

支持金具	连接金具	接续金具	保护金具	拉线金具
悬垂线夹、耐张线夹	球头挂板、碗头挂板、U 形挂环、直角挂板、平行挂板、平行挂环、二联板、直角环	钳压管、并沟线夹、跳线线夹、压接管	防振锤、间隔锤、重锤	楔形线夹、UT 线夹、双拉线用联板

图 9.2 所示为架空线路上常用的金具。

图 9.2　架空线路上常用的金具

6）拉线

拉线是为了在架设导线后能平衡杆塔所承受的导线张力和水平风力，以防杆塔倾倒，从而影响安全正常供电。拉线与地面的夹角一般为 45°，增减幅度一般不超过 30°～60°。拉线穿越带电线路时应在上下两侧加装圆瓷套管，拉盘应垂直于拉线。拉线的分类与适用范围如表 9.8 所示。

表 9.8　拉线的分类与适用范围

分　类	适 用 范 围	示 意 图
普通拉线	线路的转角、耐张、终端、分支杆塔	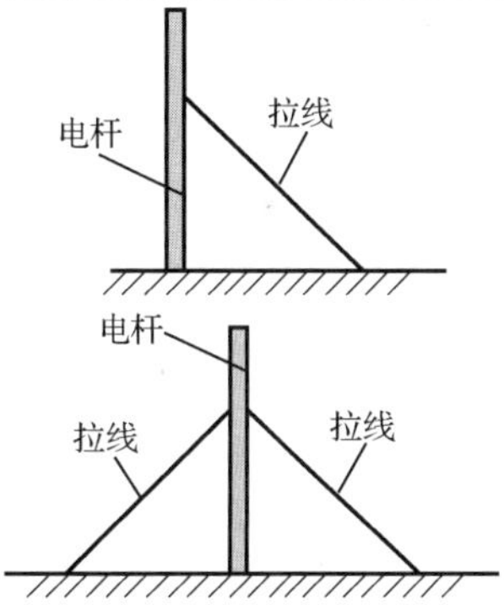 电杆 拉线 电杆 拉线 拉线
水平拉线	当电杆离道路太近，不能就地装设拉线时，需在路的另一侧立一根拉线杆，过路拉线应保持一定高度，确保交通安全	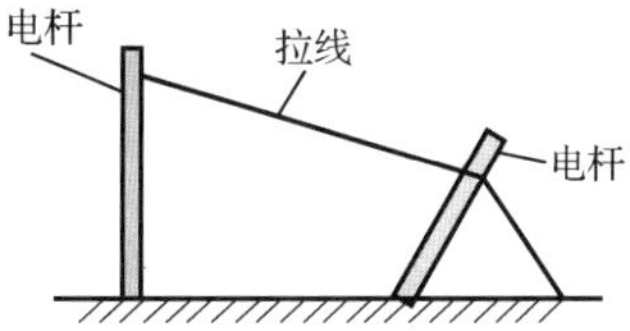 电杆 拉线 电杆
弓形拉线	因地形限制不能装设普通拉线时，可采用弓形拉线	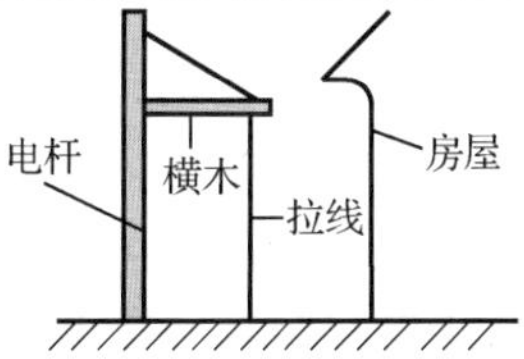 电杆 横木 拉线 房屋
共同拉线	因地形限制不能装设拉线时，可将拉线固定在相邻电杆上	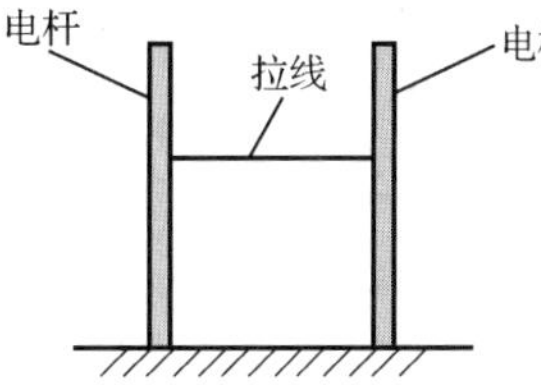 电杆 拉线 电杆
V 形拉线	当电杆多、横担多、导线多时，在拉力的合力点上下两处各装设一条拉线	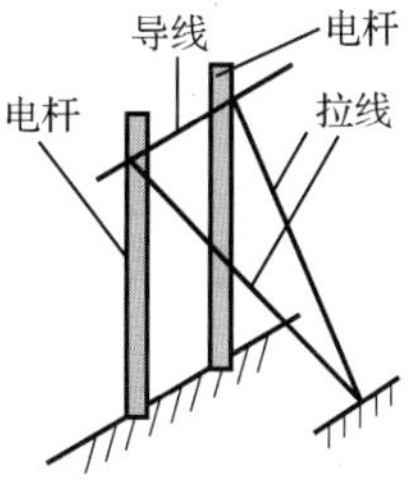 导线 电杆 电杆 拉线

7）基础

杆塔基础是指架空线路杆塔地面以下的设施。基础的作用是保证杆塔稳定，防止杆塔因承受导线、冰、风、断线张力等的垂直荷重、水平荷重和其他外力作用而产生上拔、下压或倾覆。基础一般分为混凝土电杆基础和铁塔基础。混凝土电杆基础一般采用底盘、卡盘、拉盘（俗称三盘）结构；铁塔基础一般根据铁塔类型、塔位地形、地质及施工条件等实际情况确定。根据铁塔根开大小不同，大体可分为宽基和窄基两种，铁塔宽基和窄基的对比如表 9.9 所示。

表 9.9　铁塔宽基和窄基的对比

对 比 项 目	宽　　基	窄　　基
安装方式	将铁塔的每根主材（每条腿）分别安置在一个独立基础上	将铁塔的 4 根主材（4 条腿）均安置在一个基础上
优点	稳定性较好	占地面积小
缺点	占地面积较大	为了满足抗倾覆能力要求，基础在地下部分较深、较大
适用范围	郊区和旷野地区	市区配电线路上或地形较窄地段

对杆塔基础的一般要求：除了根据杆塔荷载及现场的地质条件确定其合理经济的形式和深度，还要考虑水流对基础的冲刷作用和基土的冻胀影响。基础的进深必须在冻土层以下，且不应小于 0.6m，在地面应留有 300mm 高的防沉土台。

8）接地装置

接地装置是指埋设在土壤中并与杆塔的避雷线及杆塔体有电气连接的金属装置。接地装置的作用是将雷电流引入大地并迅速扩散，保护线路免遭雷击。接地装置由接地引下线和接地体组成，接地引下线是连接避雷线、避雷器及架空线路杆塔与接地体的金属导线。架设避雷线是架空线路最基本的防雷措施，当遭受雷击时，雷电流通过避雷线迅速传入大地，避雷线对雷电流有分流作用，能减小流经杆塔的雷电流，降低塔顶电位，同时对导线有耦合作用，能降低雷击杆塔时绝缘子串上的电压，也对导线有屏蔽作用，能降低导线上的感应过电压，保护线路免遭直接雷击，确保线路的安全送电。接地体是指埋入地面以下直接与大地接触的金属导体，分自然接地体和人工接地体两种。

对接地装置要求包括以下内容。

（1）既要满足热稳定要求，又要能耐受一定年限的腐蚀。

（2）接地引下线和接地体的连接点应牢固可靠。

9.3　架空线路的技术要求

1．选择原则

所选择的导线应具有足够的导电能力与机械强度，能满足线路的技术、经济要求，确保安全、经济、可靠地传输电能。

2．导线截面

（1）选择条件。

导线截面要满足发热、电压损失、机械强度、保护、经济合理条件。

（2）选择方法。

要按经济电流密度选择导线截面，按发热条件、允许电压损失校验导线截面，按机械强度求导线最小允许截面，按电晕损耗条件求导线最小允许直径。

3．架空线路的导线排列、档距与线间距离

（1）架空线路导线排列。

架空线路导线排列按照架空线路结构类型不同有所区别，10～35kV 的架空线路采用三角排列和水平排列；多回线路同杆架设采用三角、水平混合排列或垂直排列。

（2）架空线路档距。

① 架空线路档距应根据运行经验确定，如无可靠运行资料时，一般按表 9.10 所示的数值采用。

表 9.10　架空线路档距要求

地　区	线路电压	
	高　压	低　压
城镇档距/m	40～50	40～50
郊区档距/m	60～100	40～60

② 35kV 架空线路耐张段的长度不宜大于 3～5km，10kV 及以下架空线路的耐张段的长度不宜大于 2km。

（3）架空线路导线的线间距离。

① 架空线路导线的线间距离应根据运行经验确定，如无可靠运行资料时，一般按表 9.11 所示的数值采用。

表 9.11　架空线路导线的线间距离

线路电压	档距/m						
	40 及以下	50	60	70	80	90	100
高压线间距离/m	0.6	0.65	0.7	0.75	0.85	0.9	1.0
低压线间距离/m	0.3	0.4	0.45				

由变电所引出长度在 1km 的高压配电线路主干线，导线在杆塔上的布置，宜采用三角排列，或适当增大线间距离。

② 同杆架设的双回线路或高、低压同杆架设的线路横担间的垂直距离如表 9.12 所示。

表 9.12　架空线路横担间的垂直距离

电压类型	杆　型	
	直线杆	分支杆或转角杆
高压与高压垂直距离/m	0.8	0.45（0.6）
高压与低压垂直距离/m	1.20	1.0
低压与低压垂直距离/m	0.60	0.30

③ 10kV 及以下线路与 35kV 线路同杆架设时，导线间的垂直距离不应小于 2.0m；35kV

双回线路或多回线路的不同回路、不同相导线间的距离不应小于 3.0m。

④ 高压配电线路每相的过引线、引下线与邻相的过引线、引下线或导线之间的净空距离不应小于 0.3m；高压配电线路的导线与拉线、电杆或构架间的净空距离不应小于 0.2m；高压引下线与低压线间的净空距离不宜小于 0.2m。

4．架空导线的弧垂及地交叉跨越

1）弧垂

弧垂：弧垂是相邻两杆塔导线悬挂点连线的中点对导线铅垂线的距离。

弧垂的大小直接关系到线路的安全运行。弧垂过小，容量断线、断股。弧垂过大，可能影响对地限距，在风力作用下，容易混线、短路。

影响弧垂的因素有弧垂的大小、导线的质量、气温、导线张力、档距。

2）架空线路对地及交叉跨越允许距离

（1）导线与地面或水面的距离，在最大计算弧垂情况下，应不小于表 9.13 中的数值。

表 9.13　导线对地面或水面的最小距离

线路经过地区	标称电压/kV					
	3～10	35	110	220	330	500
居民区最小距离/m	6.5	7.0	7.0	7.5	8.5	14
非居民区最小距离/m	5.5	6.0	6.0	6.5	7.5	11（10.5）
交通困难地区最小距离/m	4.5	5.0	5.0	5.5	6.5	8.5

（2）导线与山坡、峭壁、岩石之间的净空距离，在最大计算风偏情况下，应不小于表 9.14 中的数值。

表 9.14　导线与山坡、峭壁、岩石之间的净空距离

线路经过地区	标称电压/kV					
	1～10	35	110	220	330	500
步行可以到达的山坡净空距离/m	4.5	5.0	5.0	5.5	6.5	8.5
步行不能到达的山坡、峭壁和岩石净空距离/m	1.5	3.0	3.0	4.0	5.0	6.5

（3）3～35kV 架空线路不应跨越屋顶为可燃材料制成的建筑物，对耐火屋顶的建筑物也应尽量不跨越。导线与建筑物的垂直距离在最大计算弧垂的情况下，35kV 线路应不小于 4.0m，3～10kV 线路应不小于 3.0m，3kV 以下线路应不小于 2.5m。

（4）架空线路边导线与建筑物的距离，在最大风偏的情况下，35kV 线路应不小于 3.0m，3～10kV 线路应不小于 1.5m，3kV 以下线路应不小于 1.0m。

（5）架空线路通过公园、绿化区、防护林带，导线与树木之间的净空距离，在最大风偏的情况下，35kV 线路应不小于 3.5m，10kV 以下线路应不小于 3.0m。

（6）架空线路通过果林、经济作物、灌木林，不应砍伐植被以修通道，导线与树梢的距离，在最大计算弧垂的情况下，35kV 线路应不小于 3.0m，10kV 以下线路应不小于 1.5m。

（7）架空线路跨越架空弱电线路时，一级弱电线路的交叉角应大于或等于 45°，二级弱电线路的交叉角应大于或等于 30°。

9.4　架空线路的运行维护

1. 架空线路运行标准

（1）杆塔位移与倾斜的允许范围：杆塔偏离线路中心线的距离应不大于 0.1m；对于木杆与混凝土杆的倾斜度（包括挠度），直线杆、转角杆应不大于 15%，转角杆不应向内侧倾斜，终端杆不应向导线侧倾斜，且向拉线侧倾斜应不小于 200mm；50m 以下的铁塔倾斜度应不大于 10‰，50m 及以上的铁塔倾斜度应不大于 5‰。

（2）混凝土杆不应有严重裂纹、流铁锈水等现象，保护层不应脱离、酥松、钢筋外露，不应有纵向裂纹，横向裂纹应不超过周长的 1/3，且裂纹宽度应不大于 0.5mm。

（3）横担与金具应无锈蚀、变形。

（4）横担上下倾斜、左右偏歪应不大于横担长的 2%。

（5）导线通过的最大负荷电流应不超过其允许电流。

（6）导（接地）线接头无变色和严重腐蚀，连接线夹螺栓应紧固。

（7）导线过引线、引下线对电杆构件、拉线、电杆间的净空距离，1～10kV 线路应不小于 0.2m；1kV 以下线路应不小于 0.1m。

（8）三相导线的弧垂力求一致，误差不得超过设计值的-5%～+10%；档距内各相导线弧垂相差应不超过 50mm。

（9）绝缘子应根据地区污秽等级和规定的泄漏比距选择其型号，校验表面尺寸。

（10）拉线应无断股、松弛、严重锈蚀。

（11）接户线的绝缘层应完整，无剥落、开裂等现象，导线不松弛，每根导线的接头不多于 1 个，且须用同一型号导线相连接。接户线的支持构架应牢固，无锈蚀。

2. 架空线路巡视

架空线路巡视是指巡线人员较为系统和有序地查看线路设备，是线路设备管理工作的重要环节和内容，是运行工作中最基本的工作。

架空线路巡视是为了及时掌握线路及设备的运行状况，包括沿线的环境状况；发现并消除设备缺陷，预防发生事故，并提供翔实的线路设备检修内容。

架空线路巡视分为四种：正常巡视、特殊巡视、事故巡视、夜间巡视。

（1）正常巡视。

在正常情况下，每 1～3 个月对线路进行一次巡视，检查线路各部件的运行状况及有无异常、危险情况发生，以预防为主。线路部件比较多，导线杆塔绝缘子接地装置等应定期进行巡视，及时发现问题并处理，如巡视时发现电杆倾斜，要及时处理，以防发生事故。

（2）特殊巡视。

遇到重要的情况，如台风、大风、大雪、大雨等来临前，要进行特殊巡视，避免事故波及范围过大。特殊巡视场景如下。

① 设备过负荷或负荷显著增加。

② 设备长期停运、检修后初次投运及新设备投运。

③ 复杂的倒闸操作后或运行方式改变。

④ 雷雨、大风、洪水等气候异常变化。

（3）事故巡视。

架空线路发生故障后，对故障元件进行彻底检查。

发生事故后，要找到事故点，消除事故隐患，如线路突然跳闸，可能会自动重合闸，但是过两天又跳闸了，这时应找到事故点，可能是某相导线对地距离不够，或是某两相导线相间距离不够，或绝缘子发生损坏等。

（4）夜间巡视。

夜间巡视可发现白天巡视中不易发现的缺陷，如导线接头和绝缘子的缺陷。导线接头不好或连接不紧密，会发生电晕，夜间会看到打火，严重时还会冒烟，夜间容易检查到故障点或事故隐患点。绝缘子有裂纹或损坏，会有电弧点，夜间容易发现。

巡视内容包括对杆塔、绝缘子、导线、避雷器、接地装置、拉线等的巡视检查。

9.5 架空线路的常见故障和反事故措施

1. 常见故障

架空线路常见的故障有导线损伤、导线断股、导线断裂、倒杆、接头发热、导线对被跨越物放电、单相接地、两相短路、三相短路、缺相等。一般架空线路常见的故障主要有电气故障和机械性破坏故障两大类。

2. 电气故障及其预防

（1）电气故障。

① 单相接地：一相导线的断线落地、树枝碰触导线、引（跳）线因风对杆塔放电等。

② 两相短路：两相短路的主要原因是相间绝缘或相对地绝缘被损坏，如绝缘击穿、金属连接等，导致任意两相之间直接放电。两相短路包括两相短路接地，造成两相短路的原因有混线、雷击和外力破坏等。

③ 三相短路：三相短路是由同一地点三相间直接放电造成的，它包括三相短路接地。造成三相短路的原因有线路带接地线合闸、线路倒杆等。短路故障不仅会在回路中产生很大的短路电流、热效应和电动力效应，从而损坏电气设备，还会引起电力网络中电压降低，靠近短路点越近，电压降得越多，影响用户的正常供电。

④ 缺相：线路中断线不接地，送电端三相有电压，受电端一相无电流。造成缺相运行的原因有熔断器一相熔体烧断、耐张杆的一相引（跳）线的接头接触不良或烧断等。

（2）电气故障的预防措施。

① 单相接地：及时清理线路走廊，砍伐过高的树木，拆除危及安全运行的违章建筑，确保电力系统安全运行。

② 混线：调整弧垂，扩大相间距离，缩小档距。

③ 外力破坏：悬挂安全警示标志，加强保杆护线的宣传，加强跟踪线路走廊的异常变化。

④ 雷击的预防：加装避雷器，降低接地电阻，以降低雷击的损坏程度；启用重合闸功能，以提高供电可靠性。

⑤ 绝缘子击穿：选用合格的绝缘子，在满足绝缘配合的条件下提高电压等级和防污秽等级，增加绝缘子清扫频率。

3. 机械性破坏故障及其预防

架空配电线路上常见的机械性破坏故障有倒杆或断杆、导线损伤或断线等。

（1）倒杆或断杆。

倒杆是指电杆本身并未折断，但电杆的杆身已从直立状态变为倾倒状态，甚至完全倒落在地面上。断杆是指电杆本身折断，特别是电杆从根部折断，杆身倒落地面。绝大多数倒杆和断杆故障会造成供电中断。架空线路发生倒杆或断杆的主要原因有电杆埋置深度不够、电杆强度不足、自然灾害（如大风或覆冰使杆塔受力增加）、基础下沉或被雨水冲刷、防风拉线或承力拉线失去拉力作用、外力撞击（如汽车撞击）等。

预防的措施有：加强巡视，及时发现并消除缺陷，重点检查电杆缺陷有无裂纹或腐蚀，以及基础、拉线情况，汛期和严冬要重点检查，对易受外力撞击的电杆应悬挂警示标志或及时迁移。

（2）导线损伤或断线。

导线损伤的原因包括制造质量问题、外力撞击（如炸石等）、导线过热、雷击闪络等。

预防的措施有：加强质量把关，加强线路走廊的防护，加强线路的巡视。

导线断线的原因包括覆冰拉断、雷击断线、接头发热烧断、导线的振动等。

预防的措施有：及时跟踪调整弧垂，采取有效的防雷措施，加强导线接头的跟踪检查，安装防振锤等。

4. 架空线路故障的抢修

1）抢修步骤

架空线路发生故障时，应尽快查出故障地点和原因，清除故障根源，防止扩大故障范围；采取措施防止行人接近故障导线和设备，避免发生人身安全事故；尽量缩小事故停电范围和减少事故损失；对已停电的用户尽快恢复供电。故障抢修的步骤如下。

① 馈线发生故障时，运行部门应立即通知抢修班组（或值班员），并提供有助于查找故障点的相关信息。

② 抢修班组在接到客户信息部门或运行部门传递来的故障信息后，应迅速出动，尽快到达故障现场。

③ 故障原因的进一步查找及判断。

④ 现场故障处理。

⑤ 故障处理完成后恢复供电。

为了便于运行单位迅速、有效地处理事故，应建立事故抢修班的有效联系方式，并根据客户故障报修信息迅速、准确地做出初步判断，做好记录，同时对故障信息（故障报修次数、到达现场时间、故障处理时间、客户满意度等）进行统计、分析，不断提高和改进故障处理的速度和水平。

2）反事故措施——六防

架空线路防事故措施主要指六防，即防污、防风、防雷、防洪、防暑、防寒。

（1）防污：防止大气环境、自然环境、灰尘对低压架空线路及绝缘子的影响，增加绝缘子的爬距或数量。

（2）防风：为防止架空线路在大风情况下断线，或临近建筑物磨损，要进行防风处理，使绝缘子和导线连接紧密，不脱落，大风时应在连接部位进行加固。

（3）防雷：雷电有直击雷、反击雷、绕击雷等，无法预测，因此线路上要加装避雷器，或在变电所附近加装避雷针。配电线路中装避雷线比较少，大部分在高压线路中安装。

（4）防洪：洪水季节要对配电线路进行防洪保护。如果线路正好处于某条河附近，为防止洪水来临时冲刷线路，要做好防洪准备。加固杆塔、基础，保证线路对洪水位的电气距离，必要时提高杆塔导线高度。

（5）防暑：低压配电线的外皮是橡胶，橡胶材料遇高温会熔化，且长时间高温会使导线外皮老化，必要时进行更换。用红外线测温仪检查导线及连接部位是否有过热现象，发现过热必须尽快处理。

（6）防寒：架空线路在室外，冬季导线表面容易覆盖雪和冰。当冰层质量超过导线的承受能力时，就容易发生导线将铁塔或电杆拉倒，以及导线自身崩断的现象。可在导线上涂抹防冻涂料，调整拉线、钢线卡螺栓，检查更换拉线绝缘子，调整导线弧垂等，避免部分倒塔（杆）断线事故的发生。

9.6 工作任务解决

14.10kV 线路挂设保护接地线

1. 工作步骤

（1）安全工具、器具的选择和检查。

工作服：外观完好，没有油污、破损，衣服干燥。

安全帽：外观完好，没有油污、破损，帽衬、帽绳完好，帽箍灵活，有产品合格证与检验合格证。

绝缘手套：外观完好，没有油污、破损，内衬干燥，有产品合格证与检验合格证，电压等级为12kV，符合作业要求，气密性试验合格（两只手套都要进行检查）。

绝缘鞋：外观完好，没有油污、破损，干燥，鞋底无裂纹，绝缘性完好，耐压等级为25kV，符合现场作业要求（两只鞋子都要进行检查）。

高压验电器：外观完好，没有油污、破损，手握部分、工作部分、伸缩部分完好，有产品合格证与检验合格证，在已知的同等级带电设备下试验合格，电压等级为10kV，符合作业要求。

传递绳：外观完好，没有断股。

标志牌：已接地标志牌外观完好，字迹清晰。

安全带：外观完好，保险绳没有断股，没有起丝，金属扣件完好，无锈蚀，有产品合格证与检验合格证。

三相携带型接地线：外观完好，工作部分、手握部分完好，螺丝紧固，有产品合格证与检验合格证，25mm^2 接地线外观完好，无断股、断线，极地端线夹完好，螺丝紧固，同时将接地线接至接地端。

护目镜：护目镜外观完好，镜片清晰，支架完好，没有变形。

脚扣：脚扣外观完好，有产品合格证与检验合格证，焊点完好，没有变形、锈蚀。

工具包：外观完好，干燥。

（2）工作前的检查。

① 核对杆号无误，确认断路器与隔离开关在断开位置。

② 检查杆根与拉线。杆基牢固，杆体无破裂，无倾斜，线路横担完好，线路无异常。

③ 对安全带、脚扣进行冲击试验，确认试验合格。

（3）挂接地线。

① 将接地线的接地线夹与接地极相连，并将绝缘操作棒绑至传递绳上。

② 登杆。

③ 工作位置确定，身体离带电部位大于 0.7m。

④ 将安全带保险绳高挂低用。

⑤ 传递绳绑在杆柱上，防止传递过程中接地线掉落。

⑥ 用高压验电器由近及远地验明三相无电。

⑦ 通过传递绳将接地线取上来。

⑧ 由近及远地挂设三相接地线。

⑨ 在杆塔上挂设“已接地”标志牌。

⑩ 取下传递绳和安全带保险绳，下杆。

⑪ 安全、正确地挂好接地线后汇报给工作负责人。

2. 危险点分析

（1）装设接地线必须由两人进行，一人监护，一人操作。若为单人值班，只允许使用接地刀闸接地或使用绝缘棒合接地刀闸。

（2）装设时必须先接接地端，后接导体端，接触应良好。

（3）接地线应采用多股软裸铜线，其截面不得小于 25mm^2。

（4）接地线必须用专用线夹固定在导体上，严禁用缠绕的方式进行接地或短路，装、拆接地线均应使用绝缘棒或戴绝缘手套。

（5）挂设保护接地线过程中防止人从高处坠落及高空落物伤人。

（6）操作人员不得碰触接地线。

（7）验电过程中操作人员必须与设备保持安全距离（大于 0.7m）。

（8）接地棒插入地面的深度不得小于 0.6m，严禁使用其他导线作为接地线和短路线。

（9）工作已经全部完成，工作负责人检查线路检修地段的状况，以及在杆塔上、导线上及瓷瓶上有无遗留的工具、材料等，通知并查明全部工作人员确由杆塔上撤下后，下命令拆除地线。

（10）拆除接地线时，应先拆远端，后拆近端；拆除时先拆导体端，后拆接地端。

【拓展任务】绝缘子的绑扎

15.导线在绝缘子上的绑扎

1．任务描述

导线在绝缘子上的绑扎。

2．评分标准

导线在绝缘子上的绑扎评分标准如表 9.15 所示。

表 9.15　导线在绝缘子上的绑扎评分标准

考 试 项 目	考 试 内 容	配分/分	评 分 标 准
导线在绝缘子上的绑扎	工作准备	15	工作前准备：穿工作服，穿绝缘鞋，戴好安全帽，每错一项扣 2～5 分。 铝包带、扎线选用与外观检查，满足现场工作需要，每错一项扣 5～10 分
	工作过程	80	裸导体上缠绕铝包带方法正确，长度合适。铝包带缠绕方法、缠绕长度、缠绕方向不正确扣 5～30 分。 导线在绝缘子侧向绑扎方法正确，缠绕方向与导线外股绞制方向一致，缠绕长度两端各大于绑扎点 30mm。绑扎松动、不紧密扣 10 分，绑扎方法错误扣 10～25 分；双十字绑扎方法正确，绑扎牢固紧密，铝包带两端预留长度小于 30mm 扣 10 分。绑扎不牢固、不紧密扣 10 分，双十字绑扎法不正确扣 10～25 分
	文明作业	5	清理现场，交还工具、器具，按有关规定进行操作。现场未清理或清理不干净扣 2～5 分

3．绑扎方法

导线在绝缘子上的绑扎方法通常有顶绑法与侧绑法两种。导线在直线杆针式绝缘子上的固定通常采用顶绑法，如图 9.3 所示。导线在转角杆针式绝缘子上的固定采用侧绑法，有时由于针式绝缘子顶槽太浅，在直线杆上也可采用侧绑法。侧绑法的缠绕方向与导线外股绞制方向一致，缠绕长度两端各大于绑扎点 30mm。导线绑扎应牢固，绑扎操作动作应轻松、流畅，扎线工艺应美观，如图 9.4 所示。

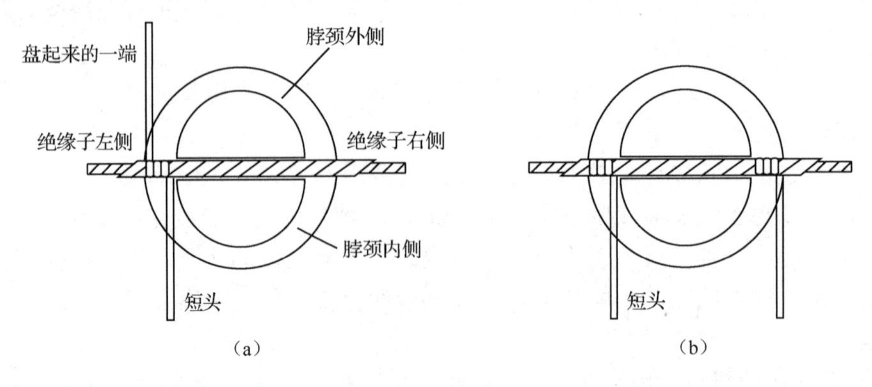

图 9.3　顶绑法

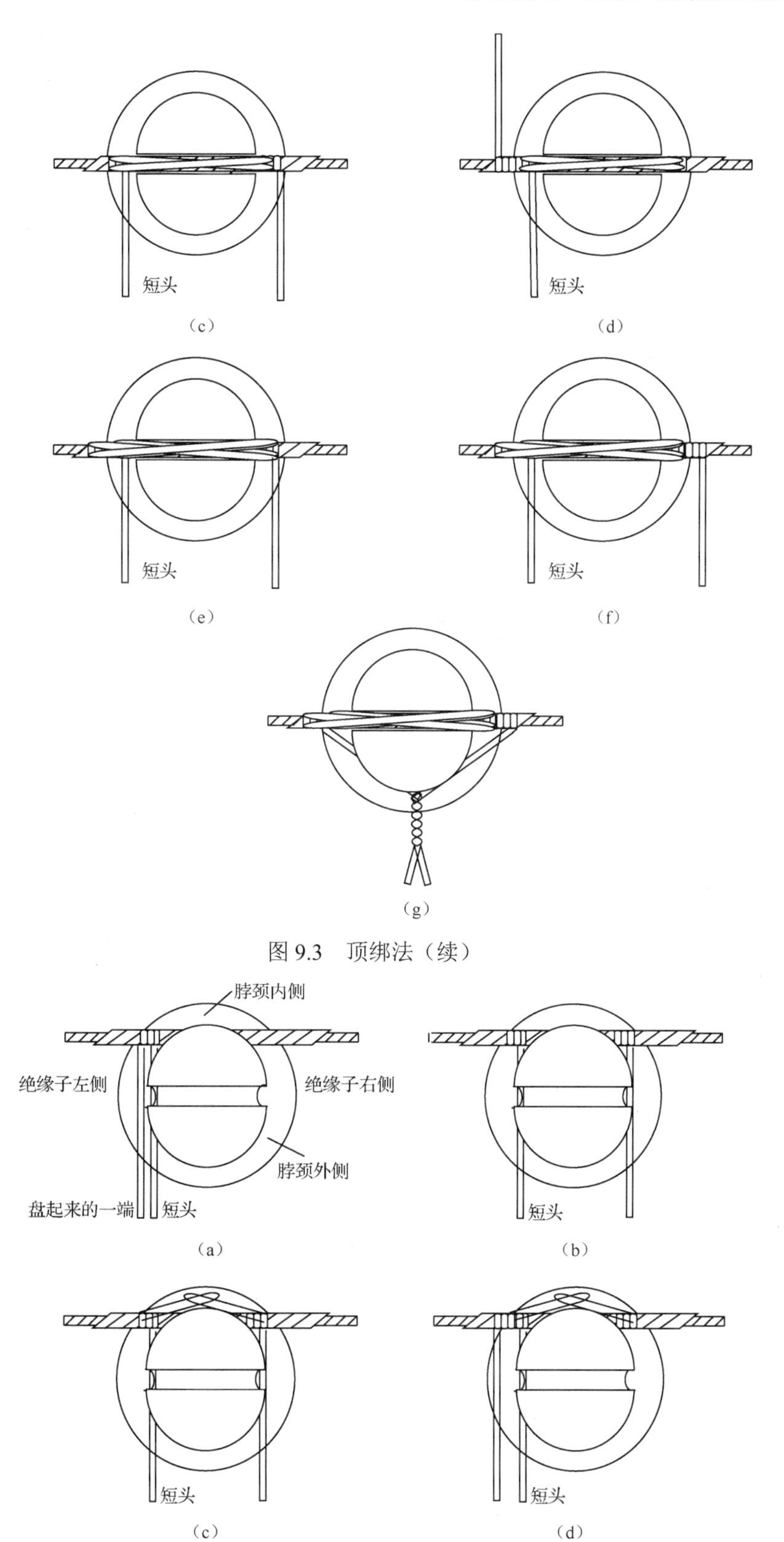

图 9.3　顶绑法（续）

图 9.4　侧绑法

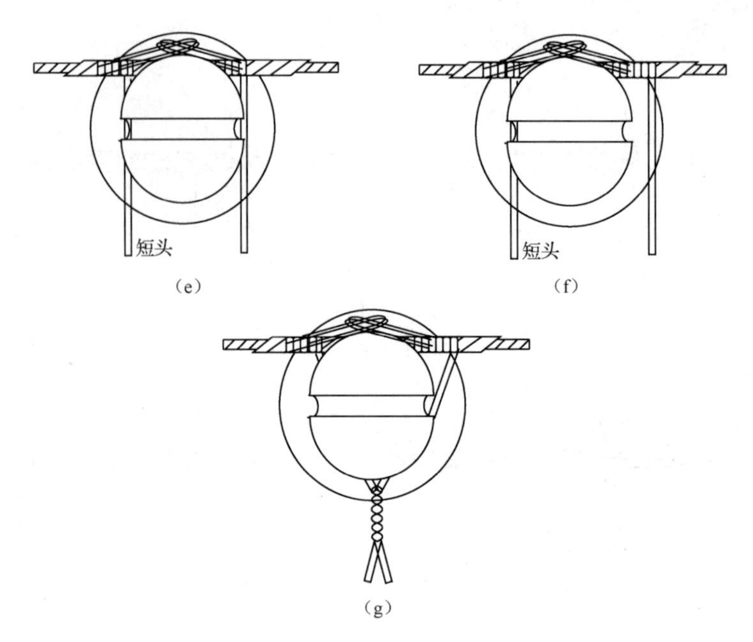

图 9.4　侧绑法（续）

绝缘子顶绑的绑扎步骤如下。

（1）绑扎处的导线上缠绕铝包带，若是铜线则无须缠绕铝包带。铝包带缠绕是顺着绞线方向从绝缘子中间开始向两边均匀缠上两层厚软铝包带，其缠裹长度应超出绑扎长度两端各 30mm。把绑线盘成一个圆盘，留出一个短头，其长度为 250mm 左右，留作最后绑麻花用。另一头在绝缘子左边的导线上绕 3 圈，方向是由导线下方向经导线内侧绕向导线外侧，如图 9.3（a）所示。

（2）用绑线在绝缘子脖颈外侧绕半圈到绝缘子右侧导线上，再绑 3 圈，其方向是由导线下方经内侧绕向上方，如图 9.3（b）所示。

（3）用绑线在绝缘子脖颈内侧绕半圈到绝缘子左侧导线下面，并自导线外侧上来，经过绝缘子顶部压在导线上，然后从绝缘子右侧导线内侧绕到绝缘子脖颈外侧，并从绝缘子左侧的导线下侧经过导线内侧上来，经绝缘子顶部交叉压在导线上，此时已有一个十字压在导线上，如图 9.3（c）所示。

（4）把绑线自绝缘子脖颈内侧绕到绝缘子左侧导线上，再绑 3 圈，其方向是由导线下方经外侧绕到导线上方，如图 9.3（d）所示。

（5）用绑线自绝缘子脖颈外侧绕到绝缘子右侧导线下面，并自导线内侧上来，经过绝缘子顶部压在导线上，然后从绝缘子左侧导线外侧绕到绝缘子脖颈内侧，并从绝缘子右侧的导线下侧经过导线外侧上来，经绝缘子顶部交叉压在导线上，此时第二个十字压在第一个十字上面，如图 9.3（e）所示（若是单十字绑法，则此步省略）。

（6）把绑线自绝缘子脖颈外侧绕到绝缘子右侧导线上，再绑 3 圈，其方向是由导线上方经外侧绕到导线下方，如图 9.3（f）所示。

（7）把绑线从绝缘子右侧的导线外侧，经下方绕到脖颈内侧，与绑线短头在绝缘子内侧中间拧一个 5～6 圈的小辫，将其余绑线剪断并将小辫压平，如图 9.3（g）所示。

绑扎完毕后，绑线余端与短头在绝缘子内侧颈槽互绞 5～6 圈形成小辫，小辫头长

10mm，与导线垂直回头与扎线贴平，形成“前三后四双十字”的绑扎工艺。

绝缘子的侧绑法适用于转角杆，此时导线应放在绝缘子脖颈外侧，其绑扎步骤如下。

① 在绑扎处的导线上缠绕铝包带，若是铜线可不缠铝包带。

② 把绑线盘成一个圆盘，在绑线的一端留出一个短头，其长度为250mm左右，用绑线在绝缘子左侧的导线上从下往上绑3圈，如图9.4（a）所示。

③ 把绑线从绝缘子脖颈外侧绕到右侧导线下方，从下往上绑3圈，如图9.4（b）所示。

④ 先把绑线从右侧沿着脖颈外侧绕到左侧下方，从绝缘子脖颈内侧绕到右侧上方，再从绝缘子脖颈外侧回到绝缘子左侧上方，从绝缘子脖颈内侧绕到右侧下方，此时绝缘子脖颈内侧形成一个十字，如图9.4（c）所示。

⑤ 把绑线从绝缘子脖颈外侧绕到左侧导线，从下往上绑3圈，此时绑线在导线左侧上绑6圈，如图9.4（d）所示。

⑥ 将绑线从绝缘子脖颈外侧绕到右侧导线下方，经绝缘子脖颈内侧绕到绝缘子左侧导线上方，再从绝缘子脖颈外侧回到右侧上方，从绝缘子脖颈内侧绕到左侧下方，此时绝缘子脖颈内侧形成第二个十字，如图9.4（e）所示（若是单十字绑法，则此步省略）。

⑦ 把绑线从绝缘子脖颈外侧绕到右侧导线，从下往上绑3圈，此时右侧导线上也绑6圈，如图9.4（f）所示。

⑧ 将绑线与绑线短头在绝缘子外侧中间拧一个5～6圈的小辫，将其余绑线剪断并将小辫压平，如图9.4（g）所示。

绑扎完毕，绑线在绝缘子两侧导线上应绕够6圈。

习　　题

1. 电力系统对输电线路有哪些要求？
2. 架空线路对运行环境的具体要求是什么？
3. 架空线路由哪几部分组成？
4. 绝缘子的作用和要求是什么？
5. 巡视的类别和方法分别有哪些？
6. 简述线路运行管理人员的主要职责。
7. 架空线路停电检修有哪些类别？具体指什么？
8. 架空线路常见故障有哪些？

拓展讨论

党的二十大报告指出：“立足我国能源资源禀赋，坚持先立后破，有计划分步骤实施碳达峰行动。”和“深入推进能源革命，加强煤炭清洁高效利用，加大油气资源勘探开发和增储上产力度，加快规划建设新型能源体系，统筹水电开发和生态保护，积极安全有序发展核电，加强能源产供储销体系建设，确保能源安全。”在电力系统中，输电、变电和配电构成了电网，电网的绿色低碳发展推进了清洁能源的大规模开发、高水平消纳，助力实现碳达峰、碳中和目标，针对我国不同地区的能源禀赋和区域优势，电网实行了哪些绿色低碳发展举措？输、配电装备绿色低碳发展和应用的重点是什么？

工作任务 10　电力电缆绝缘测试

任务描述

新制作的 10kV 铠装电缆已经铺设完毕，该电缆是统包绝缘的三芯电缆，总长为 50m，并做好了两端电缆头，该电缆需要做安装前的绝缘性能测试。请测量该电缆的绝缘电阻。

任务分析

电力电缆绝缘测试评分标准如表 10.1 所示。

表 10.1　电力电缆绝缘测试评分标准

考试项目	考试内容	配分/分	评分标准
电力电缆绝缘测试	工作准备	30	正确选择工具、器具，按照正确的方法检查仪器并调零。每错一项扣 5～15 分
	操作技能	55	仪表正确接线；注意各步测量中的注意事项，正确读数；记录被测的温度，并根据温度进行换算；测量结果分析。每错一项扣 5～15 分
	文明作业	15	按有关规定清理现场，交还工具、器具、仪表，器具、仪表无损坏。现场清理不干净或未清理扣 5～10 分，未交还器具、仪表扣 2～5 分

根据工作任务及评分标准可以明确，电力电缆绝缘测试需要掌握的知识包括如下内容。

（1）电力电缆线路的特点。

（2）电力电缆的结构、型号。

（3）电力电缆的运行维护。

（4）电力电缆的故障处理。

需要掌握的技能包括如下内容。

（1）能够正确测试电力电缆的绝缘电阻。

（2）能够正确分析电力电缆绝缘电阻的测试数据。

（3）能够正确分析并处理电力电缆的故障。

10.1　电力电缆线路

1. 电力电缆线路的优点

（1）供电可靠，不受外界（如雷、风、冰、鸟、步行、车行等）影响。

（2）不占用地上空间。

（3）地下敷设，有利于人身安全。

（4）节省电杆，不影响市容和交通。

（5）运行维护简单，节省线路维护费用。

2．电力电缆线路的缺点

（1）价格高，不能广泛采用电力电缆线路，一般农村使用低压架空线路，城市使用电缆线路。

（2）线路分支难，架空线路可采用并勾线夹、分支线夹引出分支。

（3）故障点较难发现。

（4）不便于及时处理事故。

（5）电缆接头工艺较复杂。

10.2　电缆型号

电缆型号用字母和数字组合表示，其中字母表示电缆的产品系列、导体、绝缘、内护层、特征及派生代号，数字表示电缆外护层。完整的电缆产品型号还应包括电缆额定电压、芯数、标称截面和标准号。

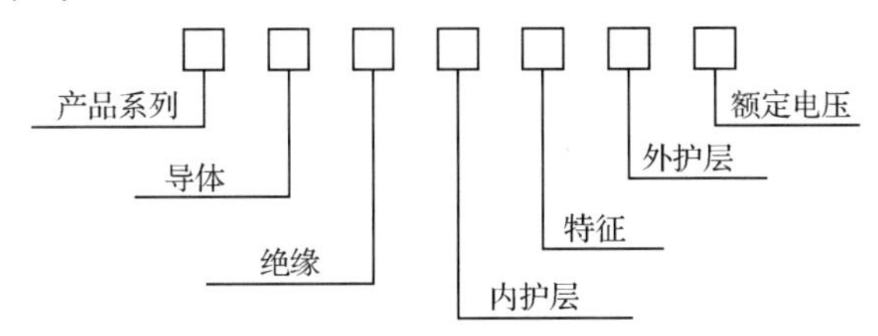

1．电缆型号中各字母的含义

（1）产品系列。

电力电缆省略；K 表示控制电缆；P 表示信号电缆；B 表示绝缘电线；R 表示绝缘软线；Y 表示移动式软电缆；H 表示室内电话电缆。

（2）导体。

T 表示铜线（可省略）；L 表示铝线。

（3）绝缘。

Z 表示纸绝缘；YJ 表示交联聚乙烯绝缘；X 表示天然橡胶绝缘（XD 表示丁基橡胶绝缘，XE 表示乙丙橡胶绝缘）；V 表示聚氯乙烯绝缘；Y 表示聚乙烯绝缘。

（4）内护层。

Q 表示铅包；L 表示铝包；H 表示橡胶（F 表示非燃性橡胶）；V 表示聚氯乙烯护套；Y 表示聚乙烯护套。

（5）特征。

D 表示不滴流；F 表示分相金属护套；P 表示屏蔽。

（6）外护层。

电力电缆外护层数字含义如表 10.2 所示。

表 10.2　电力电缆外护层数字含义

第一个数字		第二个数字	
代　号	铠装层类型	代　号	外被层类型
0	无	0	无
1		1	纤维绕包
2	双钢带	2	聚氯乙烯护层
3	细圆钢丝	3	聚乙烯护层
4	粗圆钢丝	4	

（7）额定电压。

额定电压的单位是千伏（kV）。

2．电缆产品型号示例

YJLV22-3×120-10-300 表示铝芯、交联聚乙烯绝缘、聚氯乙烯内护套、双钢带铠装、聚氯乙烯外护套、3 芯截面积为 120mm^2、额定电压为 10kV、长度为 300m 的电力电缆。

10.3　电力电缆的种类

1．油纸绝缘电缆

油纸绝缘电缆通常以纸作为主要绝缘，将纸用绝缘浸渍剂充分浸渍后制成，其优点是过负荷能力强，经久耐用；缺点是长期工作温度低、结构及工艺复杂。油纸绝缘电缆主要包括以下两种。

（1）黏性浸渍绝缘电缆：这种电缆所用的浸渍剂是由低压电缆油和松香混合而成的黏性浸渍剂。

（2）浸渍不滴流绝缘电缆：在最高连续工作温度下浸渍剂不流淌的电缆称为浸渍不滴流绝缘电缆。

2．塑料绝缘电缆

塑料绝缘是用绝缘塑料挤成的密实层或塑料带包绝缘。电线电缆中使用的绝缘和护套均为热塑性塑料，其制造简单，质量轻，终端头和中间头制造容易，弯曲半径小，敷设简单，维护方便，有一定的耐化学腐蚀和耐水性能。塑料绝缘电缆包括以下两种。

（1）聚氯乙烯绝缘电缆：该电缆化学稳定性高，安装工艺简单，材料来源充足，能适应高落差敷设，维护简单方便。但因其绝缘强度低、耐热性能差、介质损耗大，并且在燃烧时会释放氯气（氯气对人体有害且对设备有严重的腐蚀作用），所以一般只在 10kV 及以下电压等级中使用。

（2）交联聚乙烯绝缘电缆：该电缆容许温升高，允许载流量较大，耐热性能好，适宜于高落差和垂直敷设，介电性能优良。但抗电晕、游离放电性能差。接头工艺虽较严格，但对技工的工艺技术水平要求不高，因此便于推广，是一种比较理想的电缆。

3．橡胶绝缘电缆

橡胶绝缘电缆柔软性好，易弯曲，有较好的耐寒性、电气性能、机械性能和化学稳定性，对人体、潮气、水的渗透性较好，但耐电晕、臭氧、热、油的性能较差。因此一般只用在 138kV 以下的电力系统中。由于其有良好的抗水性，因此适宜作为海底电缆；由于其有很好的柔软特性，因此适宜在矿井和船舶中敷设使用。

10.4　电力电缆的结构

电力电缆的结构如图 10.1 所示。

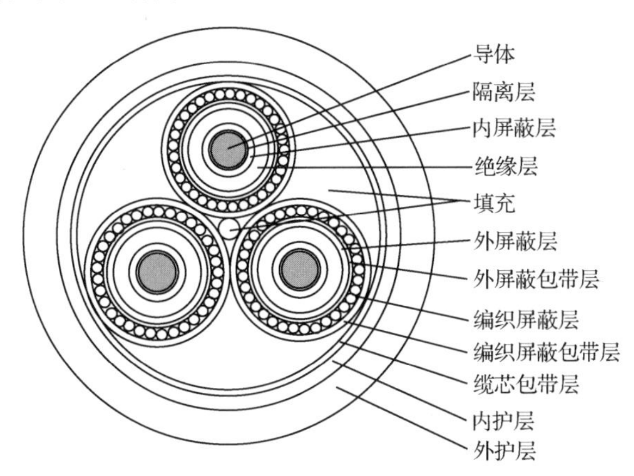

图 10.1　电力电缆的结构

1．导体

导体是电线电缆中具有传导电流功能的元件，要求其导电性好，以减少线路压降和电能传输损耗；机械物理性能好，具有一定的强度和硬度；容易焊接且具有一定的抗腐蚀能力。

导体通常采用多股铜绞线或铝绞线制成。电缆内导线数目有单芯、三芯和四芯等。电缆内导体形状有圆形、扇形和卵圆形。

2．绝缘层

绝缘层用来使导体之间及导体与包皮之间相互绝缘，以隔离导体电流、保护人身和设备安全。在实际工作中要求其具有优良的绝缘性能，有一定的机械强度，加工制造方便，价格低廉。三芯电缆相间要绝缘，单芯电缆的线芯和外皮要绝缘。

3．保护层

为使电力电缆适应各种环境，在电力电缆的绝缘层外面施加保护层，主要保护电力电缆在敷设和运行过程中绝缘物及芯线免遭机械损伤，以及水分、土壤污染等各种环境因素的腐蚀、破坏。保护层分为内护层和外护层，也叫内护套和外护套。

4．屏蔽层

6kV 及以上的电缆一般都有导体屏蔽层和绝缘屏蔽层。导体蔽层的作用是消除导体表面不光滑（多股导线绞合产生的尖端）所引起的导体表面电强度增加的现象，使绝缘层和电缆导体有较好的接触。

10.5　电力线路的运行维护

电缆的运行维护工作包括线路巡视、预防性试验、负荷温度测量及维修等内容。

1．线路巡视

（1）巡视意义。

电缆内部故障虽不能通过巡视直接发现，但通过对电缆敷设环境条件的巡视、检查、分析，仍能发现电缆缺陷和其他影响电缆安全运行的问题。

（2）巡视周期。

根据低压电缆所处地点制定不同的巡视周期。特殊情况下，应增加巡视次数或加强巡视。

2．维修

检查出来的缺陷或电缆在运行中发生的故障，以及在预防性试验中发现的难题，都要采取相应的措施予以消除。

10.6　电力电缆的故障及处理方法

（1）电力电缆故障类型。

电力电缆故障包括接地故障、短路故障、断线故障、闪络故障等。

（2）电力电缆故障处理。

发现电力电缆故障点后，应按规程进行处理，如表 10.3 所示。

表 10.3　电力电缆故障原因及对策

故障原因	对　策
外力损伤	加强电缆保管、运输、敷设各环节工作质量，并严格执行动土管理制度
保护层腐蚀	在杂散电流密集区安装排流设备；电缆敷设于管内，用中性土做衬垫及覆盖，最后涂上沥青
铅包疲劳、龟裂、胀裂	敷设前加强检查；抓好施工质量
过电压、过负荷运行	加强巡检，及时解决过电压、过负荷运行
户外终端头浸水爆炸	严格执行施工规程，认真验收；加强巡检，发现问题及时维修
户内终端头漏油	加强巡视，严重时应停电重做

10.7 工作任务解决

16.电力电缆绝缘测试

1. 工作步骤

（1）安全工具、器具的选择和检查。

工作服：外观完好，没有油污、破损，衣服干燥。

安全帽：外观完好，没有油污、破损，帽衬、帽绳完好，帽箍灵活，有产品合格证与检验合格证。

绝缘手套：外观完好，没有油污、破损，内衬干燥，有产品合格证与检验合格证，电压等级为12kV，符合作业要求，气密性试验合格（两只手套都要进行检查）。

绝缘鞋：外观完好，没有油污、破损，干燥，鞋底无裂纹，绝缘性完好，耐压等级为25kV，符合现场作业要求（两只鞋子都要进行检查）。

高压验电器：外观完好，没有油污、破损，手握部分、工作部分、伸缩部分完好，有产品合格证与检验合格证，在已知的同等级带电设备下试验合格，电压等级为10kV，符合作业要求。

放电棒：外观完好，工作部分、手握部分、伸缩部分完好，有产品合格证与检验合格证，接地端线夹完好，螺丝紧固，电压等级为10kV，符合作业要求。

兆欧表：选用2500V兆欧表，外壳完整，玻璃无破损，摇把灵活，指针无卡涩，接线端子齐全、完好。

（2）兆欧表的性能检查。

① 兆欧表开路试验：分开表笔，摇动兆欧表至120r/min，指针指向∞。

② 兆欧表短路试验：摇动兆欧表至120r/min，两表笔瞬间搭接，指针指向0。

（3）测试过程。

① 断开电缆的所有接线。

② 对电力电缆进行放电，先将放电棒接地端夹在接地线上，对电缆逐相放电，放电时间不得少于2min。

③ 测A、B、C三相对地的绝缘电阻时，兆欧表“G”端接保护环。当电缆表面有可能产生泄漏电流时，兆欧表“G”端接电缆线芯与外皮之间的绝缘层，或悬空不接。测量电力电缆相对地绝缘电阻接线图如图10.2所示。

④ 将兆欧表放于平坦处，用手摇动手柄，保持转速为120r/min，匀速摇动1min后，指针稳定后读数，工作结束后，应先断开“L”端的引线，再停止摇动手柄。

⑤ 利用高压放电棒对被测绕组进行有效放电，放电时间不少于2min。

⑥ 测量A、B、C三相相间的绝缘电阻，测量电力电缆相间绝缘电阻接线图如图10.3所示。测试过程同上。

⑦ 测量接地线对绝缘皮的绝缘电阻，绝缘皮接至兆欧表L端，三相端子和地线短接后接至兆欧表E端，测试过程同上。

⑧ 一般情况下，电力电缆绝缘电阻的测试阻值的规定可参照表10.4的要求，使其作为电力电缆开封或送电前绝缘状况的依据。

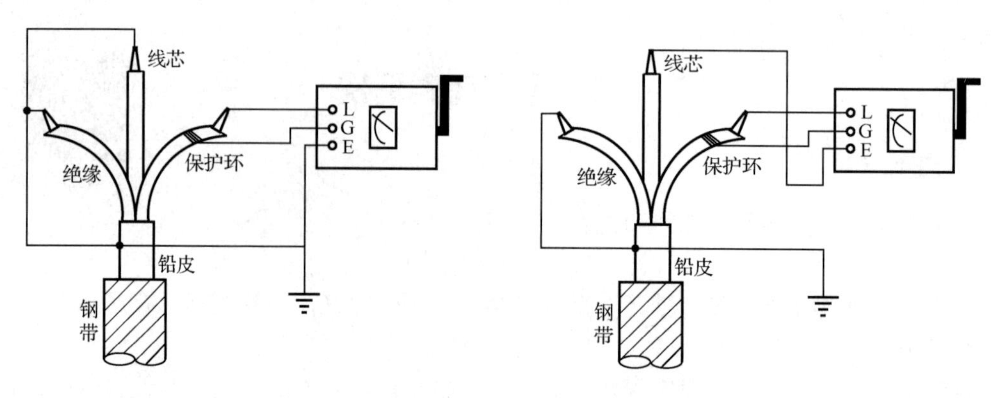

图 10.2　测量电力电缆对地绝缘电阻接线图　　图 10.3　测量电力电缆相间绝缘电阻接线图

表 10.4　电力电缆绝缘电阻阻值表（仅供参考）

电压等级及类别	使用绝缘电阻表规格/V	绝缘电阻内容	换算到长 1km、20℃时的绝缘电阻/MΩ
35kV 及以下黏性油浸	1000	相间、相对地（铅包）	≥50
3kV 及以下干绝缘	1000	相间、相对地（铅包）	≥100
6～10kV	2500	相间、相对地（铅包）	≥200
35kV	2500～5000	相间、相对地（铅包）	>500

⑨ 若测试时温度不是 20℃，则需进行温度换算。温度换算公式为

$$R_{20} = R_t K_t L$$

式中，R_{20}为在 20℃时，每千米电缆的绝缘电阻，单位为 MΩ/km；R_t为长度为 L 的电缆在 t℃时的绝缘电阻，单位为 MΩ；L 为电缆长度，单位为 km。K_t为温度系数，20℃时温度系数为 1.0。

表 10.5 所示为电缆绝缘电阻温度换算系数表。

表 10.5　电缆绝缘电阻温度换算系数表

t/℃	K	t/℃	K	t/℃	K	t/℃	K
−5	0.010	6	0.109	17	0.638	28	3.22
−4	0.019	7	0.124	18	0.744	29	3.71
−3	0.024	8	0.151	19	0.857	30	4.27
−2	0.029	9	0.183	20	1.000	31	4.92
−1	0.032	10	0.211	21	1.17	32	5.60
0	0.042	11	0.249	22	1.37	33	6.45
1	0.048	12	0.292	23	1.57	34	7.42
2	0.054	13	0.340	24	1.80	35	8.45
3	0.070	14	0.402	25	2.08	36	9.70
4	0.077	15	0.468	26	2.43	37	—
5	0.091	16	0.547	27	2.79	38	—

例如，本任务测量时温度为 25℃，测量结果为 5500MΩ，则根据温度换算公式，得到该电缆的绝缘电阻为 5500×2.08×50/1000=572MΩ，该绝缘电阻合格。

电缆的绝缘电阻与电缆的种类、电压等级、温度、空气湿度、环境粉尘的性质及电缆的使用年限等有关。

2. 测试注意事项

（1）测量前必须将电力电缆停电，并对地短路放电，绝不允许带电进行测量，以保证人员和设备的安全。

（2）被测物表面要清洁，以减小接触电阻，确保测量结果正确。

（3）测量前要对地放电，测量后也要对地放电。

（4）测试应由两人进行，一人操作，一人监护。电缆另一端应设专人监护，防止触电，看护好各电缆端头不相互接触，不接地。

（5）测量时不得触及其他带电设备，防止相间短路。

（6）兆欧表的接线不能绞在一起，要分开。

（7）禁止在雷电天气或高压设备附近测量绝缘电阻，只能在设备不带电，也没有感应电的情况下测量。

（8）L 端测试引线接于测试桩头时，应用夹子夹住，不得绕死。

（9）兆欧表未停止工作之前或被测设备未放电之前，严禁用手触摸，避免触电。

（10）测试过程中，如果绝缘电阻迅速下降，应停止测试。

（11）兆欧表 L 端引线与 E 端引线不要靠在一起，否则会影响测量的准确性。

（12）兆欧表转速应尽可能保持额定值，并维持均匀转速，转动速度不得低于额定转速的 80%。

（13）不同电压等级的电缆使用不同规格的兆欧表。如无特殊要求，一般低压设备使用 500V 兆欧表；10kV 及以下的高压设备使用 1000V 或 2500V 兆欧表；10kV 以上的高压设备用 2500V 兆欧表；110kV 及以上的设备使用 5000V 兆欧表。

（14）绝缘电阻的测定一般在周围空气温度不低于 5℃时进行。

习　　题

1. 与架空线路相比，电缆线路有什么优缺点？
2. 电力电缆主要由哪几部分组成？
3. 电缆的运行维护工作包括哪些？
4. 电力电缆线路有哪些故障类型？
5. 简述测量电力电缆相间绝缘电阻的方法。

拓展讨论

党的二十大报告提出：“建设现代化产业体系。坚持把发展经济的着力点放在实体经济上，推进新型工业化，加快建设制造强国、质量强国、航天强国、交通强国、网络强国、数字中国。”随着“两化融合”“智改数转”的推进深入，变压器、电缆等电气设备制造企业正进行数据实时采集、分析、应用研究，信息化成为夯实企业核心竞争力的“密钥”。在电力电缆智能制造、智能运检中应用了哪些关键技术？AI（人工智能）技术应用在电力电缆的哪些领域？

工作任务 11　柱上变压器的停（送）电操作

任务描述

进行 10kV 101 线支线 1 号杆 1 号柱上变压器的停（送）电操作。

任务分析

柱上变压器的停（送）电操作评分标准如表 11.1 所示。

表 11.1　柱上变压器的停（送）电操作评分标准

考 试 项 目	考 试 内 容	配分/分	评 分 标 准
10kV 柱上变压器的停（送）电操作	正确填写操作票	25	按照作业任务要求正确填写操作票，操作票填写不规范，视情况扣 2～25 分
	安全意识	20	未能准备好该项操作所需的安全用具或未进行检验，视情况扣 2～5 分。未能做好个人防护，未戴上安全帽、护目镜、绝缘手套或未穿绝缘靴，视情况扣 2～5 分。要持操作票在模拟系统中模拟操作一次，未核对设备的位置、名称、编号和运行方式，视情况扣 5～10 分
	操作技能	55	遵循安全操作规程，按照操作步骤正确操作。拉、合跌落式熔断器的操作顺序不正确，视情况扣 5～50 分。操作跌落式熔断器合闸时要检查合闸是否牢固，不检查扣 10 分。在拉、合跌落式熔断器操作时，不允许跌落式熔断器落地，落地一次扣 10 分。跌落式熔断器的熔体安装操作要正确，不正确视情况扣 5～10 分。全部操作顺序要正确流畅，不流畅扣 5 分，出现大的操作错误扣 50 分。在规定时间内操作完成，并检查设备，不检查扣 5 分。超时视情况扣 5～10 分
否定项	操作票填写	扣除该项分数	针对操作任务正确填写操作票，若操作票填写不正确，不准操作，考生该项得 0 分，并终止该项目的考试

根据工作任务及评分标准可以明确，柱上变压器的停（送）电操作需要掌握的知识包括如下内容。

（1）柱上变压器的电气图。

（2）高压熔断器的结构原理。

（3）高压熔断器的类型及作用。

（4）高压熔断器的运行维护。

（5）高压熔断器的故障检修。

（6）高压电容器的结构原理。

（7）高压电容器的运行维护。

（8）高压电容器的故障及处理。

需要掌握的技能包括如下内容。

（1）能够正确填写柱上变压器的停（送）电操作票。

（2）能够根据操作票对柱上变压器进行的停（送）电操作。

（3）能够正确分析危险点。

柱上变压器是一种安装在电杆上的户外配电变压器，其电气原理图如图 11.1 所示，可以根据图 11.1 在整体上对柱上变压器的接线情况有一个了解，也有助于我们更深入地学习柱上变压器的停（送）电操作的原理、步骤和方法。

（1）跌落式熔断器。

跌落式熔断器有短路保护和过负荷保护的作用，即在变压器高压侧实现保护。

（2）避雷器。

避雷器并联在跌落式熔断器的下接点。

（3）变压器。

图 11.1 中的变压器是一台 10kV/0.4kV 的配电变压器。

（4）低压配电柜的总进线刀闸。

变压器低压绕组的引出线接入低压配电箱的总进线刀闸。

（5）电流互感器。

在主母线排上，有 5 个电流互感器，左边 3 个是计量用的电流互感器，右边 2 个是测量电流用的电流互感器。

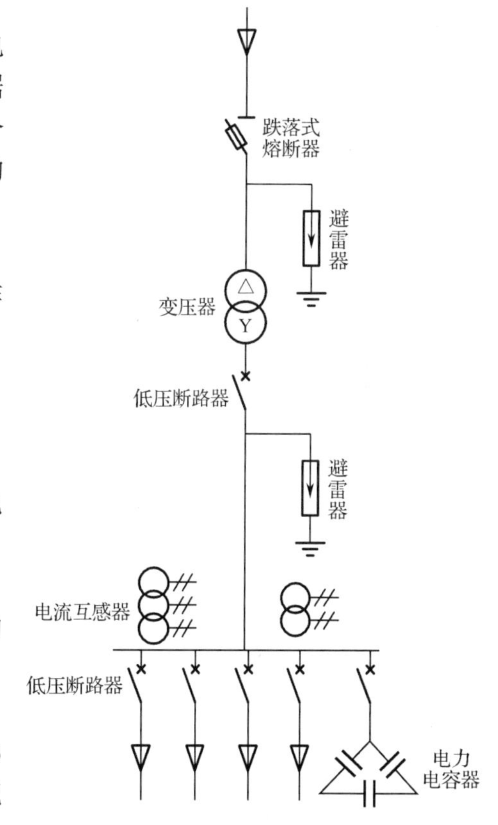

图 11.1　柱上变压器的电气原理图

（6）低压出线。

从低压配电柜引出接线，通过母排分成 5 路分支，其中 4 路是低压出线，每一路都安装一个低压断路器；还有一路连接用于低压无功补偿的电力电容器。

从柱上变压器的电气原理图中可以看出，要完成本次任务，必须掌握高压熔断器的原理、结构、作用及运行知识，并能够正确操作高压熔断器。

11.1　高压熔断器

1．高压熔断器的定义

高压熔断器是一种比较简单的保护电器，串接在电路中使用，主要用于线路及电力变压器等电气设备的短路及过负荷保护。当电力系统由于过负荷引起电流超过某一数值，以及电气设备或线路发生短路事故时，过负荷电流或短路电流通过熔体在其上产生发热，熔体在被保护设备的温度未达到破坏设备绝缘之前熔断，即应能在规定的时间内迅速动作，切断电源以起到保护设备的作用，保证设备免遭短路事故。高压熔断器结构简单，体积小，布置紧凑，动作快，不需要继电保护与二次回路配合。但熔体熔断后需要更换，会增加停电时间，保护特性不稳定，可靠性低，保护选择性也不容易配合。

2. 高压熔断器的分类

（1）按照安装地点不同，高压熔断器可分为户内高压熔断器和户外高压熔断器。

高压熔断器的外形及结构如图 11.2 所示。

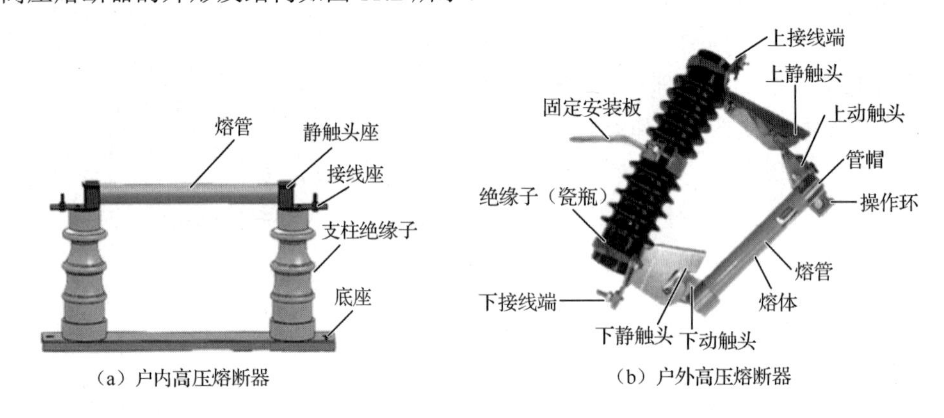

（a）户内高压熔断器　（b）户外高压熔断器

图 11.2　高压熔断器的外形及结构

（2）按照限流特性不同，高压熔断器可分为限流高压熔断器和非限流高压熔断器。

户内高压熔断器全部是限流高压熔断器，限流高压熔断器是指若故障电路中的高压熔断器在开断过程中通过的最大短路电流比高压无熔断器时有明显的减小，则能在短路电流达到最大值前断开短路电流并熄灭电弧。限流高压熔断器的特点是切断电路速度快，灭弧能力强，但易产生过电压，对设备的绝缘有害。

非限流高压熔断器是指高压熔断器在开断过程中对通过的电流无明显影响，切断电路时的电弧需要几次自然过零才能熄灭的熔断器，其特点是切断电路速度慢，对保护设备有影响，但其几乎不产生过电压。

3. 高压熔断器的结构

高压熔断器由金属熔体（又称熔件、熔丝，装于熔管内）、支持熔体的触头灭弧装置和绝缘底座及辅助部件组成，其结构如图 11.2 所示。

（1）熔体：熔体呈丝状或片状，对熔体的要求如下。

① 具有良好的导电性能，防止误熔断。

② 具有较低的熔点，当工作温度偏高时，确保熔断器的快速动作，保护设备。

③ 采用截面小、熔点高的金属材料，利于灭弧。

综合以上三点要求，熔体多采用铜作为材料，然而铜的熔点为 1083℃，为使熔体的温度在最小熔断电流就达到材料的熔点，目前高压熔断器中一般采用在铜丝上焊上锡球或搪上一层锡的方法来降低熔体的熔点。由于锡的熔点只有 232℃，所以只要锡球一溶解，锡液附近的铜也会随之溶解，从而将电路断开，这称为锡的冶金效应。高压熔断器利用冶金效应降低熔体的熔点，可有效改善切断短路电流时的保护特性。

（2）载熔体：用于安装和拆卸熔体，常采用触点形式。

（3）底座：用于实现各导电部分的绝缘和固定。

（4）熔管：用于放置熔体，限制熔体电弧的燃烧范围，并可灭弧。

（5）充填物：一般采用固体石英砂，用于冷却和熄灭电弧。

（6）熔断指示器：用于反映熔体的状态，即完好还是已熔断。

4．高压熔断器的型号

高压熔断器的型号由9部分组成，具体含义如下。

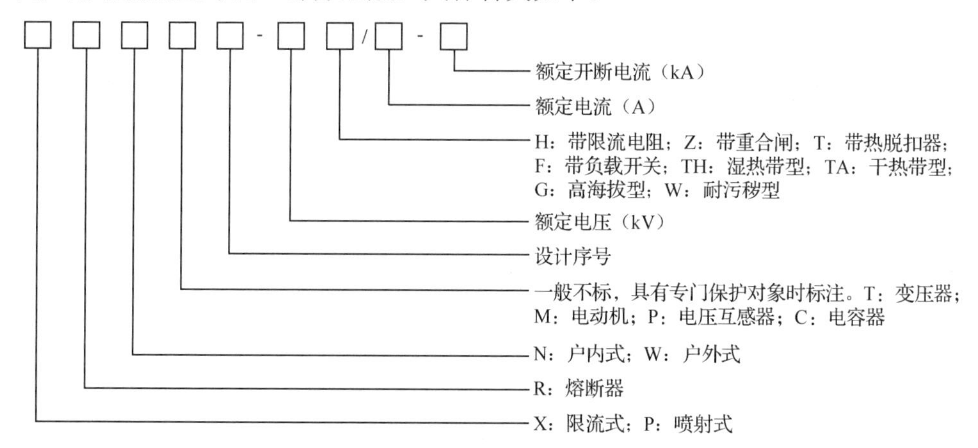

例如：RN1-10/400表示户内熔断器，其设计序号为1，额定电压为10kV，额定电流为400A；PRW8-12AF（W）/（5～100）-6.3表示户外喷射式熔断器（跌落式），设计序号为8，额定电压为12kV，带负荷开关，具有耐污秽性能，熔断件同族系列小额定电流为5A，大额定电流为100A，额定开断电流为6.3kA。

（1）RN型高压熔断器。

RN型高压熔断器是填充石英砂的户内限流熔断器，常见型号有RN1、RN2、RN3、RN5、RN6等。RN1、RN3、RN5用于3～35kV电力线路和电气设备的过负荷和短路保护，有熔断器指示装置；RN2、RN6专门用于保护电压互感器，用于高压电压互感器的过负荷及短路保护，其额定电流很小，一般为0.5A，无指示装置，动作后可由电压互感器二次侧的电压表判断。一般熔管内填充石英砂。利用石英砂的冷却作用，增强去游离，使电弧在短路电流未达到最大值时就熄灭，起到限流作用。

（2）RW型非限流高压熔断器。

RW型非限流高压熔断器是户外非限流跌落式高压熔断器，用于3～35kV输配电线路及配电变压器进线侧的短路和过负荷保护，在一定条件下可以分断与关合空载架空线路、空载变压器和小负荷电流。正常工作时，熔体使熔管上的活动关节紧锁，熔管能在上触头的压力下处于合闸状态。当熔体熔断时，熔管活动关节释放，熔管由其本身质量自动绕轴跌落，电弧被拉长熄灭，形成一个明显的断开点，具备了隔离开关的功能。

RW型非限流高压熔断器的常见型号有RW1、RW3、RW4、RW7、RW11。一般户外跌落式高压熔断器短路电流产生的电弧，仅靠灭弧管内壁纤维物质被烧灼分解产生的气体来纵吹灭弧是不够的，因为其灭弧能力不强，灭弧速度不快，不能实现 0.01s 内灭弧，因而不能限制短路冲击电流，所以户外跌落式高压熔断器属于非限流式高压熔断器。跌落式高压熔断器在灭弧时会喷出大量游离气体，外部声光效应明显，一般只用于户外，维修户外跌落式高压熔断器时要佩戴护目镜。户外跌落式高压熔断器具有经济实惠、操作方便、适应户外环境性强等特点。

（3）RW 型限流高压熔断器。

RW10 型限流高压熔断器是一种支柱式高压熔断器，其外形如图 11.3 所示，用于 35kV 电气设备的短路和过负荷保护，由瓷套、熔管、棒形支持绝缘子及接线端帽等组成，采用水平安装，熔管装在瓷套中，熔体放在充满石英砂填粒的熔管内。熔断器的灭弧原理与 RN 型限流有填料高压熔断器的灭弧原理基本相同，均有限流作用。这种熔断器的熔管用抱箍固定在棒形支柱绝缘子上，所以熔体熔断后不能自动跌开，更无可见的断开间隙。

图 11.3　RW 型限流高压熔断器的外形

5. 高压熔断器的工作原理

高压熔断器串联接入被保护电路，在正常工作情况下，由于电流较小，通过熔体时熔体温度虽然上升，但不会熔断，电路可靠接通；一旦电路发生过负荷或短路，熔体会发热进而熔断，熔断后，出现间隙，产生电弧，经过灭弧装置将电弧熄灭，使电路断开。

（1）保护特性。

高压熔断器熔体的熔断时间与熔体的材料和熔断电流的大小有关。熔断时间与电流的大小关系称为熔断器的安-秒特性，也称为熔断器的保护特性。

熔断器的保护特性为反时限的保护特性，其规律是熔断时间与电流的平方成反比，即熔体上通过电流越大，熔断速度越快。当同一短路电流流过不同额定电流的熔体时，额定电流小的熔体先熔断。

（2）选择特性。

高压熔断器的选择特性是指当电网中有几级熔断器串联使用时，分别保护各电路中的设备，如果某一设备发生过负荷或短路故障，应当由保护该设备（离该设备最近）的熔断器先熔断，以切断电路，即选择性熔断。如果保护该设备的熔断器没有熔断，而由上级熔断器熔断或断路器跳闸，称为非选择性熔断。对于 d 点短路而言，熔断器 1 熔断为选择性熔断，而熔断器 2 熔断则为非选择性熔断，图 11.4 中熔断器 2 的熔体的额定电流大于熔断器 1 的熔体的额定电流。如果短路电流很大，熔断时间相差很小。为保证选择特性，应使上、下级熔断器在最大短路电流的情况下，动作时间相差大于 0.5s。

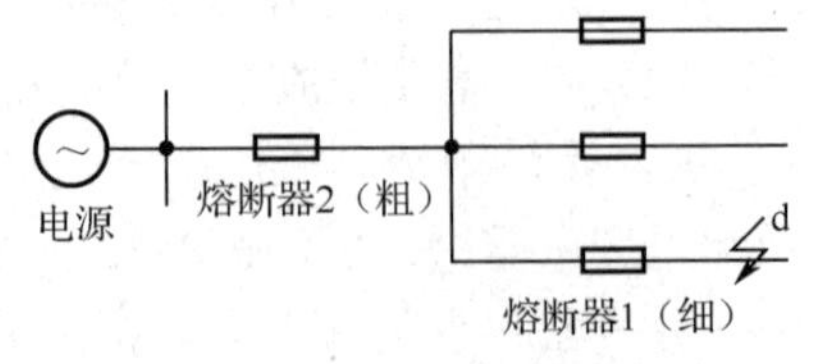

图 11.4　高压熔断器的选择特性

6. 熔断器的技术参数

（1）熔断器的额定电压。

熔断器的额定电压既是绝缘所允许的电压等级，又是熔断器允许的灭弧电压等级。

（2）熔断器的额定电流。

它指一般环境温度（不超过 40℃）下熔断器壳体的载流部分和接触部分允许长期通过的最大工作电流。

（3）熔体的额定电流。

熔体允许长期通过而不致发生熔断的最大有效电流。

（4）熔断器的开断电流。

熔断器所能开断的最大短路电流。若被开断的电流大于此电流时，有可能导致熔断器损坏，或由于电弧不能熄灭而引起相间短路。熔断器的开断电流由其灭弧能力决定。

7. 高压熔断器的选择与校验

（1）选择额定电压。

对于一般的高压熔断器，其额定电压 U_N 必须大于或等于电网的额定电压 U_{Ns}。但是对于充填石英砂有限流作用的熔断器，则不宜使用在低于熔断器额定电压的电网中，这是因为限流熔断器的灭弧能力很强，在短路电流达到最大值之前就将电流截断，致使熔体熔断时因截流而产生过电压，其过电压倍数与电路参数及熔体长度有关，一般在 $U_{Ns}=U_N$ 的电网中，过电压倍数为 2～2.5 倍，不会超过电网中电气设备的绝缘水平，但在 $U_{Ns}<U_N$ 的电网中，因熔体较长，过电压可达相电压的 3.5～4 倍，可能损坏电网中的电气设备。

（2）选择额定电流。

熔断器额定电流的选择包括熔管的额定电流和熔体的额定电流的选择。

① 熔管额定电流的选择。

为了保证熔断器载流及接触部分不致过热、损坏，高压熔断器熔管的额定电流应满足：

$$I_{Nft} \geqslant I_{Nfs}$$

式中，I_{Nft} 为熔管的额定电流。I_{Nfs} 为熔体的额定电流。

② 熔体额定电流的选择。

为了防止熔体在通过变压器励磁涌流、保护范围以外的短路电流及电动机自启动冲击电流时误动作，可保护 35kV 及以下电力变压器的高压熔断器，其熔体的额定电流为

$$I_{Nft} = KI_{max}$$

式中，K 为可靠系数（不计电动机自启动时，K=1.1～1.3；考虑电动机自启动时，K=1.5～2.0）；I_{max} 为电力变压器回路的最大工作电流。

保护电力电容器的高压熔断器的熔体，当系统电压升高或波形畸变引起回路电流增大或运行过程中产生涌流时不应误熔断，熔体额定电流为

$$I_{Nfs} = KI_{Nc}$$

式中，K 为可靠系数（对于限流高压熔断器，当电路中有一台电力电容器时 K=1.5～2.0，当电路中有一组电力电容器时 K=1.3～1.8）；I_{Nc} 为电力电容器回路的额定电流。

对于保护电压互感器高压侧的 RN2 型高压熔断器，其熔体按机械强度选择。因为负荷电流很小，若按负荷电流选择，则截面太细，易断。

③ 熔断器开断电流校验。

$$I_{Nbr} \geqslant I_{ch} \text{（或}I''\text{）}$$

式中，I_{Nbr}为熔断器的额定开断电流；I_{ch}为冲击电流有效值；I''为起始次暂态电流。

对于没有限流作用的熔断器，选择时用冲击电流的有效值I_{ch}进行校验；对于有限流作用的熔断器，在电流达最大值之前已截断，故可不计非周期分量的影响，而采用起始次暂态电流进行校验。

8. 高压熔断器巡视检查和维护

高压熔断器的巡检项目包括以下内容。

（1）检查瓷件有无破损、裂纹、闪络、烧伤等情况。如损伤较轻，尚不影响整体强度和绝缘效果，可不做处理；如果有瓷片掉落，可用环氧树脂黏合修补。

（2）检查各部分活动轴是否灵活，弹力是否合适。如果触头弹簧锈蚀，应予以更换。

（3）检查安装是否牢固，安装角度及相间距离是否正确。

（4）检查裸带电部分与各部分距离是否足够。

（5）检查上、下引线与接头的连接是否良好，有无松动、过热及烧伤现象。如有，应及时处理。

（6）检查熔断器的接触是否良好，有无发热现象。在开断短路电流后若出现熔痕，应用细锉修平，使熔管紧紧插入插座。

（7）对于以钢纸管为内壁的熔管，每次熔断后应检查消弧管，如果连续 3 次断开额定断流容量，应考虑更换。

（8）高压熔断器要定期停电检查和调整，一般 1～3 年进行 1 次。

（9）操作时要戴防护眼镜，防止产生的电弧灼伤眼睛。

（10）操作时要站稳，动作要果断迅速，用力应适度，防止用力过猛损坏熔断器。合闸时，应先合两边相，后合中间相；拉闸时，应先拉中间相，后拉两边相。

为使熔断器能可靠、安全地运行，除了按规程要求严格地选择正规厂家生产的合格产品及配件（包括熔体等），在运行维护管理中还应特别注意以下事项。

（1）熔断器的额定电流与熔体及负荷电流是否匹配，若不匹配必须进行调整。

（2）熔断器的每次操作必须仔细认真，不可粗心大意，特别是合闸操作，必须使动、静触头接触良好。检查熔断器转动部位是否灵活，有无锈蚀、转动不灵等异常情况，零部件是否损坏，弹簧有无锈蚀。

（3）熔管内必须使用标准熔体，禁止用铜丝、铝丝代替熔体，更不准用铜丝、铝丝、铁丝将触头绑扎住使用。

（4）对新安装或新更换的熔断器，要严格执行验收工序，必须满足规程质量要求，熔管安装角为 25°左右的倾下角。

（5）熔体熔断后应更换新的同规格熔体，不可将熔断后的熔体连接起来再装入熔管继续使用。

（6）应定期对熔断器进行巡视，每月不少于一次夜间巡视，查看有无放电火花和接触不良现象，有放电，会伴有“嘶嘶”的响声，要尽早安排处理。

9. 跌落式熔断器的常见故障及处理

高压熔断器的常见故障主要有熔断器无法断开、熔断器频繁断开、熔断器损坏等故障，故障的原因包括过负荷、短路故障、外界因素等。为了确保高压熔断器正常工作，需要注意电路设计、设备运行和维护等方面的问题，保证熔断器的安全可靠运行。

户外高压熔断器的故障通常发生在本体、绝缘子、上下接触导电系统、熔管、熔断器等安装不良的部位。但在日常巡检中容易发现本体、绝缘子、上下触头导电系统安装不到位的故障，可通过调整更换直接排除。但如果在处理误操作、掉管、熔断等故障时不注意分析判断，很容易扩大故障范围，给人和设备带来安全隐患。

1）故障类型

（1）烧管。

常见熔断器的烧管故障都是在熔体熔断后发生的，由于熔体熔断后不能自动跌落，这时电弧在熔管内未被切断，形成了连续电弧而将熔管烧坏。熔管常因上下转动、轴安装不正、被杂物阻塞、转轴部分粗糙而阻力过大，转动不灵活等，以致当熔体熔断时，熔管仍短时保持原状态不能很快跌落，灭弧时间延长，从而造成烧管。

（2）熔管误跌落故障。

熔管不正常跌落的主要原因有：有些熔管尺寸与保险器固定接触部分尺寸匹配不合适，极易松动，一旦遇到大风就会被吹落，有时由于操作后未进行检查，稍一振动便自行跌落；熔断器上部触头的弹簧压力过小，且在鸭嘴（保险器上盖）内的直角突起处被烧伤或磨损，不能挡住管子，造成熔管误跌落；熔断器安装的角度（保险器轴线与垂直线之间的夹角）不合适时，也会影响管子跌落的时间。有时由于熔体附件太粗，熔管孔太细，即使熔体熔断，熔体元件也不易从管中脱出，使管子不能迅速跌落。

（3）熔断器熔体误断。

熔断器额定断开容量小，其下限值小于被保护系统的三相短路容量，保险丝误熔断。如果重复发生，常常是因为熔体选择得过小或与下一级熔体容量配合不当，发生越级误熔断。这类事故可能是由换用大容量的变压器后，未随之更换大容量的熔体导致的。熔体质量不良，其焊接处受到温度及机械力的作用后脱开，也会发生误断。

2）防止跌落式熔断器故障的主要措施

（1）合理选择跌落式熔断器。

10kV 跌落式熔断器适用于环境空气中无导电粉尘、腐蚀性气体及易燃、易爆等危险性气体的环境，年度温差变比在±40℃以内的户外场所。其选择按照额定电压和额定电流两项参数进行，也就是熔断器的额定电压必须与被保护设备（线路）的额定电压相匹配。熔断器的额定电流应大于或等于熔体的额定电流。而熔体的额定电流可选择额定负荷电流的1.5～2 倍。此外，应按被保护系统三相短路容量，对所选定的熔断器进行校核。保证被保护系统三相短路容量小于熔断器额定断开容量的上限，但必须大于额定断开容量的下限。若熔断器的额定断开容量（一般是指其上限）过大，很可能使被保护系统三相短路容量小于熔断器额定断开容量的下限，造成在熔体熔断时难以灭弧，最终引发熔管烧毁、爆炸等事故。

（2）正确操作跌落式熔断器。

① 操作由两人进行（一人监护，一人操作），操作时必须戴试验合格的绝缘手套，穿绝缘靴、戴护目镜，使用电压等级相匹配的绝缘棒操作，在雷电或大雨天气禁止操作。

② 在拉闸操作时，一般规定先拉中间相，再拉背风的边相，最后拉迎风的边相。这是因为配电变压器由三相运行改为两相运行时，首先拉断中间相所产生的电弧火花最小，不致造成相间短路。其次是拉断背风边相，因为中间相已被拉开，背风边相与迎风边相的距离增加了一倍，即使有过电压产生，造成相间短路的可能性也很小。最后拉断迎风边相时，仅有对地的电容电流，产生的电火花已很轻微。

③ 合闸时操作顺序与拉闸时相反，先合迎风边相，再合背风的边相，最后合中间相。

④ 操作熔管是一项需要频繁操作的工作，稍不注意便会造成触头烧伤，从而引起接触不良，触头过热，弹簧退火，使触头接触更为不良，形成恶性循环。所以，拉合熔管时用力要适度，合好后，要仔细检查鸭嘴舌头能否紧紧扣住舌头长度三分之二以上，可用绝缘棒钩住上鸭嘴向下压几下，再轻轻试拉，检查是否合好。合闸时未能合到位或未合牢靠，熔断器上静触头压力不足，极易造成触头烧伤或熔管自行跌落。

3）高压熔断器的其他故障

① RN 型户内高压熔断器瓷绝缘闪络放电，主要原因是瓷绝缘表面有污物。

② RW 型户外高压熔断器瓷绝缘闪络放电，主要原因是瓷绝缘表面有污物或选型不合适。

③ RW 型高压熔断器瓷绝缘断裂的主要原因是瓷绝缘有机械外力损伤或操作时用力过猛，以及过电压瓷绝缘击穿等。

高压熔断器的检修策略如表 11.2 所示。

表 11.2 高压熔断器的检修策略

序 号	评价项目		实际状态	检修策略
1	外观	熔断件	表面不光洁、出现裂纹或机械损伤；封口处不光滑，有裂纹、缺口或流淌现象	更换熔断件
		底座、载熔体	出现锈蚀或连接松动现象	进行除锈、紧固处理
		释压帽、撞击器或指示装置	工作位置不正确，出现卡死、松动现象	进行位置调整、紧固处理
		引线	出现连接松动、散股或锈蚀现象	进行除锈、紧固处理，或更换引线
		弹簧	出现松动变形或锈蚀现象	进行除锈、位置调整，或更换弹簧
		安装方式（角度）	熔断件、弹簧尾线等安装方式（角度）不满足有关规程及安装使用说明书的规定	调整安装方式（角度）
2	红外测温		连接点、整体或局部温升异常	分析发热原因，处理发热缺陷，在检修前加强红外检测、跟踪
3	额定开断电流		系统或被保护设备发生变化时，小于安装地点可能出现的最大短路电流	整体更换
4	额定电流		系统或被保护设备发生变化时，熔断器的额定电流不满足应用要求，包括回路中正常和可能的过负荷电流；回路中可能出现的瞬态电流；与其他保护装置的配合	

11.2　高压电容器

1. 概述

电力电容器是用于电力系统和电工设备的元件，其电容量的大小由其几何尺寸和两极板间绝缘介质的特性决定，电力电容器的容量用无功功率表示，单位为乏（var）或千乏（kvar）。

2. 分类

电力电容器主要分为串联电容器和并联电容器，它们可以改善电力系统的电压质量，提高输电线路的输电能力，是电力系统中的重要设备。

3. 作用

串联电容器的作用如下。

（1）提高线路末端电压。

（2）降低受电端电压波动。

（3）提高线路输电能力。

（4）改善系统潮流分布。

（5）提高系统的稳定性。

串联在系统的电力电容器，其容抗补偿线路的感抗，使线路的电压降减少，从而提高线路的末端电压，同时使线路功率损耗减小，提高线路的输电能力。串联电容器对电压降的补偿是瞬时调节的，因此能够消除电压的剧烈波动，在网络中串联电容器后，能够部分改变线路电抗，改善系统潮流分布，提高系统的静态稳定和动态稳定性能。

并联电容器的作用如下。

（1）改善系统功率因数。

（2）提高受电端母线电压。

（3）提高线路的输电能力。

电力电容器并联在系统母线上，向系统提供感性无功功率，从而提高系统运行的功率因数，提高受电端母线的电压水平，同时它减少了线路上感性无功的输送，减少了电压和功率的损耗，提高了线路的输电能力。

在电力系统中，并联电容器比串联电容器更为常见。

4. 并联电容器的分类

按并联电容器的结构不同，可分为普通并联电容器和 10kV 集合式并联电容器。普通并联电容器又分为油浸纸介质并联电容器和聚丙烯金属膜并联电容器。

油浸纸介质并联电容器主要采用铝箔电容器纸卷绕而成，浸渍剂采用矿物油、烷基苯硅油、植物油等。

聚丙烯金属膜并联电容器又称为自愈式电容器，目前使用广泛，其芯子由聚丙烯金属膜绕制而成，浸渍剂采用一定配比的油蜡。

10kV 集合式并联电容器为密集型结构，体积小，安装、维护方便，可靠性高且运行费用低，适用于变电所集中补偿、城市电网改造等。

5. 接线

并联电容器组采用星形接线，星形接线电容器组的中性点不接地。

低压电容器或电容器组可采用三角形接线或星形接线。

6. 电力电容器无功补偿原理

无功补偿即无功功率补偿，把具有容性无功功率负荷的装置并接在感性负荷的电路中，在电力供电系统中起提高电网功率因数，降低供电变压器、输电线路的损耗，提高供电效率，改善供电条件的作用。

电力电容器的补偿原则是就地平衡无功，在电力系统中，除了在供电负荷中心集中装设大中型电容器组以稳定电压，还应在用户的无功负荷附近装设中小型电容器组进行就地补偿。在工矿企业供电系统中，按并联电容器的装设位置可分为三种补偿方式：集中补偿、分散补偿和个别补偿。

（1）集中补偿。

集中补偿分为高压集中补偿和低压集中补偿，高压集中补偿是将高压电容器组集中装设在工矿企业主变电所的 10kV 母线上，这种补偿方式是对变电所高压侧的无功功率进行补偿，改善企业总的功率因数，其初期投资较少，便于集中运行维护。低压集中补偿是将低压电容器组装设在车间变电所的 0.4kV 母线上，能使低压总视在功率减小，使车间变压器容量选得较小。

（2）分散补偿。

分散补偿是将电容器组分组安装在各分配电室或各分路出线上，它可与部分负荷的变动同时投入或切除，补偿范围更大，效果较好，但投资较大，利用率不高。

（3）个别补偿。

个别补偿是将电容器直接并接到单台用电设备的同一电气回路中，与设备同时投切，能就地平衡无功电流，补偿效果最好，但投资较大，利用率较低。

目前，供电系统中高压侧和低压侧的无功补偿仍采用高压集中补偿和低压集中补偿。

7. 并联电容器的控制

并联电容器的控制方式有手动投切和自动调节两种。

（1）手动投切。

采用手动投切的并联电容器组具有简单、经济、便于维护的优点，但调节功率因数不及时。宜采用手动投切的情况包括补偿低压无功功率的电容器组、长期投入运行的变压器或变配电所内投切次数较少的高压电动机及高压电容器组。

（2）自动调节。

采用自动调节的并联电容器组简称无功自动补偿装置，可以自动调节补偿容量，及时实现较理想的功率因数要求，但投资较大且维修比较麻烦。宜采用自动调节的情况如下。

① 为避免过补偿，装设无功自动补偿装置在经济方面也较为合适的情况。

② 避免轻载时电压过高，造成某些用电设备损坏而装设无功自动补偿装置，在经济方面更为合适的情况。

③ 只有装设无功自动补偿装置，才能满足在各种运行负荷的情况下电压偏差运行值的情况。

8. 高压电容器的运行与维护

根据变电运维管理规定中并联电容器的运维细则（《国家电网公司变电运维管理规定（试行）》），并联电容器组的运行规定分为一般规定和紧急申请停运规定。

（1）一般规定。

① 并联电容器组新装投运前，除了检验各项项目是否合格并按一般巡视检查项目，还应检查放电回路保护回路、通风装置是否完好。构架式电容器装置中的每只电容器都应编号，在上部 1/3 处贴 45～50℃示温蜡片。在额定电压下合闸冲击三次，每次合闸间隔 5min，应将电容器残留电压放完，才可进行下次合闸。

② 并联电容器组放电装置应投入运行，断电后在 5s 内应将剩余电压降到 50V 以下。

③ 运行中的并联电容器组电抗器室温度不应超过 35℃，当室温超过 35℃时，干式三相重叠安装的电抗器线圈表面温度不应超过 85℃，单独安装不应超过 75℃。

④ 并联电容器组外熔断器的额定电流应不小于电容器额定电流的 1.43 倍，且不大于额定电流的 1.55 倍。更换外熔断器时应注意选择相同型号及参数的外熔断器。每台电容器必须有唯一编号的安装位置。

⑤ 电容器引线与端子间连接应使用专用线夹，电容器之间的连接线应采用软连接，宜采取绝缘化处理。

⑥ 室内并联电容器组应有良好的通风，进入电容器室先开启通风装置。

⑦ 电容器围栏应设置断开点，防止形成环流，造成围栏发热。

⑧ 电容器室不宜设置采光玻璃，门应向外开启，相邻两电容器的门应向两个方向开启。电容器室的进风口、排风口应有防止风雨和小动物进入的措施。

⑨ 室内布置电容器装置必须按照有关消防规定设置消防设施，并设有总消防通道，应定期检查消防设施是否完好，消防通道不得任意堵塞。

⑩ 吸湿器的玻璃罩杯应完好无破损，能起到长期呼吸作用。使用变色硅胶灌装至顶部 1/6～1/5 处，受潮硅胶不超过 2/3，并标明位置，硅胶不应自上而下变色，上部不应被油浸润，无碎裂、粉化现象。油封完好，呼吸状态下油面或外油面应高于呼吸管口。

⑪ 非密封结构的集合式电容器应装有储油柜，油位指示应正常，油位计内部无油垢，油位清晰可见，储油柜外观应良好，无渗漏油现象。

⑫ 放油口和放油阀必须根据实际需要放在正确位置。指示开、闭位置的标志应清晰、正确，阀门连接处无渗漏油现象。

⑬ 系统电压波动、本体有异常（振荡、接地、低周或铁磁谐振）时，应检查电容器紧固件有无松动，各部件相对位置有无变化，电容器有无放电及焦味，电容器外壳有无膨胀变形。

⑭ 对于接入谐波源用户的变电站电容器，每年应安排一次谐波测试，谐波超标时应采取相应的消谐措施。

⑮ 电容器允许在额定电压±5%波动范围内长期运行。

⑯ 并联电容器组允许在不超过额定电流 30%的运行情况下长期运行。三相不平衡电流不应超过 5%。

⑰ 当系统发生单相接地时，不准带电检查该系统上的电容器。

（2）紧急申请停运规定。

运行中的电力电容器有下列情况时，运维人员应立即申请停运，停运前应远离设备。

① 电容器发生爆炸、喷油或起火。

② 接头严重发热。

③ 电容器套管发生破裂或有闪络放电。

④ 电容器、放电线圈严重渗漏油。

⑤ 电容器壳体明显膨胀，电容器、放电线圈或电抗器内部有异常声响。

⑥ 集合式并联电容器压力释放阀动作。

⑦ 电容器两个及以上外熔断器熔断。

⑧ 电容器的配套设备有明显损坏，危及安全运行。

⑨ 其他根据现场实际认为应紧急停运的情况。

9．高压电容器的巡视

根据变电运维管理规定中的并联电容器运维细则，并联电容器组的巡视分为例行巡视、全面巡视、熄灯巡视和特殊巡视。

1）例行巡视

（1）设备铭牌、运行编号、相序标识齐全、清晰。

（2）母线及引线无过紧、过松、散股、断股、异物缠绕等现象，各连接头无发热现象。

（3）无异常振动或响声。

（4）电容器壳体无变色、膨胀、变形现象。集合式电容器无渗漏油，油温、储油柜油位正常，吸湿器受潮硅胶不超过 2/3，阀门连接处无渗漏油现象；框架式电容器外熔断器完好。带有外熔断器的电容器，应检查外熔断器的运行工况。

（5）限流电抗器附近无磁性杂物存在，干抗表面涂层无变色、龟裂、脱落或爬电痕迹，无放电及焦味，电抗器撑条无脱出现象，油电抗器无渗漏油。

（6）放电线圈二次接线紧固无发热、松动现象；干式放电线圈绝缘树脂无破损、放电；油浸放电线圈油位正常，无渗漏。

（7）避雷器安装牢固，外绝缘无破损、裂纹及放电痕迹，运行中避雷器泄漏电流正常，无异响。

（8）设备接地良好，接地引下线无锈蚀、断裂且标识完好。

（9）穿管电缆端部封堵严密。

（10）套管及支柱绝缘子完好，无破损、裂纹及放电痕迹。

（11）围栏安装牢固，门关闭，无杂物，五防锁具完好。

（12）本体及支架上无杂物，支架无锈蚀、松动或变形。

（13）原有的缺陷无发展趋势。

2）全面巡视

全面巡视在例行巡视的基础上增加以下项目。

（1）电容器室干净整洁，照明及通风系统完好。

（2）电容器防小动物设施完好。

（3）端子箱门应关严，无进水、受潮，温控除湿装置工作正常，在自动方式下长期运行。

（4）端子箱内孔洞封堵严密，照明完好。电缆标牌齐全、完整。

3）熄灯巡视

（1）检查引线、接头有无放电、发红、过热现象。

（2）检查套管无闪络、放电痕迹。

4）特殊巡视

（1）新投入或经大修后高压电容器的巡视。

① 声音应正常，如果发现响声特别大、不均匀或有放电声时，应认真检查。

② 单体电容器壳体无膨胀、变形，集合式电容器油温、油位应正常。

③ 红外测温各部分本体和接头无发热现象。

（2）异常天气时的巡视。

① 气温骤变时，检查一次引线端子有无异常受力，引线有无断股、发热现象，集合式电容器油位应正常。

② 雷雨、冰雹、大风天气过后，检查导引线有无断股现象，设备上有无飘落积存的杂物，瓷套管有无放电痕迹及破裂现象。

③ 浓雾、小雨天气时，检查套管有无沿表面闪络和放电，各接头部位、部件在小雨中不应有水蒸气上升现象。

④ 高温天气时，应特别检查电容器壳体有无变色、膨胀、变形；集合式电容器油温、油位应正常。

⑤ 覆冰天气时，观察外绝缘的覆冰厚度及冰桥接程度，放电不超过第二伞裙，不应出现中部伞裙放电现象。

⑥ 下雪天气时，应根据接头部位积雪融化迹象检查积雪累积厚度情况，及时清除导引线上的积雪和形成的冰柱。

（3）故障跳闸后的巡视。

① 电容器各引线接点无发热现象，外熔断器无熔断或松弛现象。

② 电容器本体各部件无位移、变形、松动或损坏现象。

③ 电容器外表涂漆无变色，壳体无膨胀变形，接缝无开裂、渗漏油现象。

④ 电容器外熔断器、电抗器、电缆、放电回路避雷器完好。

⑤ 电容器瓷件无破损、裂纹及放电闪络痕迹。

10．高压电容器的操作

① 正常情况下电容器的投入、切除由调控中心自动电压控制（AVC）系统自动控制，或由值班调控人员根据调度人员给的电压曲线自行操作。

② 站内并联电容器与并联电抗器不得同时投入运行。

③ 由于继电保护动作使电容器开关跳闸，在未查明原因前，不得重新投入电容器。

④ 装设无功自动补偿装置的电容器，应有防止保护跳闸时误投入电容器的控制回路，并应设置操作解除控制开关。

⑤ 对于装设有无功自动补偿装置的电容器，在停复电操作前，应确保无功自动补偿装置已退出，复电后，再按要求投入。

⑥ 电容器检修作业应先对电容器高压侧及中性点接地，再对电容器进行逐个充分放电。装在绝缘支架上的电容器外壳也应对地放电。

⑦ 分组电容器投切时，不得发生谐振（尽量在轻载荷时切出）。

⑧ 环境温度长时间超过允许温度或电容器大量渗油时禁止合闸；电容器温度低于下限时，应避免投入操作。

⑨ 某条母线停役时应先切除该母线上电容器，然后拉开该母线上的各出线回路，母线复役时则应先合上母线上的各出线回路断路器，再投入电容器。

⑩ 电容器切除后，须充分放电后（必须在5min以上），才能再次合闸。因此在操作时，若发生断路器合不上或跳跃等情况，不可连续合闸，以免损坏电容器。

⑪ 有条件时，各组并联电容器应轮换投退，以延长电容器的使用寿命。

11．高压电容器的故障及处理

电容器的典型故障有电容器故障跳闸，不平衡保护告警，壳体破裂、漏油、膨胀、变形，声音异常，瓷套异常，温度异常，冒烟着火等。

1）电容器故障跳闸

（1）故障现象。

① 事故报警启动。

② 监控系统显示电容器断路器跳闸，电流、功率显示为零。

③ 保护装置发出保护动作信息。

（2）处理原则。

① 联系调控人员停用该电容器AVC功能，由运维人员到现场检查。

② 检查保护动作情况，记录保护动作信息。

③ 检查电容器有无喷油、变形、放电、损坏等现象。

④ 检查外熔断器的通断情况。

⑤ 检查电容器内其他设备（电抗器、避雷器）有无放电等故障。

⑥ 联系检修人员抢修。

⑦ 由于故障电容器可能发生引线接触不良、断线或熔体熔断等故障，存在剩余电荷。在接触故障电容器前，应戴绝缘手套，用短路线将故障电容器的两极短接接地，对双星形接线电容器的中性线及多个电容器的串接线，还应单独放电。

2）不平衡保护告警

（1）故障现象。

电容器不平衡保护告警，但未发生跳闸。

（2）处理原则。

① 检查保护装置是否存在误告警情况。

② 检查外熔断器的通断情况。

③ 检查电容器有无喷油、变形、放电、损坏等故障。

④ 检查中性点回路内设备及电容器间引线是否损坏。

⑤ 现场无法判断时，联系检修人员检查处理。

3）壳体破裂、漏油、膨胀、变形

（1）故障现象。

① 框架式电容器壳体破裂、漏油、膨胀、变形。

② 集合式电容器壳体严重漏油。

（2）处理原则。

① 发现框架式电容器壳体有破裂、漏油、膨胀、变形现象后，记录该电容器所在位置的编号，并查看电容器不平衡保护读数（不平衡电压或电流）是否有异常，若有异常，则立即汇报调控人员，做紧急停运处理。

② 发现集合式电容器壳体漏油时，应根据相关规程判断其严重程度，并按照缺陷处理流程进行登记和处理。

③ 发现集合式电容器压力释放阀动作时应立即汇报给调控人员，做紧急停运处理。

④ 现场无法判断时，联系检修人员检查处理。

4）声音异常

（1）故障现象。

① 电容器有异常振动声、漏气声、放电声。

② 声响与正常运行时的声响对比明显增大。

（2）处理原则。

① 有异常振动声时应检查金属构架有无螺栓松动、脱落等现象。

② 有异常声音时应检查电容器有无渗漏、喷油等现象。

③ 有异常放电声时应检查电容器套管有无放电现象，接地是否良好。

④ 现场无法判断时，联系检修人员检查处理。

5）瓷套异常

（1）故障现象。

① 瓷套外表面严重污秽，伴有一定程度电晕或放电。

② 瓷套开裂、破损。

（2）处理原则。

① 瓷套表面污秽较严重并伴有一定程度电晕，有条件的可先采用带电清扫。

② 瓷套表面有明显放电或较严重电晕现象的，应立即汇报给调控人员，做紧急停运处理。

③ 电容器瓷套有开裂、破损现象的，应立即汇报给调控人员，做紧急停运处理。

④ 现场无法判断时，联系检修人员检查处理。

6）温度异常

（1）故障现象。

① 电容器壳体温度异常。

② 电容器金属连接部分温度异常。

③ 集合式电容器油温高。

（2）处理原则。

① 红外测温发现电容器壳体相对温差 δ≥80%时，可先采取轴流风扇等降温措施。如果降温措施无效，应立即汇报给调控人员，做紧急停运处理。

② 红外测温发现电容器金属连接部分热点温度大于 80℃或相对温差 δ≥80%时，应检查相应的接头、引线、螺栓有无松动，引线端子板有无变形、开裂，并联系检修人员检查处理。

③ 集合式电容器油温高报警时，检查温度计指示是否正确，电容器室通风装置是否正常，如温度较平时明显升高，应联系检修人员处理。

④ 红外检测精确测温周期为 1000kV 的电容器 1 周，省评价中心的电容器 3 月；750kV 及以下的电容器 1 年；设备维修后 1 周内（但应超过 24h）。重点检测并联电容器组各设备的接头、电容器、放电线圈、串联电抗器。配置智能机器人巡检系统的变电站，可由智能机器人完成红外普测和精确测温，由专业人员进行复核。

7）冒烟着火

（1）故障现象。

① 监控系统相关继电保护动作发出报警信号，断路器路闸发出报警信号，相关电流、电压、功率无指示。

② 变电站现场相关继电保护装置动作，相关断路器跳闸。

③ 电容器本体冒烟着火。

（2）处理原则。

① 检查现场监控系统报警及动作信息，相关电流、电压数据。

② 检查记录继电保护装置动作信息，核对设备动作情况，查找故障点。

③ 在确认各侧电源已断开且保证人身安全的前提下，用灭火器灭火。

④ 立即向上级主管部门汇报并及时报警。

⑤ 及时将现场检查情况汇报值班调控人员及有关部门。

⑥ 根据值班调控人员指令，进行故障设备的隔离操作。

11.3 工作任务解决

17.柱上变压器的停电操作

1．操作步骤

（1）确认操作任务，根据给定的操作任务仔细核对变压器状态及运行方式。

18.柱上变压器的送电操作

（2）填写倒闸操作票。

根据图 11.5 所示的柱上变压器的电气原理图填写倒闸操作票。

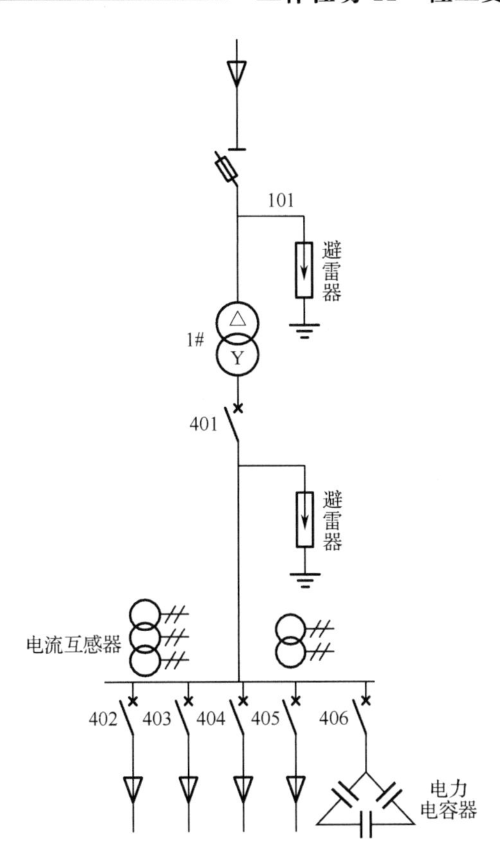

图 11.5　柱上变压器的电气原理图

柱上变压器停电操作票如表 11.3 所示。

表 11.3　柱上变压器停电操作票

柱上变压器倒闸操作票

单位：________　　　　编号：________

发令人		收令人		发令时间	__年__月__日__时__分
操作开始时间	年__月__日__时__分			操作结束时间	年__月__日__时__分
（　）监护人操作　（　）单人操作　（　）监护下操作					
操作任务：1#柱上变压器的停电操作					

顺序	操作项目	执行
1	断开 406 空气开关	
2	确认 406 空气开关已断开	
3	断开空气开关 402～405	
4	确认空气开关 402～405 已断开	
5	断开 101 跌落式熔断器	
6	确认 101 跌落式熔断器已断开	

续表

顺　序	操作项目	执　行
7	在1#变压器低压侧验明无电压，放电，装设1#接地线	
8	在1#变压器高压侧验明无电压，放电，装设2#接地线	
9	悬挂停电标志牌	
备注：		

操作人：__________　　监护人：__________　　值班负责人（值长）：__________

柱上变压器送电操作票如表11.4所示。

表11.4　柱上变压器送电操作票

柱上变压器倒闸操作票

单位：__________　　编号：__________

发令人		收令人		发令时间	___年___月___日___时___分
操作开始时间	年___月___日___时___分			操作结束时间	年___月___日___时___分
（　）监护人操作　（　）单人操作　（　）监护下操作					
操作任务：1#柱上变压器的送电操作					

顺　序	操作项目	执　行
1	移除停电标志牌	
2	确认101跌落式熔断器处于断开状态	
3	确认401空气开关处于断开状态	
4	确认空气开关402～405处于断开状态	
5	移除1#变压器高压进线端2#接地线	
6	移除1#变压器高压进线端1#接地线	
7	合上101跌落式熔断器	
8	确认101跌落式熔断器已闭合	
9	合上401空气开关	
10	确认401空气开关已合上	
11	合上空气开关402～405	
12	确认空气开关402～405已合上	
13	合上406空气开关	
14	确认406空气开关已合上	
备注：		

操作人：__________　　监护人：__________　　值班负责人（值长）：__________

（3）选择并检查安全工具、器具。

① 工作服。

工作服外观完好，没有油污、破损，表面干燥。检查完成后，穿上工作服。

② 绝缘手套。

12kV 绝缘手套外观完好，没有油污、破损，内衬干燥，气密性试验合格，有产品合格证与检验合格证，且在检验有效期内。电压等级与要求适应，可使用。两只绝缘手套都要进行检查。

③ 安全帽。

安全帽外观完好，没有油污、破损，帽衬、帽绳完好，帽箍灵活，有产品合格证与检验合格证，且在检验有效期内。检查完成后，正确佩戴安全帽。

④ 绝缘靴（鞋）的检查。

绝缘靴（鞋）外观良好，无损坏、老化，靴（鞋）底无裂纹、伤痕，内部干燥，有产品合格证与检验合格证，且在检验有效期内，电压等级与要求适应，可使用。

⑤ 保护接地线。

10kV 保护接地线外观完好，工作部分、手握部分完好，25mm^2 接地线外观完好，无断股、断线，线夹完好，螺丝紧固，接头连接无松动。有产品合格证与检验合格证，且在检验有效期内。

⑥ 高压验电器。

10kV 高压验电器外观完好，没有油污、破损，手握部分、工作部分、伸缩部分完好，有产品合格证与检验合格证，且在检验有效期内，在已知的同等级带电设备下试验确认合格。

⑦ 放电棒。

10kV 高压放电棒外观完好，接地线、接地夹头完好，放电杆无破损、断裂，伸缩部分完好，有产品合格证与检验合格证，且在检验有效期内。

⑧ 高压绝缘棒。

10kV 高压绝缘棒外观、手握部分、绝缘杆完好，无油污、潮湿，有产品合格证与检验合格证，且在检验有效期内。

⑨ 护目镜。

护目镜外观完好，镜片清晰，支架没有变形、破损。

（4）正确操作。

按照倒闸操作票进行柱上变压器停（送）电的正确操作。

2. 危险点分析

（1）作业前必须将变压器停电，同时拉开送往该变压器线路的所有电源，并对变压器高、低压侧分别验电并装设接地线方可作业。

（2）操作时，严格执行操作程序，与高压带电部位保持安全距离（10kV 线路安全距离为 0.7m）。

（3）操作应由两人进行，一人操作，一人监护。

（4）持操作票先在模拟系统中模拟操作一次。

（5）在拉合跌落式熔断器的过程中，防止熔管掉落。

（6）严禁徒手摘挂跌落式熔断器。

（7）操作时操作人应戴绝缘手套、安全帽、护目镜等。

（8）断开跌落式熔断器的顺序：先拉中间相，再拉下风相，最后拉上风相；合上跌落式熔断器的顺序：先合上风相，再合下风相，最后合中间相。

习　题

1．高压熔断器的作用是什么？

2．RN1 型高压熔断器和 RN2 型高压熔断器的区别是什么？

3．高压熔断器的巡视项目包括哪些内容？

4．并联电容器的作用是什么？

5．高压电容器的故障类型有哪些？

拓展讨论

党的二十大报告提出：“维护人民根本利益，增进民生福祉，不断实现发展为了人民、发展依靠人民、发展成果由人民共享，让现代化建设成果更多更公平惠及全体人民。”当前农配网改造工程给新农村建设带来了崭新的变化，在 10kV 以下配电线路上，采用了哪些供电方式来提高供电可靠率和电压合格率？其中单相、三相变压器混合供电方式的优势是什么？